INTERNET OF THINGS WIRELESS CHANNEL AND RADIO WAVE PROPAGATION THEORY

物联网无线信道与电波传播理论

朱洪波 吕文俊 等◎著

人 民 邮 电 出 版 社
北 京

图书在版编目（CIP）数据

物联网无线信道与电波传播理论 / 朱洪波等著. --
北京 : 人民邮电出版社, 2024.10

ISBN 978-7-115-63374-3

Ⅰ. ①物… Ⅱ. ①朱… Ⅲ. ①物联网－无线电信道②
物联网－电波传播－理论 Ⅳ. ①TN921②TN011

中国国家版本馆 CIP 数据核字(2023)第 246872 号

内容提要

全书内容涵盖了物联网环境中的天线、电波传播以及无线信道关键技术，包括物联网天线理论与技术、物联网无线传播环境衰落信道模型、物联网室内无线体域网传播环境信道模型、物联网智慧办公场景多进多出（MIMO）信道模型、物联网室内环境无线衰落信道仿真与测量系统和物联网边缘无线环境电磁兼容技术与方法。

本书主要面向无线通信、天线与传播等领域的科研人员，可用作普通高等院校无线通信、电子信息类相关专业博士和硕士研究生的参考书，还可用作有关行业工程技术研发人员的参考书。

◆ 著　　　朱洪波　吕文俊　等
责任编辑　李　娜
责任印制　马振武
◆ 人民邮电出版社出版发行　　北京市丰台区成寿寺路 11 号
邮编　100164　　电子邮件　315@ptpress.com.cn
网址　https://www.ptpress.com.cn
固安县铭成印刷有限公司印刷
◆ 开本：700×1000　1/16
印张：18.5　　　2024 年 10 月第 1 版
字数：280 千字　　　2024 年 10 月河北第 1 次印刷

定价：179.80 元

读者服务热线：(010)53913866　印装质量热线：(010)81055316
反盗版热线：(010)81055315
广告经营许可证：京东市监广登字 20170147 号

本书编写组

朱洪波　吕文俊　余　雨　刘　洋　齐丽娜

孙　君　杨丽花　王　晔　崔鹏飞　佘　骏

前 言

物联网的技术思想依托信息网络基础设施，将位于相关边缘服务环境中的人–机–物等所有物端按需连接起来进行信息传输和协同交互，所连接的相关物端都能够实现满足业务需求的智能化识别、定位、跟踪、监控和管理等功能。在万物按需互联的复杂物联网边缘服务环境中，基于传统无线传输网络实现端到端无线互联的无线信道模型、电波传播理论、电磁干扰分析和频谱兼容方法已经难以满足物联网无线传输的要求，因此探索研究物联网边缘服务环境中大规模的物端进行协同互联的无线传输理论已经成为新一代智能无线通信发展的重要基础理论工作。本书探索了物联网边缘服务环境中的无线信道与电波传播理论与方法，是无线通信与物联网科技领域的一部基础性学术专著，可为该学科领域科技工作者的科学研究和工程技术开发工作提供学术参考。

本书共分为7章，其中第1章“绪论”由朱洪波和吕文俊撰写，第2章“物联网天线理论与技术”由吕文俊和朱洪波撰写，第3章“物联网无线传播环境衰落信道模型”由余雨、王晔、吕文俊和朱洪波撰写，第4章“物联网室内无线体域网传播环境信道模型”由崔鹏飞、余雨、吕文俊和朱洪波撰写，第5章“物联网智慧办公场景MIMO信道模型”由刘洋、佘骏、余雨、吕文俊和朱洪波撰写，第6章“物联网室内环境无线衰落信道仿真与测量系统”由余雨、崔鹏飞、刘洋、吕文俊、孙君和朱洪波撰写，第7章“物联网边缘无线环境电磁兼容技术与方法”由朱洪波、吕文俊、齐丽娜、孙君和杨丽花撰写。

本书的研究工作得到国家自然科学基金（No.61427801，No.92067201，No.61871233）和江苏省重点研发计划（产业前瞻与关键核心技术）（No.BE2022067，No.BE2022067-2）的资助。

作　者

2023年10月

目 录

第 1 章 绪论 …… 1

1.1 物联网发展的背景与意义 …… 1

1.1.1 物联网实现万物按需互联 …… 1

1.1.2 物联网推动智能化生产 …… 3

1.1.3 物联网开启智能生产和智慧生活时代 …… 4

1.2 物联网边缘无线环境及其主要特征 …… 6

1.3 物联网边缘无线环境无线传输研究现状分析 …… 9

1.3.1 物联网边缘无线环境无线传输特性 …… 9

1.3.2 物联网边缘无线环境无线传输国内外研究现状 …… 12

1.4 物联网边缘无线环境无线传输关键技术 …… 20

1.4.1 天线技术 …… 20

1.4.2 衰落信道建模 …… 21

1.4.3 体域网信道建模 …… 21

1.4.4 多天线衰落信道建模 …… 21

1.4.5 无线衰落信道仿真与测量仪器 …… 22

1.4.6 电磁兼容与抗干扰技术 …… 23

参考文献 …… 23

第 2 章 物联网天线理论与技术 …… 27

2.1 物联网天线的分类 …… 27

2.1.1 射频识别天线 …… 29
2.1.2 可穿戴/可植入天线 …… 31
2.1.3 多物理量传感天线 …… 33
2.1.4 能量收集天线 …… 35
2.1.5 片上封装天线 …… 36
2.1.6 本节小结 …… 39
2.2 面向物联网应用的多模谐振子理论及模式综合设计方法 …… 39
2.3 高增益物联网天线的多模谐振设计方法 …… 42
2.4 宽波束物联网天线的多模谐振设计方法 …… 44
2.5 多通道物联网无线信道测量天线的多模谐振设计方法 …… 46
2.6 圆极化物联网天线的多模谐振设计方法 …… 48
2.7 物联网小基站天线的多模谐振设计方法 …… 50
2.8 小型物联网终端天线的多模谐振设计方法 …… 54
2.9 车载物联网天线的多模谐振设计方法 …… 59
2.10 本章小结 …… 63
参考文献 …… 66
第 3 章 物联网无线传播环境衰落信道模型 …… 77
3.1 智慧办公场景路径损耗模型 …… 77
3.1.1 智慧办公场景无线通信路径损耗建模的特点 …… 77
3.1.2 人员密度相关的室内路径损耗模型 …… 78
3.1.3 室内路径损耗特性测试方法 …… 82
3.2 智慧办公场景功率时延谱特性 …… 84
3.2.1 智慧办公场景功率时延谱建模特点 …… 84
3.2.2 基于离散抽头延迟线的功率时延谱模型 …… 84
3.2.3 模型参数提取和模型验证 …… 89
3.2.4 功率延迟特性测试方法 …… 94
3.3 室内楼梯环境路径损耗模型 …… 96

3.3.1 室内楼梯环境路径损耗建模的特点 …… 96
3.3.2 接收天线高度相关的路径损耗模型 …… 97
3.3.3 模型参数提取 …… 101
3.3.4 模型分析与验证 …… 101
3.3.5 室内楼梯环境路径损耗特性测试方法 …… 104
3.4 室内楼梯环境均方根时延扩展衰落模型 …… 105
3.4.1 室内楼梯环境均方根时延扩展建模的特点 …… 105
3.4.2 相关性分析及 RMS 时延扩展与路径损耗经验关系 …… 106
3.4.3 接收天线高度相关的 RMS 时延扩展模型 …… 111
3.4.4 仿真算法与模型验证 …… 114
3.5 本章小结 …… 116
参考文献 …… 116
第 4 章 物联网室内无线体域网传播环境信道模型 …… 119
4.1 物联网室内无线体域网传播环境中自回归信道冲激响应模型 …… 119
4.1.1 物联网室内无线体域网传播环境信道建模的特点 …… 119
4.1.2 体域无线信道测量场景与测量方案 …… 120
4.1.3 体域无线信道的自回归模型 …… 123
4.1.4 仿真信道生成算法与模型验证 …… 132
4.2 物联网室内无线体域网传播环境遮挡-身高双因子路径损耗模型 …… 135
4.2.1 复杂体域环境信道建模特点 …… 135
4.2.2 测量设置和方案 …… 135
4.2.3 双因子路径损耗模型建立和验证 …… 138
4.3 物联网室内无线体域网传播环境分集信道模型 …… 144
4.3.1 体域分集信道建模特点 …… 144
4.3.2 测量方案 …… 145
4.3.3 分集信道模型建立 …… 147
4.4 本章小结 …… 152

参考文献 153

第5章 物联网智慧办公场景 MIMO 信道模型 156

5.1 智慧办公场景 MIMO 信道模型 156

5.1.1 物联网边缘无线环境 MIMO 信道建模的特点 156

5.1.2 MIMO 信道矩阵模型 157

5.1.3 模型参数提取 158

5.1.4 模型参数含义 159

5.1.5 MIMO 信道矩阵模型的实测验证 160

5.2 不同天线数的大规模 MIMO 信道传播特性分析 163

5.2.1 物联网边缘无线环境大规模 MIMO 信道建模的特点 163

5.2.2 大规模 MIMO 信道测试平台 163

5.2.3 模型参数提取 165

5.2.4 信道容量性能分析和模型验证 168

5.3 包含用户手持效应因子的智慧办公场景 MIMO 信道模型 171

5.3.1 智慧办公场景 MIMO 信道建模的特点 171

5.3.2 手持效应因子 172

5.3.3 模型参数提取 173

5.3.4 模型生成算法 176

5.3.5 模型验证 177

5.4 本章小结 180

参考文献 180

第6章 物联网室内环境无线衰落信道仿真与测量系统 182

6.1 物联网无线衰落信道仿真器架构 182

6.2 短距离物联网边缘无线环境无线衰落信道仿真器 185

6.3 智慧医疗环境离体分集信道仿真系统 192

6.3.1 GUI 设计及运行机理 192

6.3.2 数值仿真结果统计 ··· 194
6.4 智慧办公场景多天线信道测量和仿真一体化系统 ··· 194
6.5 物联网边缘无线环境无线多通道同步信道测量仪器 ··· 196
6.5.1 多通道同步信道测量仪器组成原理 ··· 197
6.5.2 测试与应用 ··· 199
6.6 本章小结 ··· 204
参考文献 ··· 204
第7章 物联网边缘无线环境电磁兼容技术与方法 ··· 206
7.1 物联网边缘无线环境电磁兼容原理与方法 ··· 206
7.1.1 无线电频谱资源 ··· 206
7.1.2 电磁兼容的基本概念 ··· 209
7.1.3 电磁兼容基本原理与方法 ··· 211
7.1.4 频谱资源兼容性规划与设计 ··· 213
7.2 物联网边缘无线环境干扰分析 ··· 215
7.2.1 物联网边缘无线环境干扰信号的理论模型 ··· 215
7.2.2 物联网边缘无线环境干扰性能分析 ··· 219
7.2.3 本节小结 ··· 222
7.3 硬件实现的频域抗干扰方法——陷波宽带天线 ··· 222
7.3.1 “内嵌集成”法——将窄带反谐振结构集成于辐射单元内部 ··· 223
7.3.2 “馈线/枝节嵌入”法——将窄带反谐振结构内嵌于馈线或调谐枝节上 ··· 224
7.3.3 “分形结构”法——采用分形结构的辐射单元或馈电结构 ··· 225
7.3.4 “电调捷变”法——增加可调元件改变陷波频率 ··· 226
7.3.5 本节小结 ··· 227
7.4 硬件实现的空域抗干扰方法——零向频扫天线 ··· 228
7.4.1 扇形零向频扫天线的模式综合设计 ··· 228
7.4.2 零向频扫天线的优化设计 ··· 236

7.4.3 零向频扫天线的性能分析 ······ 239
7.4.4 本节小结 ······ 243
7.5 软件实现的抗干扰方法——干扰协调 ······ 243
7.5.1 基于盲信源分离的接入策略分析 ······ 244
7.5.2 异构网络中面向能效的基站协作策略 ······ 248
7.5.3 基于接收机设计的窄带干扰抑制方法 ······ 254
7.5.4 本节小结 ······ 259
7.6 基于干扰模型的物联网多终端频谱兼容接入技术 ······ 259
7.6.1 面向机器类服务需求的无线频谱兼容空口技术 ······ 260
7.6.2 稀疏码分多址调制扩频原理 ······ 261
7.6.3 稀疏码分多址系统的干扰模型 ······ 270
7.6.4 本节小结 ······ 279
7.7 本章小结 ······ 279
参考文献 ······ 279

第1章 绪论

1.1 物联网发展的背景与意义

物联网（Internet of Things，IoT）推动着人类社会从“信息化”向“智能化”转变，信息科技与产业发生巨大变化。物联网的技术思想依托信息网络设施，将位于相关边缘无线环境中的人-机-物等所有物端按需连接起来进行信息传输和协同交互，所连接具有业务相关性的所有物端都能够实现满足业务需求的智能化识别、定位、跟踪、监控和管理等，从而完成智能化的生产和服务。不久的将来，物联网将大幅改变人们处于网络边缘无线环境的生活与工作，把人们带进智能化的世界[1]。

1.1.1 物联网实现万物按需互联

在2005年信息社会世界峰会上，国际电信联盟（ITU）正式提出“物联网”概念，预测无处不在的“物联网”通信时代即将来临，世界上所有的物体（包括从轮胎到牙刷、从房屋到纸巾）都可以通过互联网主动进行信息交换[2]。

物联网的核心是“万物按需互联”。具体而言，就是通过各种网络技术以及红外感应器、全球定位系统、激光扫描器、传感器等信息传感设备，按照约定协议将位于信息服务空间（如交通物流、工业制造、农林牧渔、家居安防等）内所有能够被独立标识的事物（包括人-机-物在内所有实体和虚拟的物理对象及终端设备）无处不在地按需连接起来，进行信息传输和协同交互，以实现对所连接对象的智能化信息感知、识别、定位、跟踪、监控和管理，构建所有物端之间具有拟人化知识学习、分析处理、自动决策和行为控制能力的智能化服务环境。物联网的智能化边缘无线环境示意图如图 1-1 所示。

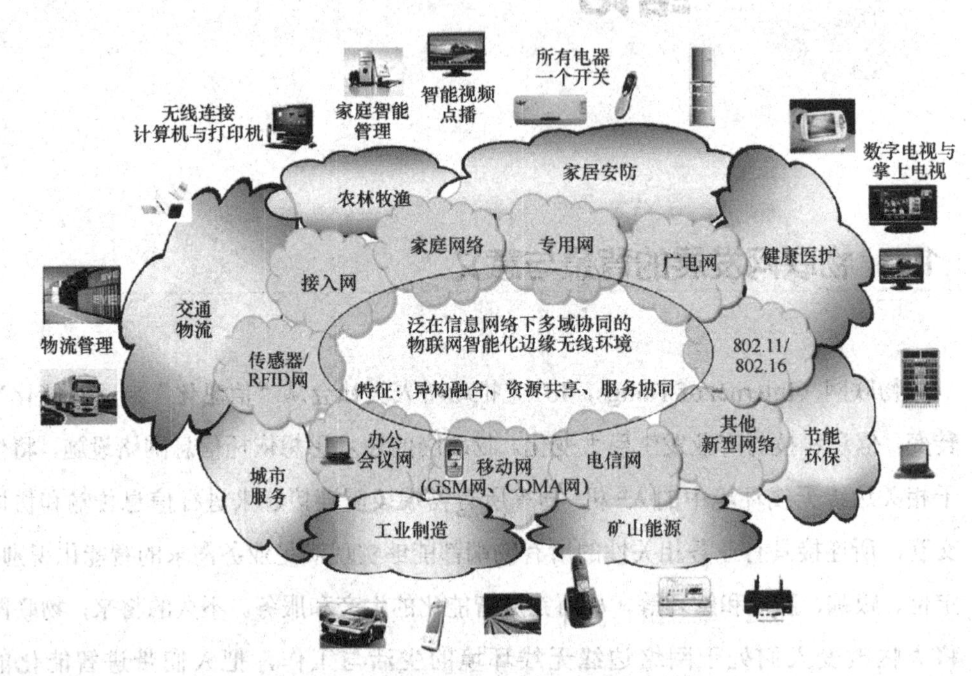

图 1-1　物联网的智能化边缘无线环境示意图

信息社会正在从以互联网为标志的信息化时代向以物联网为标志的智能化时代发展。如果说互联网把人作为连接对象和服务目标，那么物联网就是将信息网络的连接对象和服务目标从人扩展到世界万物，以实现“万物按需互联”。二者在需求满足上也有所区别：互联网时代，信息网络的目标是满足人与人之间的公共信息传输与交互需求；物联网时代，信息网络的目标是满足人–机–物之间的特定智能服务需求。二者相互支撑，不可或缺。

物联网边缘无线环境下未来的智能服务系统（Smart Service System，3S），将成为未来智能社会重要的新型基础设施。智能服务系统作为物联网科技创新的核心，在真实环境的物理空间与虚拟环境的信息空间之间进行相互地数字映射和反馈控制，以实现通信、计算和控制的融合。它能实时、可靠、安全、稳定、高效地运行，使系统中各种计算资源和物理资源之间按需有机融合与协同调控，实现对环境的按需智能化感知和控制，使人–机–物等相关要素之间能够以新的方式进行主动协同交互。

1.1.2　物联网推动智能化生产

物联网已成为全球新一轮科技革命与产业变革的重要驱动力。历经了思想引领、应用示范、技术驱动和产业进步等不同阶段，物联网正在加快转化为现实科技生产力。如果说影响生产工具和产品的技术会带来量变，那么物联网技术将带来质变，因为它是可以重塑生产组织方式的重要新型基础设施。物联网科技产业在全球范围内呈现快速发展态势，正加速与制造技术、新能源、新材料等领域融合，步入产业大变革前夜，迎来大发展时代。随着物联网应用的普及，智能可穿戴设备、智能家电、智能网联汽车、智能机器人、智慧医疗设备、农田水利设备、市政建筑设备等数以万亿计的新终端和新设备将接入网络。这些应用正在爆发性增长，并将生成海量数据，促进生产生活和社会管理方式进一步数字化、网络化和智能化，推动“数字中国”和数字经济社会智能高效发展。

与其他高新技术相辅相成和融合发展是物联网技术的重要特征。物联网促进了5G、窄带物联网（NB-IoT）、云计算、大数据、人工智能、区块链、数字孪生和边缘计算等新一代信息技术加速向各领域渗透，引发全球性产业分工格局重大变革。在网络系统方面，全球范围内低功率广域网（LPWAN）技术快速兴起并逐步商用，加速了面向物联网广覆盖、低时延场景的 5G 技术标准化进程。同时工业以太网、短距离通信、标识体系等相关通信技术快速发展，为人–机–物的智能化按需组网互联提供了良好的技术支撑。在信息处理方面，信息感知、区块链、知识表示、机器学习和边缘智能等技术迅速发展，极大地提升了物联网的智能化数据处理能力。在物联网虚拟平台、数字孪生、元宇宙与操作系统方面，基于云计算及开源软件的广泛应用，有效地降低了企业构建生态门槛，推动全球范围内物联网公共服务平台和操作系统的进步。

物联网带来数字化和智能化变革，可以改变许多行业，其中最具代表性的概念之一莫过于“工业互联网”。未来工业互联网是智能化生产服务场景中按需连接生产全要素的一种新型智能协同信息网络基础设施，是国家“新基建”的重点发展领域；通过人–机–物等生产要素的安全可靠智联，实现生产全要素、全产业链、全价值链的全面连接，推动工业生产方式和企业形态根本性变革。工业互联网是新一代信息通信技术与工业经济深度融合的新型基础设施、应用模式和工业生态，通过对人–机–物–系统等全生产要素的全面按需连接，构建起覆盖全产业链、全价值链的全新制造和服务体系，为工业乃至产业数字化、网络化和智能化发展提供了实现途径。工业互联网由网络、平台、安全3个部分构成。其中，网络是基础，平台是核心，安全是保障。

美国通用电气公司提出的“工业互联网”概念是全球工业系统与高级计算、分析、传感技术及互联网的高度融合，它在物联网的基础上将人、数据和机器按需互联起来，让设备、生产线、工厂、供应商、产品和客户相互间紧密地按需协同，综合应用大数据分析技术和远程控制技术，优化工业设施和机器的运行维护，通过网络化、智能化手段提升工业制造智能化水平，形成跨设备、跨系统、跨厂区、跨地区的互联互通产业链，从而提高效率，推动制造服务体系智能化。工业互联网作为中国智能制造业发展的重要支撑，已经得到我国政府高度重视，“十三五”规划、《关于深化制造业与互联网融合发展的指导意见》都明确提出发展工业互联网。

由于趋势明朗、前景可观，世界各国都在加速抢占物联网产业发展先机和科技创新制高点。美国、欧盟等国家及地区高度重视物联网带来的产业机遇，纷纷在顶层设计、产业生态与政策环境建设、大规模应用示范等方面加快推进。在产业层面，相关大型公司纷纷制定物联网发展战略，并通过合作、并购等方式快速进行重点行业和产业链关键环节布局，提升在整个产业中的地位。阿里巴巴、腾讯、百度、亚马逊、苹果、英特尔、高通等全球知名企业均从不同环节和层面迅速布局物联网发展战略。

1.1.3 物联网开启智能生产和智慧生活时代

物联网的发展为人类社会描绘出智能化世界的美好蓝图。目前，物联网的实际应用已在制造业、农业、家居、交通和车联网、医疗健康、生态环境和城市管理等多个领域取得显著成效，据统计，全球物联网终端设备数量已超过500亿个，作为网络连接对象的物已经超过了人的数量，万亿级垂直行业市场正在兴起。

在生产方面，物联网对工业、农业的影响深远。工业的物联网边缘无线环境可以从网络连接的大规模人–机–物终端设备处获取和分析数据，通过远程控制设备对工业系统进行监控，可以实现各种具有传感、识别、处理、通信、驱动和联网功能的信息设备间按需协同工作；标识体系和智能感知等技术使相关生产要素的生产过程及供应链实现智能化认证和管理，通过加强生产状态信息的实时采集与数据分析实现生产效率和质量的提升。

在农业领域，物联网助力智能化“精耕细作”。通过感知种植环境的温度、降雨量、湿度、风速、病虫害和土壤营养元素含量等数据，实现农作物耕种的智能处理和决策。将物联网农业边缘无线环境中获得的感知数据应用于精确施肥计划和农田协同管理过程，能够最大限度地降低风险和减少浪费，大幅度提高农作物耕种和管理的工作效率。

在社会生活中，智能化的家居、社区、交通、医疗健康、教育和旅游等产业空间都是物联网的边缘无线环境。智能家居将信息设备及其技术与室内物品设施、人的室内生活、安全防护等居家生活环境融为一体，推进居家生活、健康养老、安防服务等实现信息化和智慧化。例如，语音控制可以帮助视力不佳或行动不便的用户轻松地控制各种设备和应用程序，警报系统可以连接用户佩戴的人工耳蜗使其接收到清晰的警报信号，监控系统可以对用户跌倒或癫痫等健康事故进行报警等。

在交通和车联网环境中，通过大规模交通要素（人、车、路）间的按需协同互联，能够实现车内和车外适时通信、智能交通控制、电子收费系统、车辆管理控制等多种场景应用。例如，在物流车队管理中，通过无线传感器查看货物的位置和状况，能够在异常时发送警报。

在医疗健康环境中，可以基于新型泛在网络健康服务基础设施为无处不在的健康服务对象按需提供适时的健康医疗服务；可以实现对药品、保健品的快速跟踪和定位，降低监管成本；可以通过建立临床数据应用中心，开展基于智能感知和大数据分析的精准医疗应用；也可以充分运用智能穿戴式设备（智能手环、智能指环等）和射频识别等技术采集用户健康信息，建立面向健康服务的大数据创新管理云服务平台等。

物联网已经成为全球信息科技未来发展的重要趋势之一，它的出现和兴起为我国科技和经济发展带来难得机遇，需要抓住机遇创造未来，建设好网络化、智能化的数字中国。

1.2 物联网边缘无线环境及其主要特征

物联网边缘无线环境的智能服务系统属于未来智能化生产和服务的新型基础设施，通过构建智能化生产系统和连接全生产要素的分布式内生智能网络实现生产过程的智能化，通过可定制的内生智能网络按照边缘无线环境生产服务需求实现大规模人–机–物等生产要素间的协同互联和数据交互。

不同产业的边缘无线环境涉及的人–机–物等生产要素是不同的。例如，在流程工业的石化工厂边缘无线环境中，生产要素包括石油天然气供应商、工程技术人员等“人”的要素，塔设备、换热设备、制冷设备、反应设备、浓缩结晶设备、过滤分离设备、干燥设备、成型设备、混合均质乳化设备、粉碎磨粉设备、锅炉、气体设备、储运设备等“机”的要素，石油、天然气、硫酸、盐酸、烧碱等“物”的要素。在离散工业的汽车整车装配工厂边缘无线环境中，生产要素包括汽车零部件供应商、装配工人等“人”的要素，输送设备、总成上线设备、螺纹紧固设备、吊装设备、车轮装配专用设备、制动试验台、车速表试验台、油液加注设备、出厂检测设备等“机”的要素，汽车零部件、润滑油、冷却液、制动液、制冷剂等“物”的要素。

概括来说，智能化边缘无线环境中的人–机–物等生产全要素涵盖了生产服务和运行管理的全部流程，这些生产全要素之间不仅要求做到类人化的按需连接、适时交互和自主协同，还要求做到对环境数据的全面深度感知、实时传输交换、快速计算处理和高级建模分析。因此，需要在“机器设备”等生产要素中植入传感、通信、计算等模块，在“物体材料”等生产要素中借助射频识别标签等手段与机器设备实现连接，“人”则通过人机交互接口对生产要素进行协同控制与管理。包括工业互联网在内的新型智能信息网络系统就是实现上述各种智能化边缘无线环境中人–机–物等生产全要素能够按需互联的新型网络基础设施。

未来的物联网智能化边缘网络基础设施是新一代信息通信网络技术与智能社会深度融合的全新社会生态、关键基础设施和新型服务模式，通过人–机–物的安全可靠按需智联，实现全生产要素、全产业链、全价值链的全面协同互联，推动智能社会的生产方式和社会形态根本性变革，形成全新的生产方式和服务体系，显著提升“数字中国”的数字化、网络化和智能化发展水平。未来智能化边缘网络基础设施的科学研究目标就是瞄准智能化新基建的国家重大战略需求，把握未来新基建发展趋势，创新发展智能化边缘无线环境的全要素按需互联新型网络基础设施的组织机理和服务机制、网络化调控原理等基础理论与方法，推动智能化网络应用与服务的范式变革，为构建全要素互联结构化、生产服务流程化、网络体系化的社会新生态奠定理论和技术基础，引领未来智能社会的科学发展。

智能化边缘无线环境将泛在的网络通信方式、灵活的移动计算模式等技术融合应用到工业服务的各个环节，构建物联网生产服务过程中人–机–物等全要素能够高效按需互联的未来智能化生产服务新型基础设施，未来智能化生产服务场景示意图如图1-2所示，实现了生产域的智能部署、生产流程的灵活重构、生产设备的适时调整、生产要素的按需配置，从而达到提高生产效率、提高服务质量、降低服务成本、减少资源消耗、降低环境污染的智能服务水平。

图1-2 未来智能化生产服务场景示意图

物联网的智能化边缘网络基础设施是一种以智能化服务系统为标志的革命性新型智能基础设施，其主要特征表现在：网络设施连接对象的革命，要求未来网络设施不仅将人作为连接对象，而且将人-机-物等所有物体均作为可以按需连接的终端对象；网络设施服务目标的革命，要求未来网络设施的服务目标不仅要解决人-机-物之间信息传输交互的通信需求，而且要解决基于接入对象间按需协同互联的智能化生产服务需求。

物联网的边缘网络基础设施具有泛在互联、全面感知、智能优化、安全稳固等技术特性，在实现全要素、全产业链、全价值链全面连接的同时，正在全球范围内不断颠覆传统生产模式、生产组织方式和产业形态，推动传统产业加快转型升级、新兴产业加速发展壮大[3]。一般认为边缘网络基础设施包括生产环境的内部网络和外部网络。内部网络用于连接产品、传感器、智能机器、工业控制系统、人等主体，包含信息传输网络和生产与控制、运行网络；外部网络用于连接企业上下游、企业与智能产品、企业与用户等主体[4]。面向智能制造的边缘网络基础设施内部网络已经呈现扁平化、IP 化、可动态虚拟重构、无线化及智能化组网的发展趋势，外部网络则需要具备高速率、高质量、低时延、安全可靠、灵活组网等能力。

从实体层面上看，物联网的边缘网络基础设施是互联网的延伸和扩展，通过各种智能传感设施与互联网相融合，实现人-机-物之间随时随地的互联互通。具体而言，就是通过各种网络技术及射频识别、红外感应器、全球定位系统、激光扫描器等信息传感设备，按照约定协议将包括人-机-物在内所有能够被独立标识的物端（包括所有实体和虚拟的物理对象及终端设备）按需连接起来，进行信息传输和协同交互，以实现对物端的智能化信息感知、识别、定位、跟踪、监控和管理，构建所有物端之间具有类人化知识学习、分析处理、自动决策和行为控制能力的智能化服务环境[2-3]。

从虚拟层面上看，物联网的边缘网络基础设施是物理空间与逻辑空间的交互，通过将物理空间中各种异质系统的数据经过程序化法则映射成逻辑空间中统一格式的多维数据，分类存储在网络边缘或云端，并按照广义交换协议进行多维度的数据标识、分配、交换、转发和共享，形成新的异构数据集，再逻辑映射回物理空间，从而完成异质系统之间的数据交换[4-6]。这种以数据驱动多维度、多粒度、跨层次的泛在信息交互思想，意味着未来的物联网将具备“数字孪生”“广义交换”和“虚拟重构”等功能。具体而言，就是通过数字孪生、区块链、边缘计算、人工智能等新一代信息技术赋能网络终端，充分保障网络接入认证、数据加密和授权安全，从“上网”“上云”到“上链”，完成从“网络互联”“数据互联”再到“价值互联”，最终实现“万物按需互联”的愿景[7-8]。

在物联网边缘无线环境中，业务类型趋于多元化、动态化、复杂化，用户对服务体验的要求越来越高，用户的服务需求随着所需要提供的业务类型、业务特征、服务开销、应用场景的变化而动态变化。物端的多样性、异构性，带来强弱终端能力差异大、接入技术复杂、用户需求多样化等问题。异构网络的无线频谱、计算能力、存储设备等资源离散分布，且资源的占有情况独立、动态地变化，网络状态数据量庞大。因此，在物联网边缘无线环境中，系统设计者需要从不同的空间域和资源域、不同的粒度和精度上动态感知测量各类信息参数，既需要从时间精细粒度上准确测量多径衰落无线信道的传输特性，也需要从空间精细粒度上完成对频谱资源状态、网络状态、终端属性等业务参数的在线感知，形成按需驱动的智能动态组网决策依据。

1.3 物联网边缘无线环境无线传输研究现状分析

1.3.1 物联网边缘无线环境无线传输特性

无线传输特性及无线信道模型是构建物联网边缘无线环境的基础。在物联网大规模物端间信息交互传输的场景中，信号传播过程中会遇到各种物体、设备、建筑物、植被以及起伏的地形，从而引起电波能量的吸收和穿透，以及电波的反射、散射和绕射等，使得无线通信的传播信道具有了多径、多普勒、阴影等多种效应[9]。与传统的移动通信环境相比，物联网边缘无线环境中的无线信道类型更加复杂多样。

1．短距离与密集多径特性

超密集小蜂窝（Ultra-Dense Small Cell，UDSC）作为物联网和5G的关键候选技术之一，主要是为了解决室内和热点区域覆盖盲区的问题，并增强这些区域中用户的体验质量。家庭基站（Femtocell）就是UDSC的一种典型实现方式，它通过在特定环境（如某个房间、某条走廊、某些拐角）中布设家庭基站，以较低发射功率覆盖较小的范围，为用户提供更加完整的覆盖和更优质的网络服务。此外，IoT作为5G系统的重要应用场景之一，它旨在通过传感设备完成一些人工难以完成的任务（如长期的环境监测、深海探测等），它还可以为用户的生活和工作提供便捷和智能化的服务（如智慧医疗、智能家居等）。无线体域网（Wireless Body Area Network，WBAN）就是物联网边缘无线环境的一种典型表现形式，由移动中的用户在身体范围内携带各种智能设备（如智能手表、控制器、心率计、血压监测设备等）构建一个微型无线网络来完成相关业务，并可以实时感知身体状况和周边环境，然后将它们所搜集的信息统一送至智能网关（类似于边缘智能基站）分析处理，并且对所有体域设备进行协同控制和管理。

这种场景下的无线信道传播特性与传统场景有很大不同[10]：一方面，由于多个收发天线之间距离较短，路径损耗和信道的衰落深度比蜂窝移动场景下的小很多；另一方面，在人–机–物的室内环境中，场景结构和传输机制相对复杂，无线信道容易受环境中人体和物体的影响，因而比传统的无线室内信道以及各类室外信道具有更为明显的多径效应，并且距离上的微小尺度变化都会对无线信道传播特性产生较大影响。

2．离体信道特性

以人体为中心的无线体域网是物联网边缘无线环境的重要末梢形式之一[11]。在5G和B5G时代，大量低复杂度、低成本、低功耗的小型设备将被广泛接入通信网络中并形成规模庞大的物体连接网络，其接入数密度将高达百万个每平方千米。而穿戴于人体（或小型运动载体、动物、机器人等多种移动物体）的便携式终端设备是其重要的组成部分，它的应用依赖于连接穿戴网络和蜂窝网、Wi-Fi等局域网的离体信道（即人体穿戴式终端设备与网络远端接入点（AP）之间的传输信道）特性。

然而，离体信道在许多方面与传统的移动信道不同，移动通信的常规场景可以分为办公室、楼梯、走廊和户外等，人们可以使用移动终端或智能手机。在这些场景中，大尺度特征可以通过相应的标准化模型分为不同类型，如自由空间和对数距离路径损耗模型[12]、线性衰减路径损耗模型[13]、多斜率路径损耗模型[14]等。同时，小尺度特征可以使用两射线多径模型、指数衰减多径模型和随机抽头延迟线多径模型[15-17]等来表征。但是离体信道的情况更加复杂，一方面由于设备非常接近皮肤或直接植入人体内，因此离体信道在天线–人体效应显著、身体姿势变化频繁、移动性强等方面深受人体影响；另一方面考虑离体信道的两端往往连接异构网络，物理层设计必须满足多种网络接入规范的要求。所有这些因素导致离体信道具有比传统的移动信道更为复杂的传输特性和大小尺度特征[18]。

3．复杂的多天线传输（多点对多点）特性

随着物联网技术的发展，用户对数据传输速率以及各类业务设备接入规模的要求不断增加，采用传统单天线或单点对单点的无线传输网络已经无法满足日益增长的需求，需要引入多天线技术以支持更高的通信速率和更大的设备连接数。然而，由于物联网边缘无线环境中传感节点众多，多信道间的相关性得到极大提升，这与传统 MIMO 信道有很大区别。加上用户遮挡、场景复杂等多重因素的影响，还存在着用户手持效应、天线相关效应、耦合效应等一系列对电波传播产生重要影响的物理机制。这些均使得物联网边缘无线环境具有更为复杂的多路径和多天线传播特性。

随着 5G 技术的商用成熟和逐渐完善，垂直产业应用前景日益丰富，采用大规模 MIMO（Massive MIMO）天线阵列 5G 关键技术[19-20]的通信场景也将是物联网边缘无线环境的一个典型应用场景。而物联网边缘无线环境 Massive MIMO 的无线信道与一般的 MIMO 信道存在很多方面的不同[21]。首先，由于天线数目的大幅增多，无线信道的复杂程度与 MIMO 相比进一步增加；其次，Massive MIMO 天线属于密集排列，物联网边缘无线环境中亦存在众多感知节点，其相关矩阵特点与传统 MIMO 区别较大；同时，Massive MIMO 天线由于整体尺寸较大，信道存在非广义稳态现象，在短距离中还存在近场效应问题[22-23]。此外，物联网边缘无线环境还存在场景结构和遮挡情形复杂、人体–天线效应显著等特点，这将使得此场景的电波传播机制更加复杂。

4. 背景噪声大、干扰大

在物联网边缘无线环境中，尽管大量的物联网终端节点具有低功耗、智能激活等特征，但是在有限空间中同时存在的大量异构终端会不可避免引起电磁干扰。大量终端同时收发，相应频段上的背景噪声也必然会显著提升，节点间的串音干扰概率会更高。因此物联网边缘无线环境中的无线信道具有背景噪声大、干扰大的特点。

5. 时变特性

在物联网边缘无线环境中，各种终端根据业务要求具有可移动性，如智能工厂中可能存在工人、机器人、卡车、吊车、悬挂设备或其他物体的随机或周期性移动，这将导致信道具有时变特性[24]。不同的室内活动对发射和接收链路的多次交叉干扰可能导致系统性能的显著下降。

1.3.2 物联网边缘无线环境无线传输国内外研究现状

1. 离体信道的研究现状

离体信道成为连接体域网和其他无线网络的关键载体。其研究思路通常依托成熟的无线短距离信道研究理论并且结合体表传输的有益经验，从而针对离体信道的特性和独特需求进行针对性的研究。从频段上，根据 IEEE 802.15.6 的体域网规划，离体信道的研究通常涵盖从 13.5MHz 到 10.6GHz 的广阔范围，而近些年 28GHz 和 60GHz 毫米波段离体信道研究的兴起则进一步扩充了其频段范围。这使得其能够在高性能、高并发、超低时延等多个应用方向上发挥重要作用，有望成为提升用户体验的关键技术。

离体信道的具体研究可以分为 4 类，如图 1-3 所示：第一类是研究离体信道传播的大尺度和小尺度衰落特性；第二类是在第一类基础上，针对离体信道中较为严重的衰落问题所用的一些抗衰落措施；第三类是针对前述研究中出现的维度灾难问题以及多通道联合处理的需要，引入稀疏分析方法对离体信道稀疏特性进行分析；第四类则是在稀疏特性分析的基础上，针对簇结构较为复杂的离体信道时域建模难题，探讨利用稀疏化建模方法的优势。

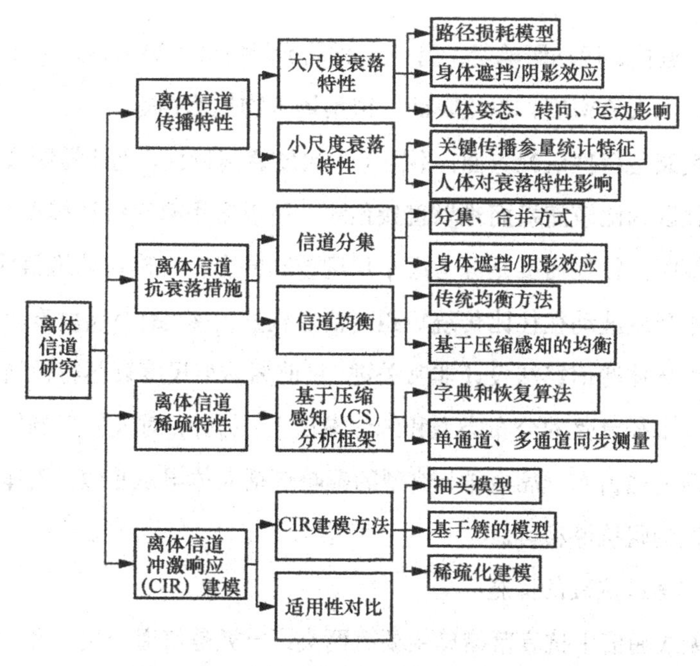

图 1-3 离体信道的主要研究方向及其分类

（1）离体信道传播特性

此方面的研究主要分为大尺度衰落特性和小尺度衰落特性两个方面。离体信道中大尺度衰落特性的研究包括路径损耗模型、身体遮挡/阴影效应以及人体姿态、转向、运动影响。小尺度衰落特性的研究主要包括关键传播参量统计特征以及人体对衰落特性影响两个部分。

离体信道常用的测量系统非常多，主要有谱分析、时域测量、矢量网络分析仪（VNA）测量和相关性测量等。测量环境集中于微波暗室和小、中、大型实验室或办公室。测试频率从 820MHz 到 12.7GHz 分布广泛，涵盖了主流的蜂窝频段、ISM 频段和 UWB 频段。总之，离体信道的测量方式、测量环境和测试频率都比较多样化。

在大尺度衰落特性研究方面，路径损耗模型大多采用浮动参考路径损耗模型，以平衡所测场景的路径损耗拟合的精确性和理论可解释性。但这些也导致了路径损耗指数分布范围比较大（从 0.5 到 10 广泛分布），显著不同于传统的无线信道。同时，阴影偏差在不同的离体信道实测中差异也极大。这一方面源于众多的影响因素，如身体旋转、遮挡、运动影响等；另一方面是不同情形下离体信道的主要影响因素都不尽相同，如人流密度、车流隔断、密集场景物体遮挡等。

在小尺度衰落特性研究方面，不同于大尺度衰落特性，无线短距离信道中的小尺度参数往往因为比较随机而难以直接预测，所以常用概率统计模型来分析建模。在做链路预算时，往往需要充分考虑小尺度波动的影响来确保信道链路的连通性。离体信道中小尺度波动往往比传统短距离信道剧烈得多，故小尺度衰落特性的研究对链路预算和离体通信算法设计非常关键。目前离体小尺度衰落特性研究主要集中于阴影衰落和多径衰落的分布类型和统计参量上。另外，对人体影响比较密切的一些影响因素研究也占有一席之地，典型的影响包括人体电磁吸收、人体耦合和人体电导特性引发的阻抗漂移等。

（2）离体信道抗衰落措施

通常，无线通信中抗衰落措施主要有两类：一类是信道分集，另一类是信道均衡。穿戴设备受限于计算能力和实现成本，通常只能采取比较简单的均衡方式，然而简单均衡器的效果往往受限于适用的场景。文献[20]通过对不同的穿戴者的不同穿戴部位进行仿真对比后发现仅通过线性均衡就能有效应对身体遮挡带来的衰落。然而，线性均衡对于人体运动、姿态、极化失配等带来的多种深衰落则收效甚微。所以采取双分集甚至多分集的方法在离体通信中效果往往更好。常用的信道分集方法有 4 种，即空间分集、极化分集（或天线辐射分集）、频率分集和时间分集。由于在人体上可部署位置多，且穿戴设备成本较低，因此在离体通信中通常首选空间分集。而极化分集的优势在于占用空间极小、部署容易，缺点是分集增益不如空间分集，故只在特定应用下采用。频率和时间分集受限于通信资源和设备复杂度，一般较少采用。

近年来，离体信道的空间分集研究非常活跃。研究人员在微波暗室、室内办公室、大开间、走廊、墙壁遮挡诸多场景展开了多种部位、多种分集数的广泛实地测量活动，并对多种分集、合并方式进行了对比，探究影响离体信道分集效果的诸多因素，频率则主要集中于 UWB 频段和少量的低频，如 868MHz 以及 ISM 频段。与传统空间分集相似，离体信道空间分集也受合并方式、分集分支数目、分支间的相关性和视距情况的深刻影响。而不同之处还有很多，离体信道因为深受人体影响，不同穿戴部位、穿戴者的运动和转向以及附近不同规模人群、人员的走动均对离体信道的分集增益有显著影响。不同场景下，即便相同的分支数目、相同的穿戴部位，其分集增益范围也有显著差异。这些都是离体信道众多衰落因素累积的结果，与传统无线信道有显著区别，说明离体信道的分集方式、抗衰落改善效果仍然需要进一步探究。

离体信道分集措施主要面临3个方面的挑战：离体分集信道的性能有待进一步提升，尤其是分集性能受人体高度、人体运动、极化失配衰落、圆极化影响的探究还有待展开；离体信道分集措施的物理层设计和原理探究需要进一步推动，包括确定分集分支数目、穿戴位置、场景适应性和抗衰落机理；新型离体信道分集方法的开发，一些基于圆极化、双极化、MIMO和基站间发射分集的研究提供了很好的思路，然而仍需要进一步研究和验证。

（3）离体信道稀疏特性

离体信道因为场景复杂多变，受人体姿态、旋转方向和运动等多种因素影响，在信道测量、传播分析、算法设计和系统建模中经常会遇到“维度灾难”的问题。以文献[25]中医院病床环境下典型的一次变穿戴位置的测量为例，为避免个体差异的影响依次测量了7位志愿者，每位志愿者变换10个穿戴位置，同时远端AP变换12次高度，需要从8个大尺度格采集数据，每个格细分为16个格点以抵消小尺度的影响，每个格点重复测5次，每次测得的信道冲激响应（Channel Impulse Response，CIR）信号由801个复数值构成，则一次实测所累积的数据量就超过了4亿（7×10×12×16×8×5×801=430617600）。而如志愿者姿态变化、运动改变和身体旋转等更多影响因素还未考虑进去。如此大规模且仍在不断增长的数据量给传统离体信道分析和建模方法带来了很大挑战。随着离体信道向着多通道、大带宽等高维信号技术方向积极发展，维度灾难还会进一步凸显[26]。

维度灾难也称维度诅咒，主要指当研究对象的维度迅速增大时，空间容量迅速增大，从而给数据采集、组织和分析所带来的一系列难题[27]。维度灾难广为使用的一种应对方案是稀疏表示法（或称为特征表示）[28]。在无线通信中，稀疏表示的方法旨在将高维信号空间中隐藏的具有显著意义的低维结构信息寻找出来。通常利用稀疏表示后有 3 个显著的优点，一是经过稀疏后数据量大为削减，极大节约传输功耗；二是利用压缩感知技术确保接收端鲁棒性恢复；三是作为采集侧的穿戴设备计算量极小，大量计算发生在服务器一侧，进一步节约了穿戴侧的计算开销。这些优势促使基于体域信道稀疏表示的研究在多个方面大量展开。文献[29-30]给出了一些离体和体表信道特性调研以及算法与场景适配性的研究。文献[31]利用 IEEE 802.15.6 推荐的离体信道模型证明了离体信道的稀疏性，利用压缩感知技术可以显著降低离体信道采样率要求。然而，这些应用大多是基于 WBAN 的仿真信道集，而实测数据集的稀疏研究则鲜有提及。由于离体信道的复杂特性，当前仿真信道对于实测信道的还原程度还较差。对于实际测量所得到体域信道集的稀疏特性分析以及稀疏恢复算法的选取或改进亟待展开。

通过学习和揭示内在的信道稀疏结构，稀疏信道建模可以为信道仿真提供低复杂度的实现方案。文献[32]提出了一种基于虚拟信道表达（Virtual Channel Representation，VCR）和傅里字典的方法来有效地建模双选择性衰落信道。稀疏信道建模可以促进稀疏信道估计和稀疏信道编码的发展。例如，基于所得稀疏特征可以准确地重现场景本征的稀疏度结构、提供适配场景的最佳字典，从而为信道编码、发射波形设计和导频设计等方面提供有价值的指引[33]。文献[34]发现稀疏信道模型有助于发展更好的信道估计算法。另外，稀疏信道分析可预估稀疏度和稀疏索引集的分布情况。这对许多稀疏恢复算法是重要的先验知识[35]。例如，CoSaMP 算法中预设稀疏度 k 的准确性关乎恢复结构的成败。

（4）离体信道冲激响应（CIR）建模

离体信道建模是无线通信系统中的重要研究领域，旨在描述无线信道中的多路径传播和多路径干扰等特性。CIR 建模方法主要可以分为以下几种，包括抽头模型、基于簇的模型和稀疏化建模。这些方法各有其适用性和优缺点，根据具体需求选择合适的模型。抽头模型（Tap-Based Model）是一种广泛使用的 CIR 建模方法，它将信道响应分解为一系列抽头（或路径），每个抽头表示一个多径传播路径。每个抽头通常包括路径的时延、幅度和相位信息。这些抽头可以用冲激响应函数来表示。

抽头模型适用于多路径信道的建模，尤其在多天线系统（MIMO）中常用。它提供了详细的信道信息，适合系统仿真和性能分析。基于簇的模型（Cluster-Based Model）是将多路径信道分为若干簇，每个簇代表一组具有相似传播特性的路径。每个簇通常包括平均时延、幅度和相位信息。这减少了模型的复杂性。基于簇的模型适用于对信道进行更粗略的建模，特别是在需要简化模型以减小计算复杂性的情况下。稀疏化建模（Sparse Modeling）旨在捕捉信道中主要传播路径，忽略次要路径，从而减小模型的复杂性。这种方法通常使用压缩感知或基于稀疏信号处理的技术来估计信道响应。稀疏化建模适用于具有大量路径但只有少数路径对系统性能产生显著影响的情况。它可以降低信道估计和数据传输的复杂性。不同的 CIR 建模方法适用于不同的应用场景和需求。选择合适的模型取决于通信系统的特性、计算资源可用性以及对信道信息的精确性要求。在实际应用中，通常需要权衡精确性和复杂性，以满足特定通信系统的性能目标。

2. 室内复杂场景人-机-物等大规模物端的无线传播模型研究现状

随着 5G 技术的成熟、工业互联网的普及以及新型网络基础设施建设的蓬勃发展，室内无线通信的应用场景也不断增多，从简单的人机互联无线传输场景逐渐演变为人-机-物大规模物端间协同互联的复杂业务场景。在华为发布的《5G 时代十大应用场景白皮书》中，包括智能制造、无线医疗和个人 AI 辅助等 7 类场景均采用了室内环境人-机-物的复杂场景无线信道进行海量数据的互联互通。

（1）大小尺度衰落特性

路径损耗作为一种大尺度衰落特性是无线信道传播特性研究的基础之一。在现有室内环境无线信道传播特性的研究中，通常建立自由空间传播模型的修正模型，即对路径损耗因子进行修正的对数-距离模型来描述实际室内无线信道的传播特性。常见的修正模型有单斜率模型、多斜率模型、线性距离模型等。修正路径损耗因子的单斜率模型最早由 Cox 提出[36]，并陆续有大量理论和实际测量研究对单斜率模型进行扩展和改进，场景和信道类型得到极大丰富。ITU-R M.2135 定义了室内热点场景，在第三代合作伙伴计划（3GPP）中据此提出了 2～6GHz 家用基站场景单斜率模型[37]。WINNER II 信道模型针对 2～6GHz 频段下带有走廊的室内办公室、住宅楼和室内大型馆厅场景提供了一种单斜率模型[38]；多斜率模型考虑一些场景的复杂性和结构特点，对于不适用单斜率模型的场景，将不同距离段内的路径损耗因子分别建模，距离分段数量通常为 2～5 个，以取得模型参考价值和复杂度之间的平衡；线性距离模型则是在单斜率或多斜率模型的基础上，附加一个反映路径损耗随收发距离线性变化的损耗因子。除上述几种外，还有描述信道穿透墙壁、地板导致衰减的室内无线信道衰减因子模型[39]。在各类对数-距离模型中，路径损耗实际值在路径损耗因子附近的随机波动可用阴影衰落表示。

另一类路径损耗模型是基于电磁混响室效应的混响模型，混响模型中定义服从对数-距离衰减的主径分量，包括直射径和主要的反射径，以及按混响模式衰减的混响分量，包括除主径外的其余多径。2007 年，Anderson 等[40]在更大的独立房间中进行信道测量，对模型予以完善和拓展。2012 年，Anderson 等[41]在飞机客舱环境中利用混响效应建立路径损耗模型，并与实地信道测量结果进行对比，验证了基于混响效应的路径损耗模型比基于自由空间传播的修正模型更加精确。随后，Steinböck 等[42]在典型室内办公室和会议室环境中进行了 5.2GHz 信道测量，验证了混响模型比对数-距离模型具有更小的均方根误差（Root Mean Square Error，RMSE），可以更准确地预测室内信道中的路径损耗。文献[42-43]根据混响模型对不同距离上接收信号的混响分量、主径分量功率进行对比，对混响分量的功率占比进行了探讨。此外，文献[44]在大厅、工厂等环境中进行了信道测量和混响模型验证。

（2）功率时延谱

在室内的人-机-物环境中，场景结构和传播机制相对复杂，无线信道容易受环境中人体和物体的影响，因而具有比简单的室内信道以及各类室外信道更为显著的多径效应。常见的反映多径效应的参数包括时域最大可辨多径数目、多径到达概率、功率时延谱、平均时延、均方根时延、时域自相关函数、相关带宽等。时域最大可辨多径数目指在实际测量和分析工具条件下，可以探测和分辨到的最大多径数目，例如，文献[45-46]进行了办公室、工厂的室内信道测量，然后根据硬件平台特点定义了 7.8ns 的时延分段，也就是时延域探测多径的最小分辨率，对每个分段内所有到达的多径功率取平均数后再进行分析，得到时域最大可辨多径数目；文献[47-49]则采用观察曲线峰值数目的方法对时域最大可辨多径数目进行求取。多径到达概率是指在特定时延下有任一条路径到达的概率。求取方法有两种，一种是定义存在多径的功率阈值，对一个时延分段内的功率取平均后，再与所定义的阈值进行对比[45-46]，如果平均功率大于阈值则判定该时延分段内存在多径到达；另一种是计算时延点前后多径到达的数目[49-50]。接收端接收的功率（或相对于发射端的相对接收功率）在时延域的分布可以用功率时延谱描述，与时域最大可辨多径数目、多径到达概率相比，它对无线信道在时延域的分布特性有更为全面、客观的阐述。功率时延谱也是计算信道的平均时延、均方根时延扩展等其他时延域特性参数的基础。

在已有关于室内无线信道传播特性的研究中，有少量文献针对闲时、忙时室内的人–机–物复杂场景信道传播特性进行了分析，但主要使用了对数–距离模型等早期模型进行经验性建模，系统性的研究很少，也没有将各个模型参数与传播的物理机制建立清晰的对应关系。因此，如何克服已有模型的缺陷，建立室内的人–机–物复杂场景无线传播模型，使其具备更明确的物理意义，并对无线信道的各类大小尺度衰落特性参数进行更准确预测，将是一项重要的挑战。

3. 室内多天线场景无线传播模型的研究现状

现有 Massive MIMO 信道研究主要包括信道测量和信道建模。信道测量是进行后续建模和分析的基础。Larsson[19]和 Gao[51]等分别采用虚拟的均匀线阵（Uniform Linear Array，ULA）和实际的均匀圆阵（Uniform Cylindrical Array，UCA）天线进行了 2.6GHz 下 Massive MIMO 信道测量，并评估和探讨了 Massive MIMO 技术在实际场景中的应用。Harris 等[52]利用车载天线，进行了视距（LOS）情形下 Massive MIMO 室外信道的测量。文献[53]中将 Massive MIMO 信道研究的最大天线数目扩展到 256。已有研究主要集中在室外信道，室内信道研究较少；部分研究中使用了虚拟天线，而基于虚拟天线的测量与实体天线的性质有一定差异。如何弥补现有 Massive MIMO 信道测量，尤其是室内信道、实体天线的相关测量研究的缺口是一项具有重要意义的挑战。

建立信道模型是 Massive MIMO 信道研究的另一项重要内容。在现有研究中，

Massive MIMO 信道模型主要分为两类，分别是基于相关的随机信道模型（Correlation-Based Stochastic Channel Model，CBSM）和基于几何的随机信道模型（Geometry-Based Stochastic Channel Model，GBSM）。CBSM 又可以分为独立同分布（independent and identically distributed，i.i.d.）瑞利衰落信道模型、Kronecker 模型、Weichselberger 模型、虚拟信道表示等，CBSM 简单、清晰，但现有模型的精确性不足。根据上述分析，改进现有的 Massive MIMO 信道模型主要有以下两个可行的方法：提升 CBSM 的精确性，或降低 GBSM 的复杂度。然而，GBSM 的复杂度与环境密切相关，并且需要以大量的实验数据为基础。随着无线信道场景和频谱资源的不断丰富，模型复杂度会增加，且需要补充大量的测量，后者的实现难度较大。

1.4 物联网边缘无线环境无线传输关键技术

考虑物联网传播环境的复杂性，可分别从器件层面和系统层面出发，通过探索物联网边缘无线环境中的无线传输关键技术，奠定物理层传输基础，支撑实现更高层面上的链路纠错、交换信令和无线传输动态组网。从射频和物理层技术的角度来看，物联网边缘无线环境中无线传输关键技术包括以下内容。

1.4.1 天线技术

在物联网边缘无线环境中，天线是实现泛在无线网络覆盖、精准信息感知和按需接入功能的关键接口器件，探索高性能物联网应用天线设计理论及方法是物联网领域的重要基础工作之一。与传统通信天线相比，面向物联网应用的天线在形态、电气特性和功能等方面更趋多样化，不仅需要实现无线信号覆盖而且要实现终端接入能力，部分物联网天线还需要兼备对环境及物端的信息感知与接入一体化功能，由此更凸显出小型化和宽带化设计的重大需求。为了充分满足物联网多样化应用场景的实际需求，研制出性能优异、成本低廉、便于量产的小型宽带物联网天线，迫切需要探索数理概念清晰、复杂度低、通用性强的天线设计理论及方法。为此，本书在第 2 章对适用于物联网的相关天线理论与技术进行了详细介绍。

1.4.2 衰落信道建模

随着智能设备和通信技术的发展，从基本的语音和数据通信业务，到新兴的物联网应用环境等，无线通信所支撑的业务种类越来越复杂。其中包括办公室在内的室内多径传播环境是比较普遍的工作场景，物联网技术的涌现使得智慧办公场景成为重要的应用之一，该场景中所涉及的通信需求巨大。同时，由于在办公室环境中，家具和设备的分布繁杂，人员密度相对较大，其无线多径衰落信道的传播特性也十分复杂多变。因此，如何准确表征智慧办公场景下的无线信道传播特性，进而建立对应的多径衰落信道模型是构建智慧办公应用的关键所在。本书在第 3 章对物联网无线传播环境的衰落信道模型进行介绍。

1.4.3 体域网信道建模

在物联网边缘无线环境中，用户终端的姿态、动作、设备类型以及设备使用状态会造成接收天线高度和角度的变化。在实际应用中，无线终端设备通常由用户携带使用或佩戴在用户身上（也可以携带于可以运动的小型载体上），当用户本身存在于无线通信系统中，会给信道带来何种影响是一个重要的研究内容，这就需要研究真实情况下体域网场景中的无线信道传播特性，让用户携带可穿戴天线进行信道测量，以代替用不同接收天线高度所进行的模拟。此外，人口老龄化问题日益凸显，随着可穿戴设备技术的不断发展，未来无线通信系统中以人体为中心的智慧医疗健康和智慧养老应用也成为人们关注的热点。这种应用对无线通信的安全性以及可靠性要求较高，它需要保证接入点与可穿戴设备之间的通信链路的稳定性。设计这样一个无线通信系统需要对从无线网络接入点到可穿戴设备之间的信道（简称离体信道）的传播特性有全面的了解。因此，本书在第 4 章对物联网室内无线体域网传播环境的信道模型进行介绍。

1.4.4 多天线衰落信道建模

物联网边缘无线环境中传感节点和接入终端较多，其信道间的相关性会极大地提升，这与传统 MIMO 信道有很大区别。加之用户遮挡、场景复杂等多重因素的影响，存在着用户手持效应、天线相关效应、耦合效应等一系列对电波传播产生重要影响的物理机制。并且随着5G本身的商用成熟、相关技术的逐渐完善和垂直产业应用前景的日益丰富，采用了作为5G关键技术的Massive MIMO天线阵列的通信场景必须作为一种典型的物联网应用场景予以研究。在Massive MIMO天线阵列中，信道传播特性是研究系统性能的重要基础，而Massive MIMO的无线信道与一般的MIMO信道存在很多方面的不同。首先，天线数目的大幅增多，本身会导致无线信道衰落特性的复杂程度提升；其次，Massive MIMO天线属于密集排列，其相关矩阵特点与传统MIMO区别较大；同时，Massive MIMO天线由于整体尺寸较大，多径衰落信道存在非广义稳态现象，在短距离中还存在近场效应问题。因此，对其传播机制进行深入探究并建立精确的信道模型尤其重要。本书在第5章对物联网智慧办公场景的多天线衰落信道模型进行详细介绍。

1.4.5 无线衰落信道仿真与测量仪器

现有的无线信道仿真器主要有两种实现方法，一是通过常用的理论信道模型，人为设定部分信道参数，从而对信道环境传播特性进行模拟；二是通过存储信道实测数据，直接调用这些数据，对信道环境传播特性进行“回放”。它们主要有3点不足：第一，用第一种实现方法所产生的信道环境与实际信道环境有较大差别，并不能表征特定室内短距离无线信道的传播特性；第二，用第二种方法实现信道仿真器需要较大的存储空间，浪费存储资源，并且效率较低；第三，现有的无线信道仿真器并未明确提出模块化的软件结构，可扩展性较差。因此，针对以上3点不足，需要开发一种基于实测数据（传播模型）、效率高且可扩展性强的无线信道仿真器，用以支持通信系统仿真、开发和设计。

另外，现有信道测量系统仍是基于异步单通道测量体制的测量仪器，无法实现系统的多通道自同步收发，难以精确地测量非视距（NLOS）传播情况下的多径相位分布，更难以实现广义粒度上的主动同步动态测量功能，不能满足未来的物联网边缘无线环境电波传播测量的重要需求。因此，需要根据物联网边缘无线环境中不同的信道特性，以及测量参数的不同分类和粒度差异，研制物联网边缘无线环境无线多通道同步信道测量仪器，旨在完成复杂物联网边缘无线环境中传输参数的测量功能，从而支撑未来的物联网智能动态组网功能。在本书的第 6 章详细地介绍适用于物联网室内环境无线衰落信道仿真与测量系统。

1.4.6 电磁兼容与抗干扰技术

物联网边缘无线环境中，异构无线终端数目多、占用频段跨度大，大规模的物端间基于无线频谱资源进行协同传输从而形成复杂的电磁环境，多信道间的相互干扰将对物联网应用场景造成严重的信息损伤，因此保障物联网复杂电磁环境下电磁兼容的干扰分析和兼容性技术将成为无线信道建模、网络规划和智能组网的重要内容之一。本书在第 7 章对物联网边缘无线环境的电磁兼容技术与方法进行介绍。

参考文献

[1] 朱洪波. "物联网，开启万物互联时代"（开卷知新）[N]. 人民日报, 2020-03-17.

[2] ITU. ITU internet reports 2005: the internet of things [R]. 2005.

[3] 朱洪波，杨龙祥，朱琦. 物联网技术进展与应用[J]. 南京邮电大学学报(自然科学版), 2011, 31(1): 1-9.

[4] HAAG S, ANDERL R. Digital twin–proof of concept[J]. Manufacturing Letters, 2018(15): 64-66.

[5] RIEMER D. Feeding the digital twin: basics, models and lessons learned from building an IoT analytics toolbox (invited talk)[C]//Proceedings of 2018 IEEE International Conference on Big Data (Big Data). Piscataway: IEEE Press, 2019: 4212.

[6] MINERVA R, LEE G M, CRESPI N. Digital twin in the IoT context: a survey on technical features, scenarios, and architectural models[J]. Proceedings of the IEEE, 2020, 108(10): 1785-1824.

[7] 邬贺铨. 信息技术加持金融科技加速[J]. 现代金融导刊, 2021(4): 7.

[8] 邬贺铨. 5G 中国会带来什么新业态?[J]. 中国科技奖励, 2021(2): 6-7.

[9] 彭英，王珺，卜益民. 现代通信技术概论[M]. 北京：人民邮电出版社, 2010.

[10] NAMGEOL O, HAN S W, KIM H. System capacity and coverage analysis of femtocell networks[C]//Proceedings of 2010 IEEE Wireless Communication and Networking Conference. Piscataway: IEEE Press, 2010: 1-5.

[11] ACAMPORA G, COOK D J, RASHIDI P, et al. A survey on ambient intelligence in health care[J]. Proceedings of the IEEE Institute of Electrical and Electronics Engineers. [S.l.:s.n.], 2013, 101(12): 2470-2494.

[12] SALEH A A M, VALENZUELA R. A statistical model for indoor multipath propagation[J]. IEEE Journal on Selected Areas in Communications, 1987, 5(2): 128-137.

[13] DEVASIRVATHAM D M J, BANERJEE C, KRAIN M J, et al. Multi-frequency radio wave propagation measurements in the portable radio environment[C]//Proceedings of IEEE Interna-

tional Conference on Communications, Including Supercomm Technical Sessions. Piscataway: IEEE Press, 2002: 1334-1340.

[14] IST-4-027756. WINNER II channel model[S]. 2007.

[15] NOGA K, PAŁCZYŃSKA B. Overview of fading channel modeling[J]. International Journal of Electronics and Telecommunications, 2010, 56(4): 339-344.

[16] YU J Y, CHEN W, LI F, et al. Channel measurement and modeling of the small-scale fading characteristics for urban inland river environment[J]. IEEE Transactions on Wireless Communications, 2020, 19(5): 3376-3389.

[17] ZHANG H G, UDAGAWA T, ARITA T, et al. A statistical model for the small-scale multipath fading characteristics of ultra wideband indoor channel[C]//Proceedings of 2002 IEEE Conference on Ultra Wideband Systems and Technologies (IEEE Cat. No.02EX580). Piscataway: IEEE Press, 2002: 81-85.

[18] HALL P S, HAO Y. Antennas and propagation for body centric communications[C]//Proceedings of 2006 First European Conference on Antennas and Propagation. Piscataway: IEEE Press, 2008: 1-7.

[19] LARSSON E G, EDFORS O, TUFVESSON F, et al. Massive MIMO for next generation wireless systems[J]. IEEE Communications Magazine, 2014, 52(2): 186-195.

[20] RUSEK F, PERSSON D, LAU B K, et al. Scaling up MIMO: opportunities and challenges with very large arrays[J]. IEEE Signal Processing Magazine, 2013, 30(1): 40-60.

[21] WANG C X, WU S B, BAI L, et al. Recent advances and future challenges for massive MIMO channel measurements and models[J]. Science China Information Sciences, 2016, 59(2): 1-16.

[22] ZHANG P, CHEN J Q, YANG X L, et al. Recent research on massive MIMO propagation channels: a survey[J]. IEEE Communications Magazine, 2018, 56(12): 22-29.

[23] PAYAMI S, TUFVESSON F. Channel measurements and analysis for very large array systems at 2.6 GHz[C]//Proceedings of 2012 6th European Conference on Antennas and Propagation (EUCAP). Piscataway: IEEE Press, 2012: 433-437.

[24] CHEFFENA M. Propagation channel characteristics of industrial wireless sensor networks[J]. IEEE Antennas and Propagation Magazine, 2016, 58(1): 66-73.

[25] CUI P F, YU Y, LU W J, et al. Measurement and modeling of wireless off-body propagation characteristics under hospital environment at 6-8.5 GHz[J]. IEEE Access, 2017(5): 10915-10923.

[26] MISHALI M, ELDAR Y C. From theory to practice: sub-nyquist sampling of sparse wideband analog signals[J]. IEEE Journal of Selected Topics in Signal Processing, 2010, 4(2): 375-391.

[27] TRUNK G V. A problem of dimensionality: a simple example[J]. IEEE Transactions on Pattern Analysis and Machine Intelligence, 1979, PAMI-1(3): 306-307.

[28] BISHOP C M. Pattern recognition and machine learning[M]. New York: Springer, 2007.

[29] GOULIANOS A A, BROWN T W C, STAVROU S. Ultra-wideband measurements and results for sparse off-body communication channels[C]//Proceedings of 2008 Loughborough Antennas and Propagation Conference. Piscataway: IEEE Press, 2008: 213-216.

[30] YANG X D, REN A F, ZHANG Z Y, et al. Towards sparse characterisation of on-body ul-

tra-wideband wireless channels[J]. Healthcare Technology Letters, 2015, 2(3): 74-77.

[31] THANH SON N, GUO S X, CHEN H P. Impact of channel models on compressed sensing recovery algorithms-based ultra-wideband channel estimation[J]. IET Communications, 2013, 7(13): 1322-1330.

[32] BAJWA W U, SAYEED A, NOWAK R. Sparse multipath channels: modeling and estimation[C]//Proceedings of 2009 IEEE 13th Digital Signal Processing Workshop and 5th IEEE Signal Processing Education Workshop. Piscataway: IEEE Press, 2009: 320-325.

[33] BERGER C R, WANG Z H, HUANG J Z, et al. Application of compressive sensing to sparse channel estimation[J]. IEEE Communications Magazine, 2010, 48(11): 164-174.

[34] TAUBOCK G, HLAWATSCH F, EIWEN D, et al. Compressive estimation of doubly selective channels in multicarrier systems: leakage effects and sparsity-enhancing processing[J]. IEEE Journal of Selected Topics in Signal Processing, 2010, 4(2): 255-271.

[35] BO L F, REN X F, FOX D. Multipath sparse coding using hierarchical matching pursuit[C]//Proceedings of 2013 IEEE Conference on Computer Vision and Pattern Recognition. Piscataway: IEEE Press, 2013: 660-667.

[36] COX D C, MURRAY R R, NORRIS A W. 800MHz attenuation measured in and around suburban houses[J]. AT&T Bell Laboratories Technical Journal, 1984, 63(6): 921-954.

[37] 3GPP. Further advancements for e-utra (physical layer aspects): TR 36.814 v9.0.0[S]. 2010.

[38] WINNER II deliverable D1.1.2 V1.1. WINNER II channel models[S]. Ist-winner.org, 2008.

[39] ANDERSON C R, RAPPAPORT T S. In-building wideband partition loss measurements at 2.5 and 60 GHz[J]. IEEE Transactions on Wireless Communications, 2004, 3(3): 922-928.

[40] ANDERSEN J B, NIELSEN J O, PEDERSEN G F, et al. Room electromagnetics[J]. IEEE Antennas and Propagation Magazine, 2007, 49(2): 27-33.

[41] ANDERSEN J B, CHEE K L, JACOB M, et al. Reverberation and absorption in an aircraft cabin with the impact of passengers[J]. IEEE Transactions on Antennas and Propagation, 2012, 60(5): 2472-2480.

[42] STEINBÖCK G, PEDERSEN T, FLEURY B H, et al. Distance dependent model for the delay power spectrum of In-room radio channels[J]. IEEE Transactions on Antennas and Propagation, 2013, 61(8): 4327-4340.

[43] TANGHE E, GAILLOT D P, LIÉNARD M, et al. Experimental analysis of dense multipath components in an industrial environment[J]. IEEE Transactions on Antennas and Propagation, 2014, 62(7): 3797-3805.

[44] AI Y, ANDERSEN J B, CHEFFENA M. Path-loss prediction for an industrial indoor environment based on room electromagnetics[J]. IEEE Transactions on Antennas and Propagation, 2017, 65(7): 3664-3674.

[45] TAKAMIZAWA K, SEIDEL S Y, RAPPAPORT T S. Indoor radio channel models for manufacturing environments[C]//Proceedings of IEEE Energy and Information Technologies in the Southeast'. Piscataway: IEEE Press, 2002: 750-754.

[46] RAPPAPORT T S, SEIDEL S Y, TAKAMIZAWA K. Statistical channel impulse response models

for factory and open plan building radio communicate system design[J]. IEEE Transactions on Communications, 1991, 39(5): 794-807.

[47] YEGANI P, MCGILLEM C D. A statistical model for the factory radio channel[J]. IEEE Transactions on Communications, 1991, 39(10): 1445-1454.

[48] YEGANI P, MCGILLEM C D. A statistical model for the obstructed factory radio channel[C]//Proceedings of 1989 IEEE Global Telecommunications Conference and Exhibition 'Communications Technology for the 1990s and Beyond'. Piscataway: IEEE Press, 2002: 1351-1355.

[49] HASHEMI H. Impulse response modeling of indoor radio propagation channels[J]. IEEE Journal on Selected Areas in Communications, 1993, 11(7): 967-978.

[50] GANESH R, PAHLAVAN K. Statistical modelling and computer simulation of indoor radio channel[J]. IEEE Proceedings I Communications, Speech and Vision, 1991, 138(3): 153.

[51] GAO X, EDFORS O, RUSEK F, et al. Massive MIMO performance evaluation based on measured propagation data[J]. IEEE Transactions on Wireless Communications, 2015, 14(7): 3899-3911.

[52] HARRIS P, MALKOWSKY S, VIEIRA J, et al. Performance characterization of a real-time massive MIMO system with LOS mobile channels[J]. IEEE Journal on Selected Areas in Communications, 2017, 35(6): 1244-1253.

[53] ZHANG J H, ZHENG Z, ZHANG Y X, et al. 3D MIMO for 5G NR: several observations from 32 to massive 256 antennas based on channel measurement[J]. IEEE Communications Magazine, 2018, 56(3): 62-70.

第2章 物联网天线理论与技术

2.1 物联网天线的分类

物联网边缘无线环境中，天线是大规模业务终端实现无线覆盖、信息传输、数据感知和终端接入功能的关键接口部件，探索高性能天线设计理论及方法是物联网技术领域最重要的基础工作之一。与常规通信天线相比，面向物联网应用的天线在形态、电气特性和功能等方面更趋多样化：不仅需要实现无线信号覆盖，部分物联网天线还需要兼备对环境信息的感知功能，由此更凸显出小型化和宽带化设计[1]的重大需求。为了充分满足物联网多样化应用场景的实际需求，研制出性能优异、成本低廉、便于量产的小型宽带物联网天线，迫切需要探索数理概念清晰、复杂度低、通用性强的天线设计理论及方法。从“单腔单模”及“多腔单模”谐振的传统天线设计理论出发，结合目前研究现状并按照物联网天线的基本功能、应用场景和实际用途，大致将物联网天线分为如图 2-1 所示的五大类别。

- 射频识别（RFID）天线：RFID 是物联网中最重要而且常用的末梢传感技术之一，高性能 RFID 天线属于最常见的物联网天线，应用覆盖也最广泛，主要被用于解决物联网无线传感环境中各种目标及其状态的感知、读取和识别[2]问题。
- 可穿戴（wearable）/可植入（implantable）天线：以人体（或者其他可移动的小型载体）为中心、基于可穿戴和可植入的无线体域网[3]是物联网的重要末梢形式之一，它利用可穿戴天线或可植入天线采集和传输各种体征信息，解决人-机、人-人、人-物之间的可靠通信问题，在安防救援、健康监护、医学诊疗等物联网场景中有着广泛应用。

- 多物理量传感天线：这是一类广义天线，也可被不失一般性地视作 RFID 天线的外延种类，将各种先进功能材料集成在天线上，能够把不同物理量映射成天线的电抗频率响应特性，使天线具有湿度、温度、气/液体浓度、外力等多种物理量的传感功能[4]，从而解决物联网末梢非电气多物理信息的有效采集、准确感知及精密测量等问题。
- 能量收集（energy harvesting）天线：能量收集天线可被视作整流天线[5]的一个重要类型，它能收集物联网应用环境中的各种无线电能量，将其整流转化成直流电能并存储起来，为能量受限情况下的传感节点补充电能，从而解决终端自供电及延长物联网节点工作生存时间等问题。
- 片上封装天线：结合新物理机制、新材料和新工艺，可在一块芯片上实现整个射频前端与天线（阵列）的集成化设计，由此产生了片上封装天线的概念设计[6]，这类天线着眼同时解决物联网芯片内部信号互联及外部无线传播的问题。

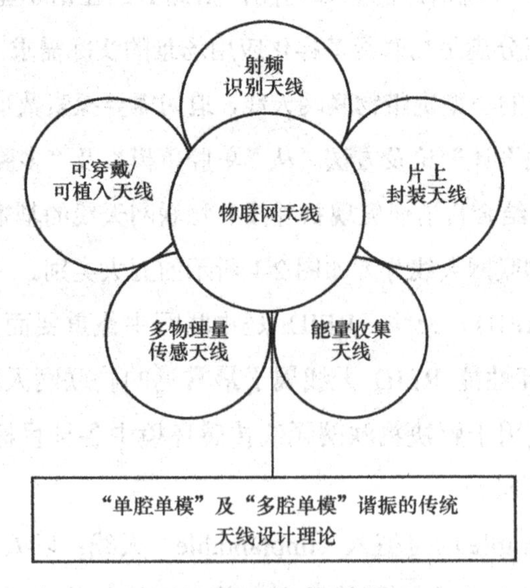

图 2-1　面向物联网应用的天线类别

上述几类天线均是从经典单模谐振天线结构（如偶极子、单极子、缝隙、环、微带贴片等）逐步演化而来，然后依托基于“单腔单模”及“多腔单模”思想（即所有谐振器均采用谐振的主模式贡献辐射，其他谐振模式基本上不贡献辐射）的传统天线设计理论实现。本节围绕上述分类及理论基础，介绍各类物联网天线的研究进展情况，进而结合近年来的研究工作和各种实践案例，详细介绍面向物联网应用、基于“单腔多模”谐振思想的新型多模谐振宽带天线设计理论。

2.1.1 射频识别天线

从 RFID 系统的基本构成来看，RFID 天线可分为读写器天线（reader antenna）和标签天线（tag antenna）两大类；按工作机理及其传感范围区分，则可分为远场辐射型和近场感应型两大类。以 900MHz 超高频（UHF）RFID 系统为例，兼容多标准 RFID 制式及不同读出距离的宽带读写器天线[7-13]是长期以来天线领域的研究热点之一，UHF RFID 的宽带读写器天线[8]如图 2-2 所示。利用共享口径（shared-aperture）概念，可以在缩小天线体积的情况下将其拓展至多频段工作[9]。

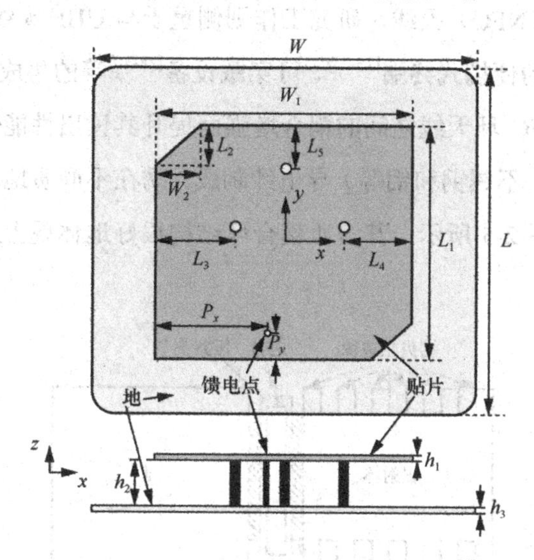

图 2-2 UHF RFID 的宽带读写器天线[8]

一般情况下，UHF RFID 宽带读写器天线周围的近场和远场区域均可按照图 2-3

所示[11]的办法来划分，其中工作在高频近场感应状态下的读写器天线属于 RFID 天线设计领域的挑战性难题[11-13]之一，目前有关技术仍在积极探索中。

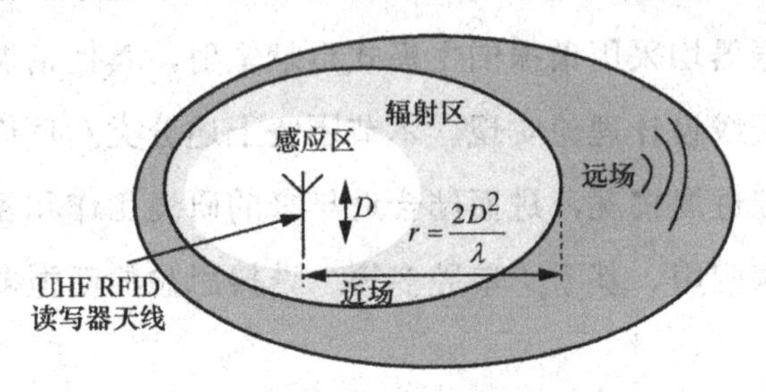

图 2-3 UHF RFID 宽带读写器天线的近场和远场分布示意图[11]

与读写器天线相比，标签天线设计则更侧重于小型化[14-21]，特别是适用于金属部件识别的小型标签天线[17-18]。具有锯齿状边缘的标签振子天线结构示意图[15]如图 2-4 所示。由于标签体积受限、工作环境多变而苛刻，因此如何在小型化基础上确保系统具有足够大的读出（传感）距离，成为 RFID 标签天线的研究难点和热点。目前通过引入各种振子折叠和介质加载手段，可成功地将标签振子天线的尺寸缩小至十分之一波长以下而保持足够长的读出距离[19-21]。而对于工作在高频段（HF）的近场通信（NFC）天线，研究工作则侧重于与 UHF 天线的兼容设计[22-30]，特别是与金属外壳的便携式终端[25-27]、可穿戴设备[28-30]等的集成化设计，其主要技术是利用涡流与 NFC 环天线之间的耦合增强而提升其读出性能[24-25]。一种由涂有混合金属（包括银、不锈钢和铝等）导电纱制成，绣在不同质地棉纺基板上的可穿戴 NFC 天线[28]如图 2-5 所示，其多匝耦合环结构很好地体现上述“耦合增强”的设计思路。

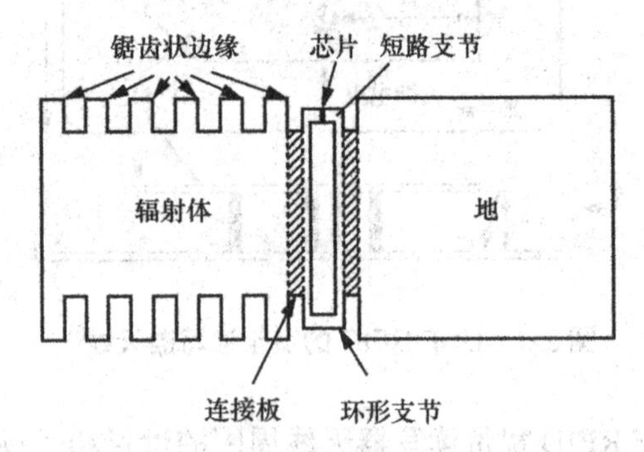

图 2-4 具有锯齿状边缘的标签振子天线结构示意图[15]

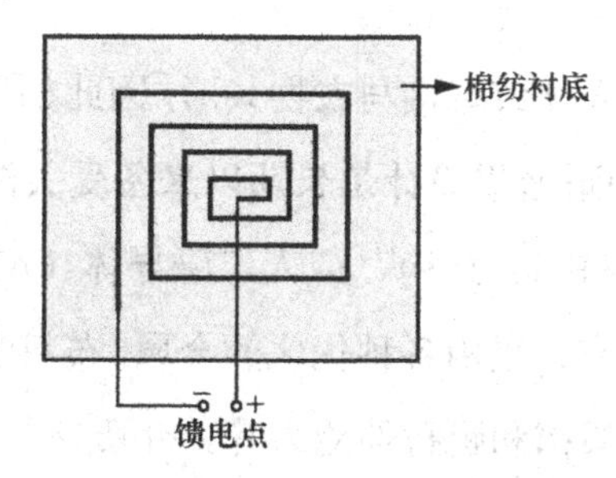

图 2-5　绣在不同质地棉纺基板上的可穿戴 NFC 天线[28]

总而言之，随着物联网应用环境的多样化和复杂化，未来的 RFID 天线很可能会工作在体积进一步受限，感应或传播特性更加复杂恶劣的电磁环境中。受到这一系列因素的影响和制约，RFID 天线的小型化和宽带化设计仍将是具有挑战性的难题[1]。

2.1.2　可穿戴/可植入天线

可穿戴天线在消防、救援以及日常消费电子领域有广泛应用，它既可以与纽扣、徽章、拉链、耳机等附件集成在一起[3, 31-33]，又可以安装在头盔上[34-35]，还能直接与布料集成混纺在服装表面[36-37]。一般的纽扣天线结构[38]如图 2-6 所示。某型号纽扣天线结构[39]如图 2-7 所示。

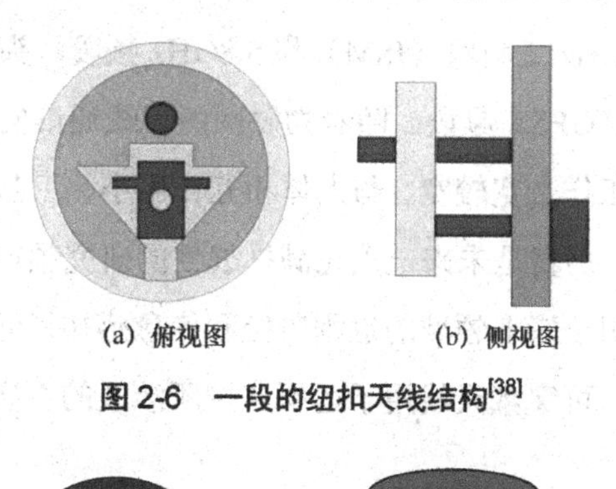

图 2-6　一段的纽扣天线结构[38]

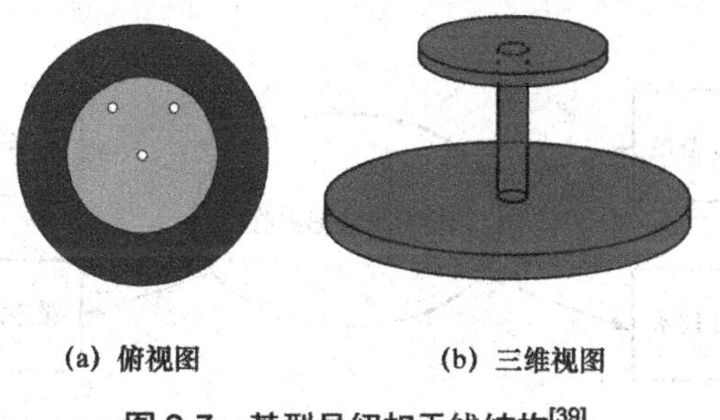

图 2-7　某型号纽扣天线结构[39]

由于可穿戴天线靠近人体或直接与衣物共形，因此如何降低人体对其性能的扰动，实现其共形/柔性化和耐磨损设计是长期以来备受关注的难题[31-43]，常用的办法包括：采用电磁带隙（EBG）结构[33]或人工磁导体（AMC）结构[40]来降低天线与人体之间的相互作用效应、采用各种优化的金属–布料混纺工艺[36-37]和新型柔性材料[43-44]来增强天线的抗皱褶和耐拉伸能力等。介质钻孔型 EBG 结构[45]如图 2-8 所示，经常被用作可穿戴天线的反射板，隔离辐射单元和人体，在特定频段上充分减轻人体对天线性能的劣化效应。

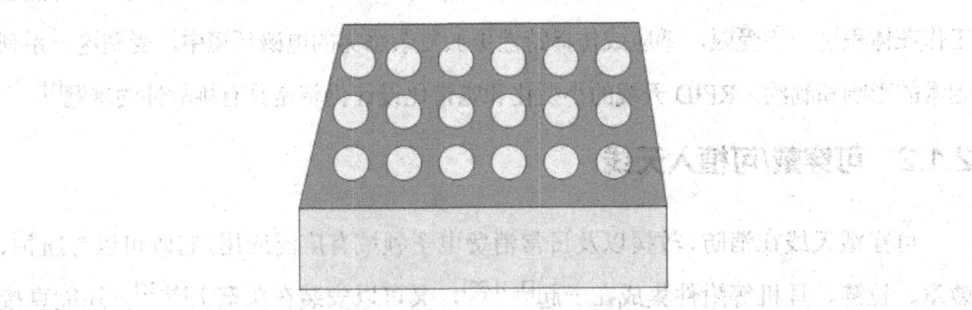

图 2-8 介质钻孔型 EBG 结构[45]

目前，主流可穿戴天线覆盖的工作频段与 RFID 天线类似，主要包括 900MHz UHF RFID 频段、2.4GHz 工科医（ISM）和 5.8GHz 频段，头盔式可穿戴天线还需要覆盖全球定位系统（GPS）频段。随着物联网的无线通信向更高频段演进，如何设计出覆盖频段多、工作带宽较宽、与人体相互作用小、工艺简单、小巧隐蔽且不易磨损的可穿戴天线，仍将是未来一大充满挑战性的研究领域。除了一般的通信场景，可穿戴天线还可用于诸多领域的远程监控和信息感知，可望与柔性电子、遥感技术等领域产生交叉，可穿戴天线用于远程监控所涉及的主要交叉领域[46]如图 2-9 所示。

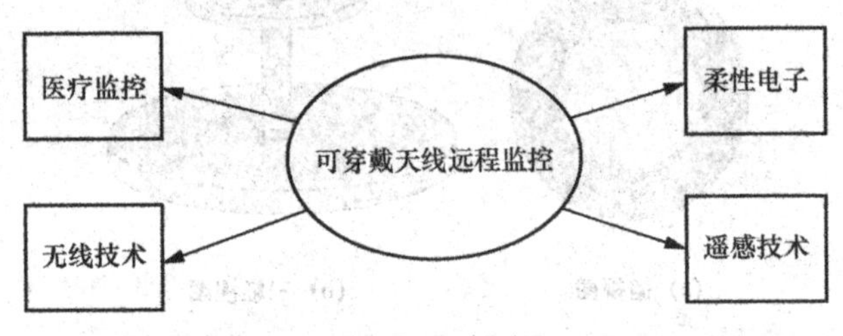

图 2-9 可穿戴天线用于远程监控所涉及的主要交叉领域[46]

与可穿戴天线类似的是可植入天线，它们主要用于生物医学领域，如医学成像、生理/病理研究、疾病诊疗等[47]。常见的可植入天线类型包括可降解胶囊天线[48-49]、脑神经记录仪天线[50]、牙医天线[51]、合金骨骼天线[52]、射频消融天线[53]等，主要用于维持体内–体外的通信功能，工作频段为 2.4GHz ISM 频段或 3.1～10.6GHz 超宽带频段。无线内窥镜胶囊天线系统结构[54]如图 2-10 所示。由于天线位于人体内部，因此其性能不可避免地受人体组织复杂电磁参数的影响，如何优化天线结构，提高其工作效率以提升无线链路余量，进而改善系统信噪比是一项极具挑战性的工作[55]。

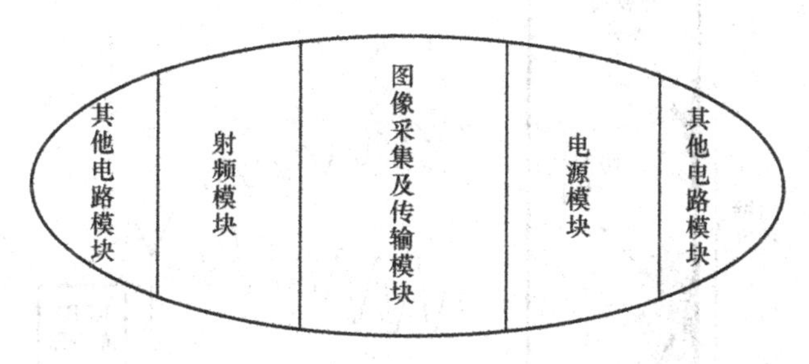

图 2-10　无线内窥镜胶囊天线系统结构[54]

2.1.3　多物理量传感天线

物联网边缘无线环境的网络末梢通常采用多种传感器精确拾取各种非电物理量（如压力、气体浓度/pH 值、温度、湿度、声音等），以准确地感知网络环境状态数据，于是催生出多物理量传感天线的概念设计。多物理量传感天线工作示意图[56]如图 2-11 所示。就其本质工作机理而言，可以不失合理地把多物理量传感天线视作 RFID 标签天线的一种外延类型，或直接不失一般性地将其称为“广义 RFID 标签天线”。

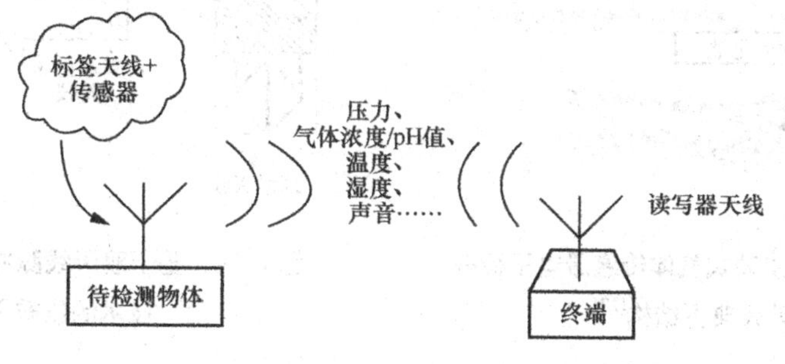

图 2-11　多物理量传感天线工作示意图[56]

通过将不同性质的新型信息材料集成到常规 RFID 标签天线上，就能将上述多种物理量映射成 RFID 标签天线的电参数，实现多种非电气物理参数的精确传感和测量。目前已见报道的多物理量传感天线类型[57-75]很多，主要包括湿敏天线[57-58,71]、气敏天线（“电子鼻”天线）[59-60,72]、压敏天线[61-62,73]、热敏天线[63-66,74]、pH 值检测天线[67-68]以及复合功能传感天线[69-75]等，一些多物理量传感天线的结构如图 2-12～图 2-15 所示。

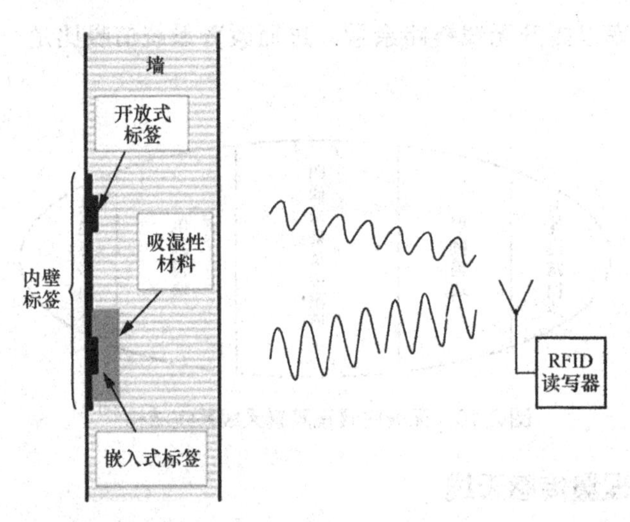

图 2-12　包含两个 RFID 标签的湿度感应天线[71]

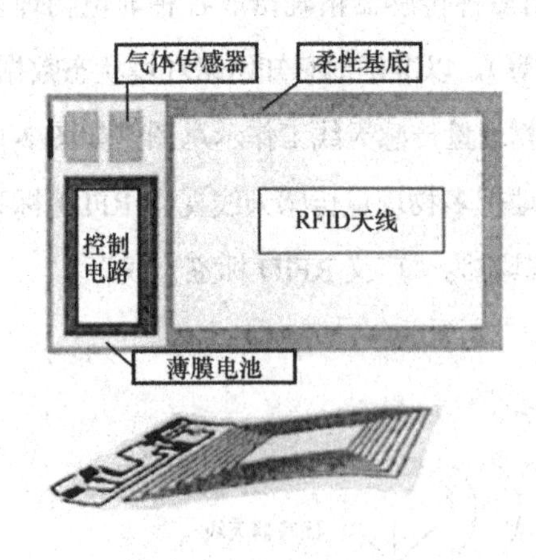

图 2-13　半主动式气体传感器电子标签天线典型结构[72]

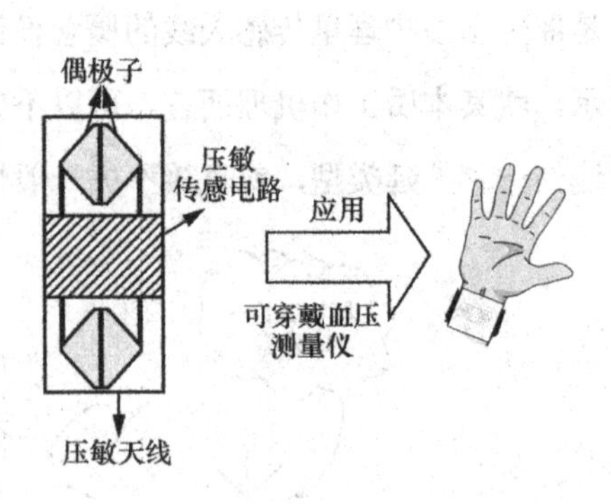

图 2-14　基于双天线脉冲近场传感技术的压敏天线[73]

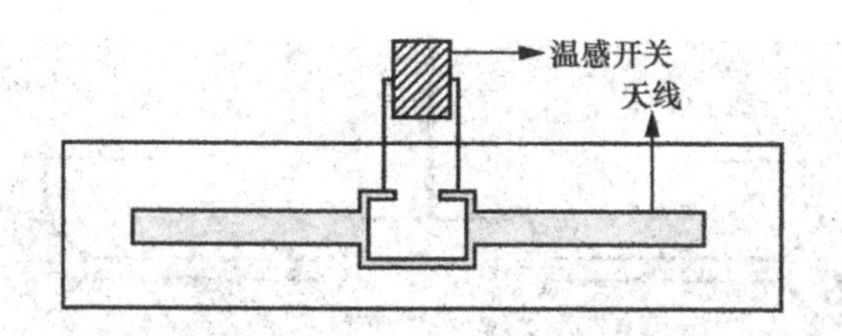

图 2-15 用于无线温度监测的传感天线[74]

与常规天线不同，为了提高传感灵敏度，多物理量传感天线的工作带宽必须足够窄，以便充分利用陡峭的电抗变化曲线来传感物理量的变化率。然而这也将导致系统数据传输速率受限。如何在确保传感灵敏度的前提下，在一定程度上增加天线工作带宽、提高系统数据传输速率，可能成为天线领域与未来新型传感材料及先进制造领域交叉的一大挑战性课题。

2.1.4 能量收集天线

与前述天线类型相比，能量收集天线的定义并不唯一：第一种定义是整流天线，即其主要功能和作用并不是为了实现信息传输，而是为了解决物联网节点的能源供给问题。例如，一种工作在 2.4GHz 频率下的应用于 IoT 环境的能量收集天线[76]如图 2-16 所示，它能够将环境中的交变电磁能量转化成直流电能，存储在超级电容器中作为无线节点备用电源[76-77]，从而延长节点的生存周期。

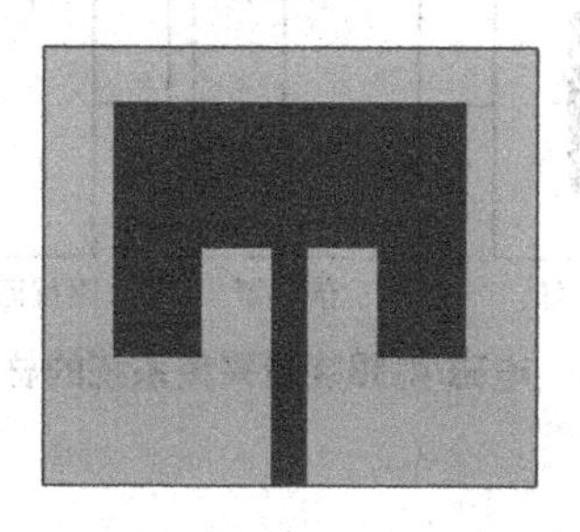

图 2-16 应用于 IoT 环境的能量收集天线[76]

第二种定义是反向散射（backscattering）通信系统的收发天线[78]，即能量收集天线应具备类似于无源 RFID 标签天线的特性，主要针对物联网边缘无线环境中海量低功耗、低速率节点的接入通信而设计。应用于通信系统中的能量收集天线[79]如图 2-17 所示，用于实现反向散射通信系统信号的收发。

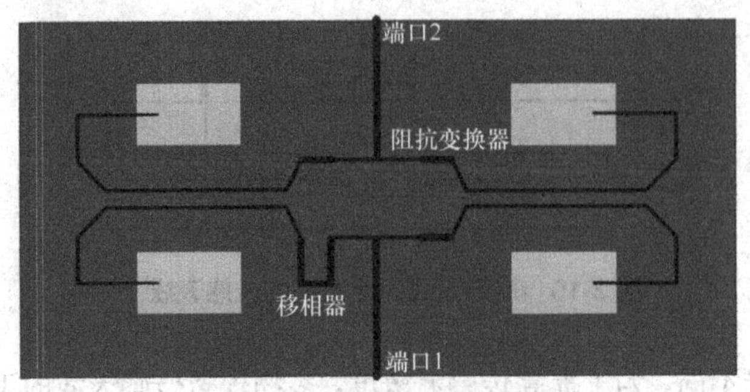

图 2-17　应用于通信系统的能量收集天线[79]

为了区别于常规 RFID 标签天线，此处将按照第一种定义描述能量收集天线。常见的能量收集天线包括常规整流天线[5]，以及近年来采用铟化合物或纳米金属（金、银）材料制成、具有整流功能的透明天线[80]。能量收集天线比较常见的工作频段是 2.4GHz ISM 频段[81-83]，也可以覆盖超宽频段[78]或多个无线通信/广播频段[84]，甚至覆盖至太赫兹以及红外波段[85]。通过如图 2-18 所示的电磁/射频能量采集系统的总体结构以及工作原理的分析可知，能量收集天线的性能在很大程度上取决于整流电路效率以及环境电磁能量密度，因此如何结合新材料（如研制兼备低损耗及光学透明特性的新型导体材料[81]）、新器件和新工艺（如研制具有极低导通电压的精密整流二极管[86]），优化提升其整流效率及口径效率，或将成为能量收集天线设计领域的重要课题。

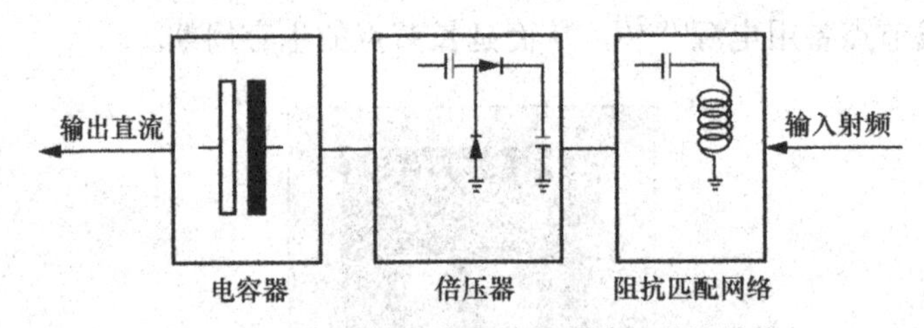

图 2-18　电磁/射频能量采集系统的总体结构

2.1.5　片上封装天线

随着近年来新型材料和先进制造工艺的快速发展，涌现出大量基于新物理机制、新材料和新工艺的天线，催生出“片上微纳天线”的概念设计，例如，基于石墨烯材料的微纳天线[87-88]，基于金、硅和钛等材料的微纳天线[89-91]，采用磁–电异质结材料及体声波–电磁波耦合效应实现的超小型天线[92]，基于表面等离激元[93]和固态等离子效应的纳米天线[94-95]等。其中，石墨烯材料的微纳天线阵列[94]如图 2-19 所示。

事实上，部分片上微纳天线的本质工作机理有别于传统天线，应将其归入“广义天线”范畴。这类广义天线工作频段不定，可覆盖从微波到毫米波，乃至太赫兹及可见光频段，主要用于解决未来的物联网光-电混合芯片内部信号传导互联或传感问题，其共同原理可大致概括为：既能像传统天线一样实现片上导波与自由传输电磁场之间的转换，又能通过不同物理场之间的转换和耦合改变信息传输方式，从而完成感知、互联、兼容等不同功能。因此，这类广义天线往往需要借助各种新型功能材料和加工工艺才能实现。

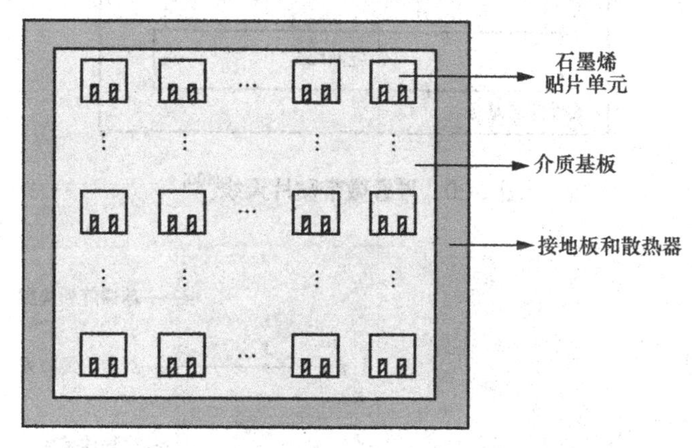

图 2-19 石墨烯材料的微纳天线阵列[94]

与传统天线工作机理一致、作用和功能更接近的是与有源射频前端集成在一起的片上封装天线，常见类型主要包括两类：第一类是采用柔性硅基[96]、纸基[97-98]和液体金属[99]结合三维喷墨打印工艺[98-100]制作而成的柔性片上封装天线，随着三维打印和柔性电子技术的发展，可用三维打印及柔性工艺实现的有源器件类型、电路复杂度也将明显增加，柔性片上封装天线可望得到进一步发展并在柔性电子系统中得到广泛应用；堆叠微带贴片天线[100]如图 2-20 所示，该天线在柔性薄膜基板上组成 1×4 相控阵天线阵列。

第二类则是采用半导体集成电路工艺[101-107]、低温共烧陶瓷（LTCC）工艺[108-109]、多层有机印刷板工艺[110-111]、多芯片模块（MCM）薄膜技术[112]制作的单片/混合集成封装天线及阵列。半导体集成的封装天线[101]如图 2-21 所示，阵列天线直接与芯片集成在一起，辐射单元配置在引脚以外的净空区域内；有机印刷板集成的封装天线[111]

如图 2-22 所示。与柔性片上封装天线相比，单片/混合集成封装天线的制作工艺更成熟、集成度更高，并已在 5G 毫米波段、手势识别雷达等领域中崭露头角[101-107]。

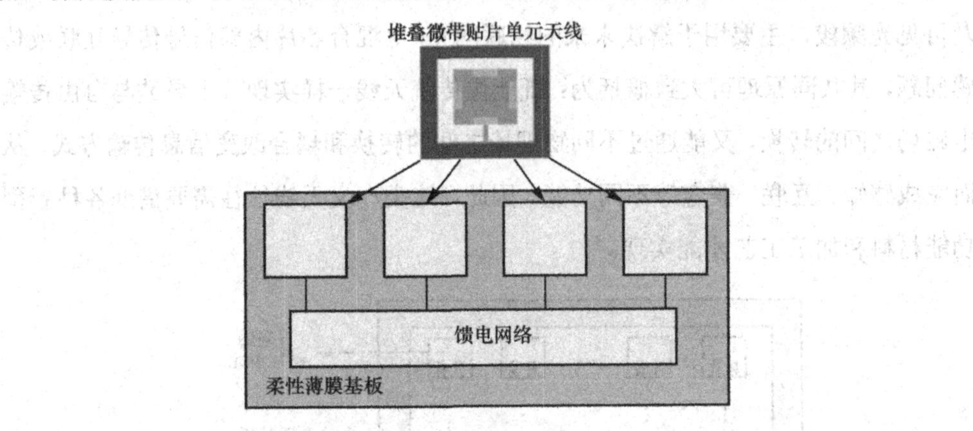

图 2-20 堆叠微带贴片天线[100]

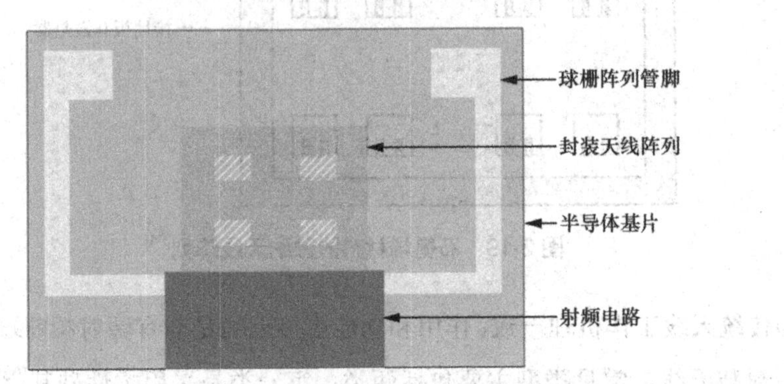

图 2-21 半导体集成的封装天线[101]

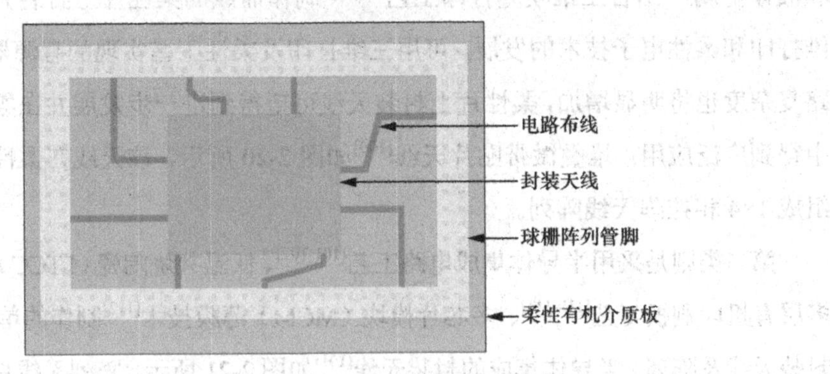

图 2-22 有机印刷板集成的封装天线[111]

总而言之，片上封装天线主要用于同时解决物联网芯片的内部互联和外部传播问题，为未来毫米波段、亚毫米波段和太赫兹波段[113]的物联网应用奠定信息传输基础，如何改进其制作工艺，提高成品率和集成度，并降低制作成本，已成为学术界和工业界高度关注热点问题。

2.1.6 本节小结

上述 5 类天线尽管在外部形态、制作工艺、电气特性、主要功能和应用场合等方面存在极大差异，然而除了少数需要借助多物理场耦合原理设计的广义天线，绝大多数物联网天线仍然主要基于“单腔单模”及“多腔单模”思想的传统天线设计方法设计，采用的模式通常是谐振频率最低的主模，其设计流程属于“逆向分析”过程：根据特定指标要求，选取经典天线结构（经验结构），额外引入谐振单元和集总元件进行分析和结构调整，逐步优化逼近所需性能。这个过程可以借助电磁数值分析工具来完成，通过反复调试而逐步逼近性能指标要求，最终确定设计方案并加工实现，然而这需要较大的计算开销和设计周期。随着物联网的发展，多样化的应用场景将对天线的电气特性、结构复杂度和制作工艺提出更高要求，特别是终端天线的小型化、宽带化、隐蔽化、集成化等系列问题正在变得具有挑战性。在“单腔单模”或“多腔单模”思想的传统天线设计方法基础上，如能快速预测天线基本结构、灵活激发并调节单个谐振器中多个谐振模式，精确控制天线的谐振性能而减少外加谐振单元，实现天线单元结构的“正向综合”设计流程，则不仅可能有效增加天线工作带宽，还可望显著降低天线结构复杂度、减少设计开销、缩短研发流程，更好地满足天线小型化、宽带化、隐蔽化、集成化等系列要求。基于“单腔多模谐振”思想，遂催生出面向物联网应用的多模谐振天线设计理论。

2.2 面向物联网应用的多模谐振子理论及模式综合设计方法

一维多模谐振子理论起源于 20 世纪 40 年代[114]，通过微扰法严格求解直线对称振子天线电流分布函数所满足的积分-微分混合方程，可以分别获得其本征谐振电流模式、在电流波腹点处激发的工作电流模式以及在电流波节点处激发的工作电流模式[114]。发展一维多模谐振子理论的初衷，是试图用其解决任意位置馈电、任意长度直线振子天线的输入阻抗解析计算问题。一维多模谐振子理论指出对称振子天线本征模式的如下重要性质[114]。

- 对称结构的一维谐振器（振子天线）的本征模式具有奇偶性。
- 奇、偶阶本征模式，可用交替出现的余弦和正弦模式函数分别表示。
- 本征模式的奇偶性仅受控于谐振器（天线）的固有边界条件，而与激励无关。

然而，受限于当时的应用需求，以及数值分析工具和辅助设计手段的缺乏，一维振子天线的本征模理论并未得到广泛重视和推广，仅被零星而定性地用于指导机载天线设计布局[115]，以及个别的简正结构波导喇叭天线设计[116]中，在此后数十年时间内并未有大规模应用。尽管随着计算机技术的发展、各种电磁场数值计算方法和商用工具臻于成熟，为了提高天线性能及其设计效率、充分降低天线系统的整体复杂度，仍然首先需要设计者能够正确把握单元天线的工作原理，充分简化原型天线结构。在近年来各种宽带天线系统设计需求的驱动下，迫切需要从机理上快速确定原型天线的行为，进而借助数值计算软件的强大算力优化，最终高效地实现满足系统需求的新型天线。因此，探索数理内涵清晰、复杂度低、通用性强的宽带天线设计方法日渐成为广受关注的重要课题，多模谐振子理论也重新回到了研究人员的视野中。以微带贴片天线为例，现有单腔多模谐振天线设计方法仍然是在矩形、圆形贴片等经典结构的基础上展开的，其设计思路仍然是以逆向分析为主，在经典结构的基础上增加各类调谐装置或元件进行调整和优化，这就不可避免地给设计过程带来较高的复杂度和计算开销。

基于“单腔多模谐振”和“正向综合”的解析设计思想，能成功地将经典一维多模谐振子理论推广成圆柱坐标系下的二维多模谐振子理论，进而指导多模谐振宽带微带贴片天线的正向设计，该设计流程大致包括以下 3 个步骤。

（1）选取两端边界条件完全相同、长度为 L 的磁偶极子天线（L 可取半波长的任意整数倍，不妨将其称为“特征振子”或“原型振子”），圆心角为任意值的扇弧形状，将一维直线振子天线演化为二维扇形贴片天线[117-118]，即可在圆柱坐标系下解出谐振磁流模式的通解表达式，如式（2-1）。可见，扇形贴片天线磁流模式的圆周分量呈现正弦、余弦交替出现的规律，与一维多模谐振子理论的情况完全一致[114]。

由于直角坐标系下一维振子电/磁流分布的支配方程与在圆柱坐标系下分离变量后圆周方向的支配方程一样，均为简谐方程，因此根据半径和圆心角的几何关系，以及平面谐振腔的特征根分布（分离变量后，结合边界条件求解半径方向的贝塞尔方程，即可求得特征根，也就是各腔模的本征波数或谐振频率），就能用列表方式建立不同特征振子长度 L 与可用谐振模式之间的映射约束关系：贴片半径既可以根据特征振子长度 L 按式（2-2）计算，也可以根据腔模特征根按式（2-3）计算，对波长归一化即可分别得到归一化半径，从而获得模式列表。

$$\bar{M}_{\varphi}(\rho,\varphi)=\begin{cases}\hat{\varphi}\sum_{n}^{\text{odd}}\sum_{m}\dfrac{E_{v}J_{v}(k\rho)\cos v\varphi}{k^{2}-k_{v,m}^{2}}, & v=\dfrac{n\pi}{\alpha},n=1,3,5,\cdots,m=1,2,\cdots\\ \hat{\varphi}\sum_{n}^{\text{even}}\sum_{m}\dfrac{-E_{v}J_{v}(k\rho)\sin v\varphi}{k^{2}-k_{v,m}^{2}}, & v=\dfrac{n\pi}{\alpha},n=2,4,6,\cdots,m=1,2,\cdots\end{cases} \tag{2-1}$$

$$0\leqslant\rho\leqslant R_{0},-\frac{\alpha}{2}\leqslant\varphi\leqslant\frac{\alpha}{2}$$

$$\bar{R}_{0}=\frac{L}{\alpha\lambda}=\frac{n}{2\alpha},n=1,2,\cdots \tag{2-2}$$

$$\bar{R}_{0}=\frac{R_{0}}{\lambda}=\frac{\chi_{\frac{n\pi}{\alpha},1}}{2\pi},n=1,2,\cdots \tag{2-3}$$

（2）趋同原则：通过查阅模式列表，当采用式（2-2）和式（2-3）计算的归一化半径之差（即微带贴片天线的典型剖面电尺寸）小于 0.1 时，意味着对应的腔体模式可以被激发，从而确定天线的圆心角、半径和第一个激发可用的谐振模式，由此大致确定天线的基本形态、关键尺寸参数范围、馈电结构及其初始位置，只要馈电网络的边界条件相应地与可用谐振模式的边界条件完全匹配，对应的模式即可充分激发之。

（3）进一步在模式列表中查找下一个可被激发的谐振模式（对称激励情况下，通常跟第一个可用谐振模式具有同样的极化取向），根据其磁流表达式确定调谐结构（如开槽、枝节、短路销钉等）、位置和初始参数，即可充分激发该高阶谐振模式，从而最终确定原型天线的整体结构及其相应的关键尺寸参数初值。

从上述多模谐振宽带微带贴片天线的设计流程可见，这是一个根据本征谐振模式奇偶交替分布规律，逐步推得原型天线结构、确定馈电方法并获取其关键尺寸参数初值的正向综合计算过程，即“模式综合”过程。其中特征振子所起的作用与地位，与微波滤波器综合设计中低通原型滤波器的作用与地位可相比拟。特征振子的长度，直接决定所得贴片天线的工作模式阶数和辐射性能。对于两端边界条件完全对称的特征振子而言，其长度应该设置为半波长的正整数倍。由此可见，基于“单腔多模谐振”思想的二维多模谐振子理论具有严格的数学基础和清晰的物理概念，它还能被推广和拓展到其他正交曲线坐标系中，不仅构建了多模谐振宽带天线设计方法的统一理论框架，而且衍生出多模谐振宽带微带贴片天线的模式综合设计方法。

2.3 高增益物联网天线的多模谐振设计方法

物联网中的无线传播环境复杂，往往需要较高的链路增益，才能实现稳定的“点对点”或“点对多点”覆盖，因此迫切需要通用性较强的高增益天线设计方法。事实上，高增益天线的设计始终是一大难题和热点问题：为了实现较高的增益，不可避免地增加单元天线的尺寸，然而这样容易激发栅瓣不利于天线阵列特别是波束扫描阵列的设计。在单元尺寸和增益的折中关系制约下，研制高增益物联网天线，同时保持其小巧尺寸并能满足组阵应用的需求，成为一项具有挑战性的工作。基于二维多模谐振子理论和模式综合设计方法，本节将探讨高增益物联网天线的多模谐振设计方法。

为了实现高增益设计，必须采用与常规方法“主模谐振”不同的思路，选择高阶谐振模式设计天线：高阶模谐振的天线具有较大的尺寸，但只要谐振模式阶数控制得当，其体积并不会显著增加，而且也不会出现明显的副瓣。按照第 2.2 节所述的模式综合设计方法，不妨选择 1.5 倍波长、两端开路的直磁流振子作为特征振子[117]，故其边缘弧长为中心频率对应的 1.5 倍波长。根据模式综合列表[117]的结果可知，该天线的主谐振模式为二阶腔模（$TM_{2\pi/\alpha,1}$ 模，即第一个偶数阶腔模，α 为贴片的圆心角），相应的第二个谐振模式为四阶腔模（$TM_{4\pi/\alpha,1}$ 模，即第二个偶数阶腔模），而常规矩形、圆形贴片的主谐振模式都是第一个奇数阶腔模（TM_{01}/TM_{10}模、TM_{11}模均为谐振频率最低的基模）。因此，采用模式综合方法设计的贴片天线，其首要工作模式还可以是基模以外的高阶谐振模式，这正是模式综合设计方法区别于常规单模谐振天线设计方法的重要特征之一。通过二阶腔模的磁流表达式[117]，不仅可以确定贴片天线的馈电点位置，还可以确定其零点位置，进而在该位置上引入调谐枝节，扰动并激发四阶腔模，其中调谐枝节的长度约为四阶腔模对应谐振波长的1/4。高增益扇形双模谐振微带贴片天线如图2-23所示。

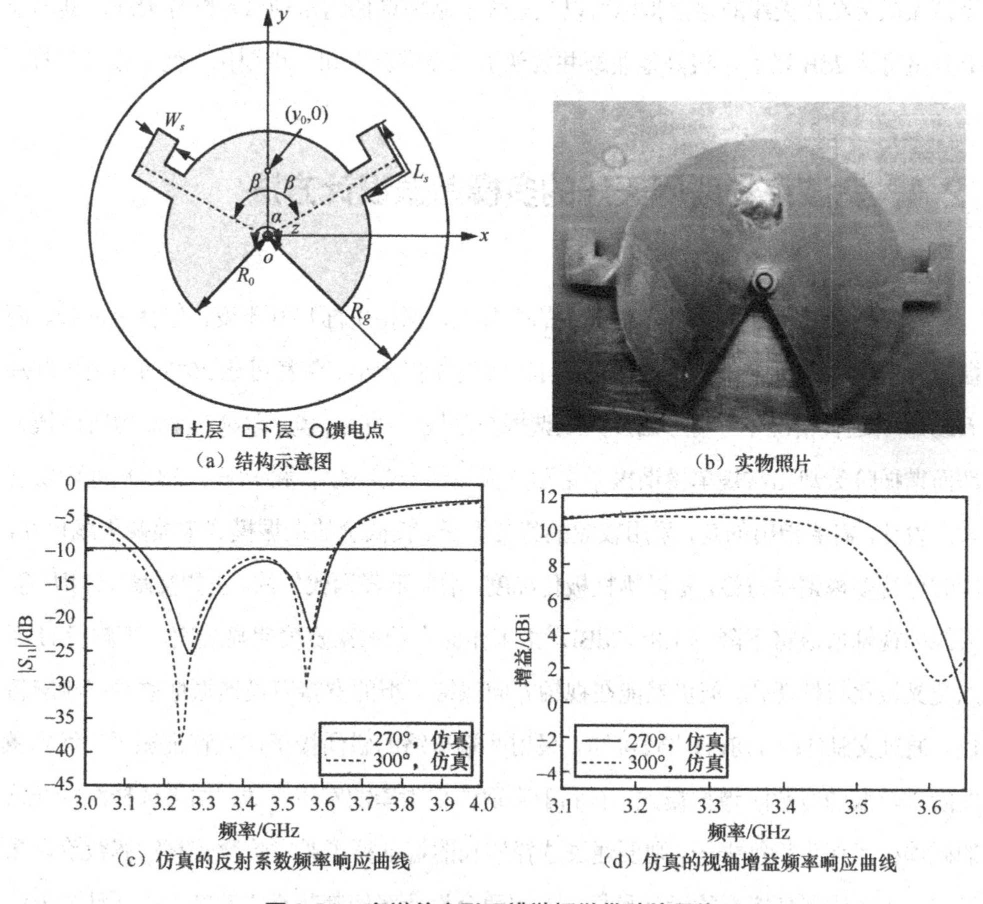

（a）结构示意图

（b）实物照片

（c）仿真的反射系数频率响应曲线

（d）仿真的视轴增益频率响应曲线

图2-23 高增益扇形双模谐振微带贴片天线

通过模式综合列表还可知，采用高阶谐振模式能够在一定程度上增加天线的口径尺寸（半径增大），故有望获得较高增益。尽管谐振模式阶数升高，但特征振子与扇形弧边共形，并不会显著增加天线占用面积，仍然能够令天线占用较小平面面积而保持微带贴片天线的二维组阵能力。在剖面尺寸约为 0.05 波长的情况下，圆心角为 270°的双模谐振微带贴片天线，其辐射带宽达到 14.5%，约为同等高度上微带贴片天线的一倍，视轴平均增益达 10dBi 以上（最大值为 10.7dBi）[117]。从图 2-23 所示的结果来看，如果采用折弯枝节进行扰动，270°圆心角的贴片天线的最高增益还能进一步被提升到 11.4dBi 左右。当圆心角增大到 300°、半径减小，最高增益略有下降，然而仍能保持在 10.8dBi 左右。由此可见，只要谐振模式的阶数控制得当，高阶模谐振微带贴片天线的增益指标可以显著优于基模谐振的常规微带贴片天线，其增益提升量可达 2dB 以上，很好地兼顾并实现了“高增益”和“小型化”两个设计目标。

2.4 宽波束物联网天线的多模谐振设计方法

在高增益双模谐振微带贴片天线的基础上，保持剖面尺寸不变，选择全波长、两端短路的直磁流振子作为特征振子，可以实现体积较小、带宽可达 25%的小型化贴片天线[118]。这种情况下，扇形贴片天线谐振在基模（$TM_{\pi/\alpha,1}$ 模，即第一个奇数阶腔模），然而谐振阶数却比常规单模谐振微带贴片天线低一半，故有利于缩小天线尺寸而实现紧凑设计。需要指出的是，采用较短的特征振子、较低阶的谐振模式来缩减天线尺寸，同时保持多模谐振特性，是以牺牲极化纯度、增益下降为代价的。正如文献[118]所述，天线的视轴增益将下降到 1.8～2dBi，主工作面内的波束宽度明显展宽，高频段 H 面的交叉极化特性恶化，但仍然能在视轴方向保持平坦的宽带双模谐振增益频率响应特性。通过文献[117-118]的比较可知，采用两端短路的磁偶极子作为特征振子，优先激发阶数较低的奇数阶谐振模式，有利于实现体积紧凑的宽带天线；如果选择两端开路的磁偶极子作为特征振子，则要通过选择较长的特征振子激发阶数较高的偶数阶谐振模式，从而达到高增益的设计目标。上述两个设计案例都是在中等低剖面（贴片天线高度约为 0.05 波长）的条件下实现的，而在实际物联网应用中，经常会遇到需要极低剖面天线的情况，例如，外形纤薄的便携式终端，对天线的剖面尺寸提出严格限制；各种柔性共形电子设备的天线，其整机电路和天线均需要印刷在极薄的基片上，以便直接穿戴在人体上或与其他设备表面共形等。因此，将来很有必要继续探索模式综合设计方法在极低剖面条件下的可实现性。接下来再通过一个例子，验证模式综合设计方法在剖面尺寸严格受限情况下的应用潜力。

极低剖面双模谐振微带贴片天线如图 2-24 所示，给出了一种圆心角为 180°，采用两端短路磁偶极子作为特征振子的扇形贴片天线。该天线的中心谐振频率为 2.8GHz，设计在厚度为 2mm 的空气介质上（对应中心波长的 0.019 倍），其模式综合设计过程可参见文献[118]中的有关列表。由于剖面高度被压缩至 0.02 波长以下，因此在只采用单点同轴馈电的情况下，较难实现良好的宽带阻抗匹配。为了改善匹配而不显著增加结构复杂度，在短路壁和馈电点之间引入一个销钉进行调谐。通过改变销钉位置即可调节寄生电抗，显著改善天线的阻抗匹配特性，代价是令贴片谐振频率上升、半径将比中等低剖面的情况增加 8%左右。从图 2-24（c）～图 2-24（f）可见，尽管贴片天线的剖面高度已被严格限制在 0.02 波长以下，采用上述方法仍然能实现 13%的辐射带宽[119]，其有效工作宽带达到同样高度常规单模谐振微带贴片天线的 5 倍以上。由于该贴片天线采用了较小的圆心角，因此占用的平面面积有所增加，然而视轴增益也比文献[118]中的情况（圆心角为 240°）略有提高，带内平均视轴增益稳定保持在 2.5dBi 左右、整体波动小于 0.3dB。综合各方面指标分析可知，模式综合设计方法同样适用于极低剖面的贴片天线设计，而且频率色散低，增益频率响应能在特定方向上保持平坦。因此，该方法可望被用于多种对天线高度特别苛刻的物联网应用场景中。

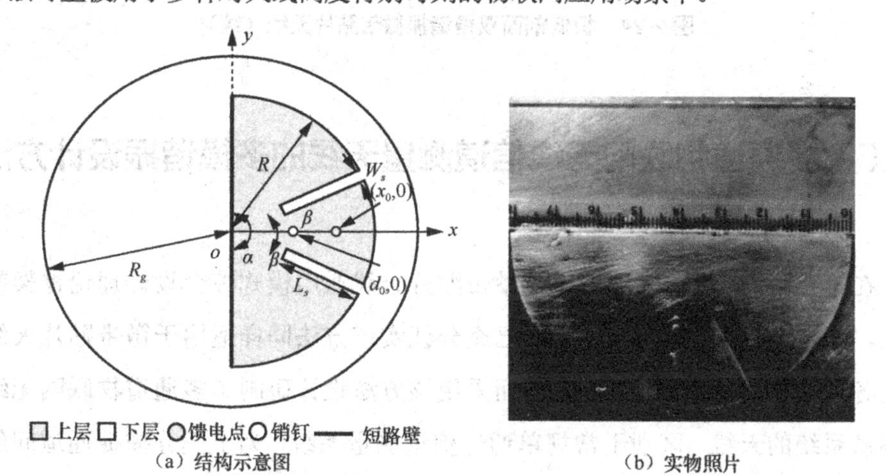

（a）结构示意图　　（b）实物照片

图 2-24　极低剖面双模谐振微带贴片天线

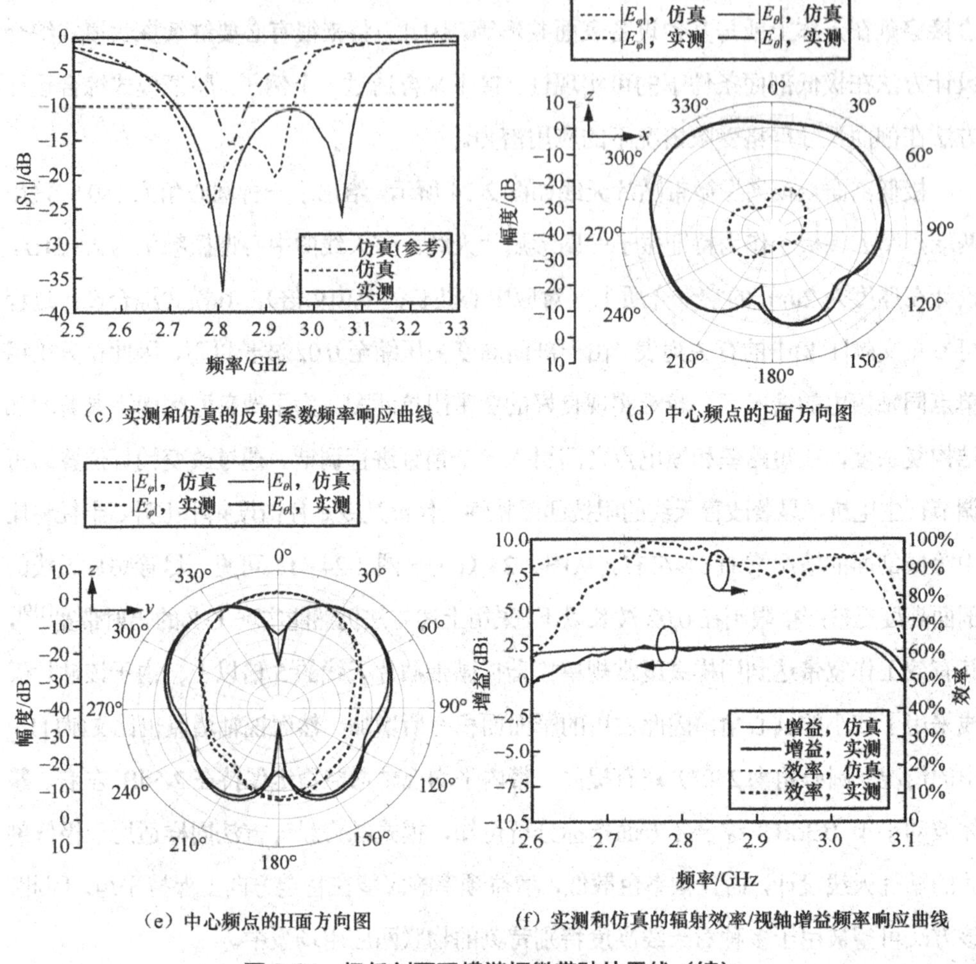

（c）实测和仿真的反射系数频率响应曲线

（d）中心频点的E面方向图

（e）中心频点的H面方向图

（f）实测和仿真的辐射效率/视轴增益频率响应曲线

图 2-24　极低剖面双模谐振微带贴片天线（续）

2.5　多通道物联网无线信道测量天线的多模谐振设计方法

在第 2.2 节构建多模谐振宽带微带贴片天线通用模式综合设计理论框架的基础上，第 2.3～2.4 节的进一步实践已充分证实该方法同样适用于微带贴片天线以外的各种常见单元天线[120-123]，进而采用该方法设计研制了多通道物联网无线信道测量系统的天线。区别于常规单通道信道测量系统，为了充分捕捉通道间的相位差或时延差，多通道物联网无线信道测量系统要求天线具有更平坦、色散更低的相位响应特性，然而常规单模天线的相位中心特性是难以精确调控的，这就为宽带收发天线的设计带来了挑战。基于模式综合设计方法，可以利用多模激发的思路来调控天线的相位中心特性，充分满足多通道物联网无线信道测量系统的需求。

同步四通道无线信道测量系统的双模谐振宽带贴片天线阵列[117]如图2-25所示。该贴片天线设计制作在厚度为2mm的改性聚四氟乙烯（F4B）介质基板上，其剖面高度仅为0.023波长，但已经能基本覆盖5G的3.4～3.6GHz频段，实测的带内增益为7.4dBi，峰值增益与视轴增益完全重合，说明天线方向图的频率色散极低。而同样厚度基片上的单模谐振贴片天线带宽仅为2%（“绝对带宽/中心频率”的百分数带宽），不仅无法覆盖上述频段，而且带内增益不足6dBi。从图2-25（f）可见，该双模谐振宽带贴片天线具有比常规单模谐振贴片天线更平坦稳定的相位中心频率响应特性：3.4～3.5GHz内的相位中心波动低于0.3mm，而常规单模谐振贴片天线的相位中心随频率变化的波动超过0.6mm；此外，双模谐振宽带贴片天线的相位中心比常规单模谐振贴片天线的情况更接近天线物理中心（位于 z=0 处）。因此，这种双模谐振特性带来的独特稳定相位中心频率响应性能，令多模谐振宽带贴片天线非常适用于同步多通道无线信道测量系统。

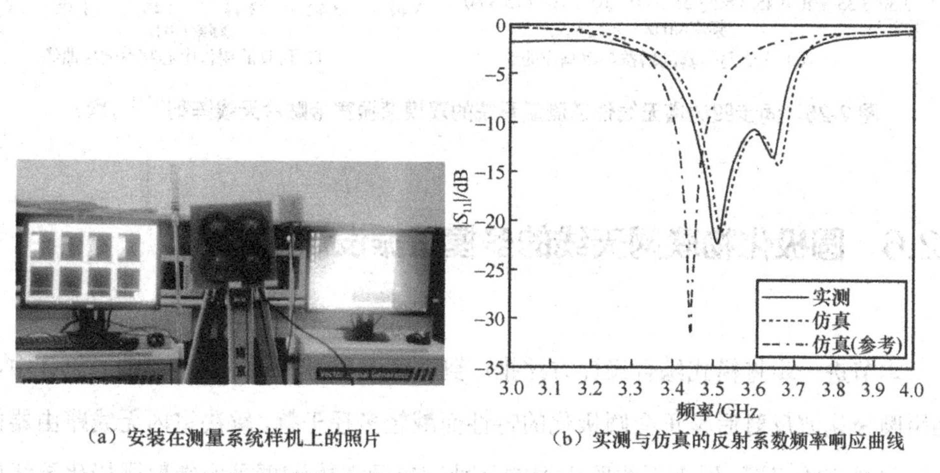

（a）安装在测量系统样机上的照片　　（b）实测与仿真的反射系数频率响应曲线

图2-25　同步四通道无线信道测量系统的双模谐振宽带贴片天线阵列[117]

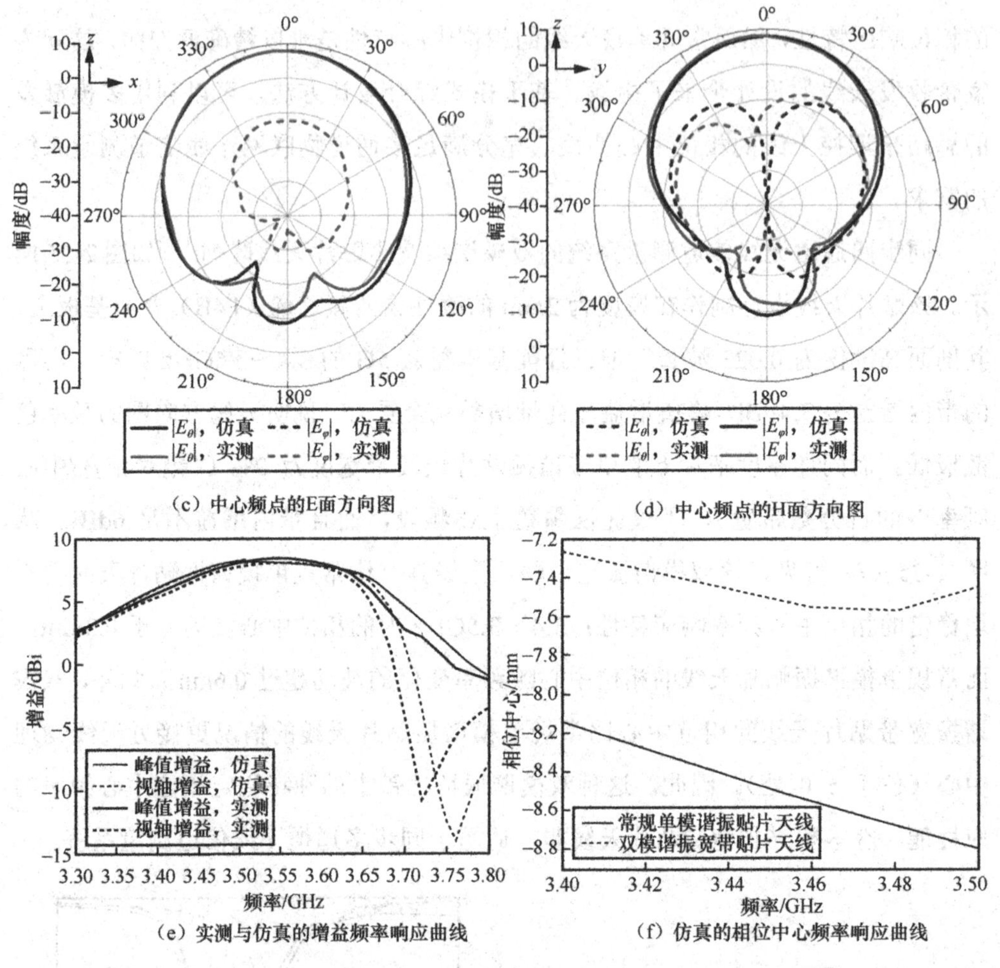

（c）中心频点的E面方向图

（d）中心频点的H面方向图

（e）实测与仿真的增益频率响应曲线

（f）仿真的相位中心频率响应曲线

图 2-25 同步四通道无线信道测量系统的双模谐振宽带贴片天线阵列[117]（续）

2.6 圆极化物联网天线的多模谐振设计方法

本节进一步将模式综合设计方法推广到平面端射圆极化天线[124-128]的设计中，利用圆极化波反射后呈正交圆极化的特性而减轻多径干扰，解决室内无线路由器信号均匀覆盖的问题。用于无线路由器的共址三单元双模谐振平面端射圆极化天线如图 2-26 所示，平面端射圆极化天线是一类重要的低剖面圆极化物联网天线，其剖面高度小于 0.1 波长，主波束指向平行于天线所在平面。为了实现主波束指向平行于天线所在平面的特殊性能，可以采用正交磁偶极子或互补振子结构[124-128]。平面端射圆极化天线是一类应用潜力巨大的低剖面天线，它具有类似八木天线的端射性能，极化方式为圆极化而不是八木天线的线极化，可被用于实现各种纤薄型物联网识别终端及传输设备。常规平面端射圆极化天线虽属于互补振子天线，但是它们的一大特殊之处是轴比带宽比阻抗带宽更大：基本结构平面端射圆极化天线通常可以具有 10%以上的轴比带宽，然而只有不超过 5%的阻抗带宽。正因如此，如何实现宽带匹配成为平面端射圆极化天线设计的一个重要问题。

在一维多模谐振子理论和双模谐振宽带偶极子天线设计[125]的启示下，只需要通过增加一对开路枝节来扰动电偶极单元中的高阶模式，将其扰动至与基模相接近的频段上，就可以轻易地实现超过 20%的双模谐振宽带圆极化特性[129]。图 2-26（b）～图 2-26（c）给出了由半圆形磁偶极子和圆弧形电偶极子组成的平面端射圆极化天线的反射系数及轴比频率响应曲线。为了便于比较，图 2-26（b）～图 2-26（c）分别给出了单模谐振和双模谐振的情况进行对比。从图 2-26（b）～图 2-26（c）可见，引入一对开路枝节扰动电偶极单元的第一个高阶模以后，可以获得双模谐振特性的宽带匹配特性和轴比频率响应特性，天线的相对阻抗带宽接近 25%，端射方向的轴比频率响应则从 8%增至接近 19%。因此，基于本征模理论的多模谐振思路可用于双模谐振平面端射圆极化天线的设计。

图 2-26（d）给出了用于无线路由器的共址三单元双模谐振平面端射圆极化天线样机，图 2-26（e）给出了采用不同天线配置测得的最远覆盖距离。在同类型的室内办公室环境（基本建筑结构相同，但楼层及散射体分布有差异）中，采用同型号路由器、笔记本计算机、手机及同款测速软件进行性能测试，并与常规三单元线极化单极子天线配置的情况进行比较。在室内办公室环境中的大量测试结果（如图 2-26（e）所示）表明，采用圆极化天线的情况下，路由器信号覆盖更均匀、平均下载速度更平稳，有效覆盖范围较常规三单元线极化单极子天线的情况增加 10%～15%，覆盖边缘位置仍然能维持较高的网速、不易掉线[130]，很好地证实了双模谐振宽带平面端射圆极化天线能够显著改善室内的无线网络覆盖特性。除此以外，该天线设计方法还能推广到手持式 RFID 读卡器天线的研制中[131]。

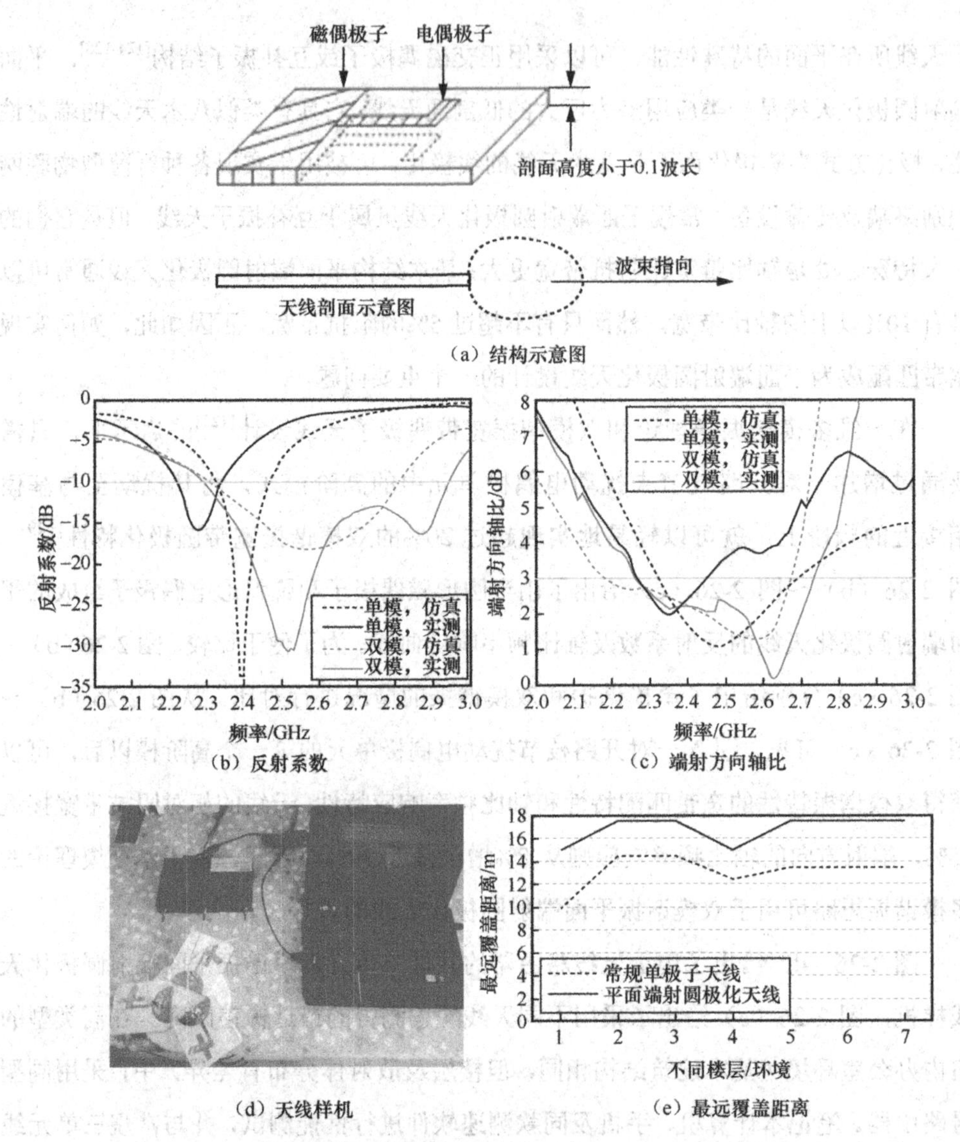

（a）结构示意图

（b）反射系数

（c）端射方向轴比

（d）天线样机

（e）最远覆盖距离

图 2-26　用于无线路由器的共址三单元双模谐振平面端射圆极化天线

2.7　物联网小基站天线的多模谐振设计方法

从第 2.4 节的讨论可知，与常规多模谐振微带贴片天线（其中平面一维度上的尺寸大于一个波长、模式指数大于 1，另一维度上的模式指数为 0）相比，采用二维多模谐振子理论设计的双模谐振微带贴片天线在平面两个维度上模式指数均大于 0，两个维度上的最大尺寸均为 0.6～0.7 波长，虽略高于常规单模谐振圆贴片天线（为 0.58～0.6 波长）和矩形贴片（约为 0.5 波长），然而由于它工作在第一个偶阶谐振模式，因此不仅增益比常规多模谐振宽带微带贴片天线提升 1～2dBi[117]，而且还呈现出常规多模谐振宽带微带贴片天线（其中一个模式指数为 0）所不具备的二维组阵能力，可以分别组成如图 2-27（a）所示的 E 面和 H 面固定波束高增益阵列天线[132-133]。上述特点奠定了物联网小基站天线的设计基础。采用多模谐振天线构成的四单元固定波束直线阵列天线如图 2-27 所示，其圆心角为 270°。

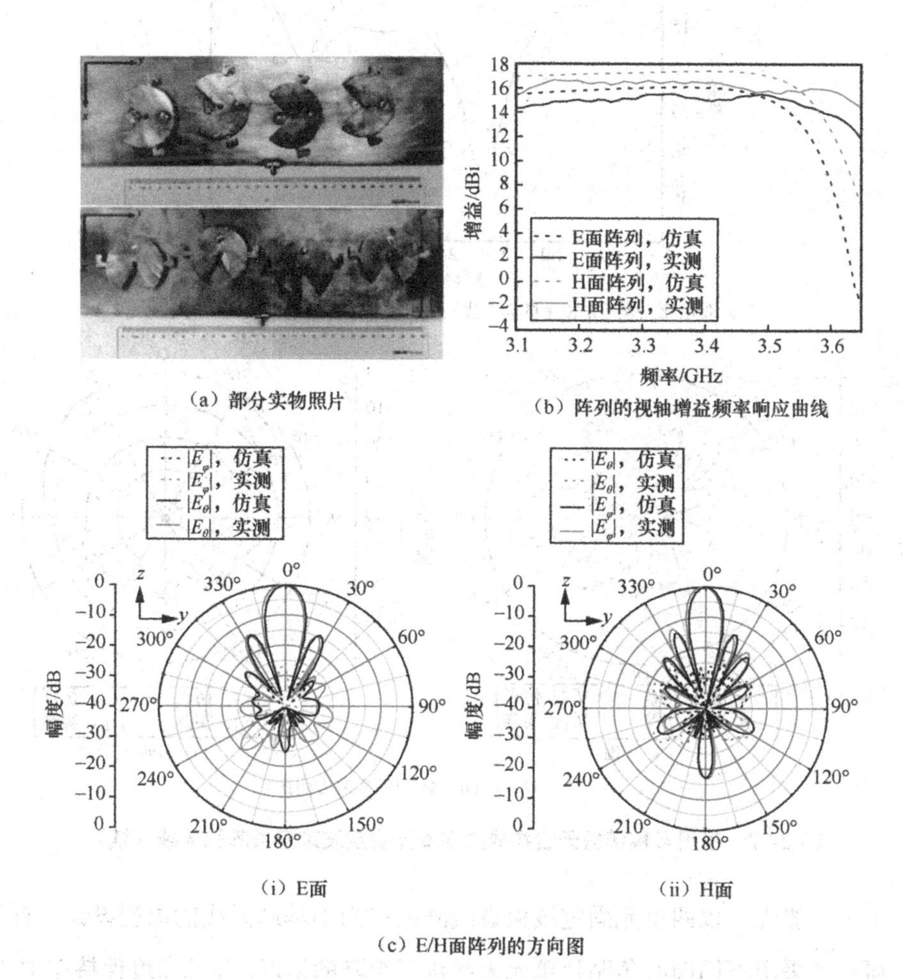

（a）部分实物照片

（b）阵列的视轴增益频率响应曲线

（i）E面

（ii）H面

（c）E/H面阵列的方向图

图 2-27 采用多模谐振天线构成的四单元固定波束直线阵列天线

（d）双极化二维扇形振子阵列天线

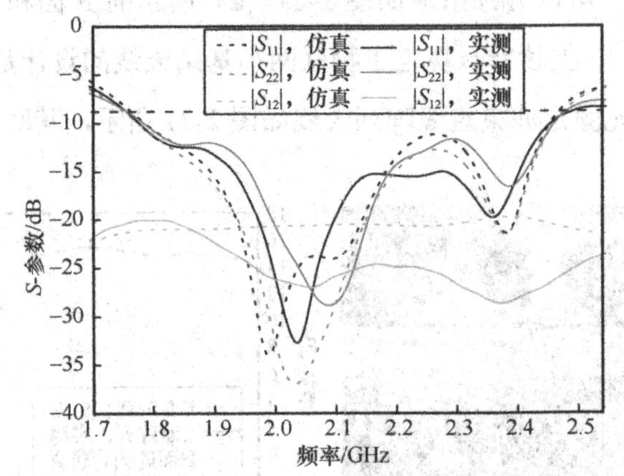

（e）双极化二维扇形振子阵列天线的端口隔离度和反射系数频率响应曲线

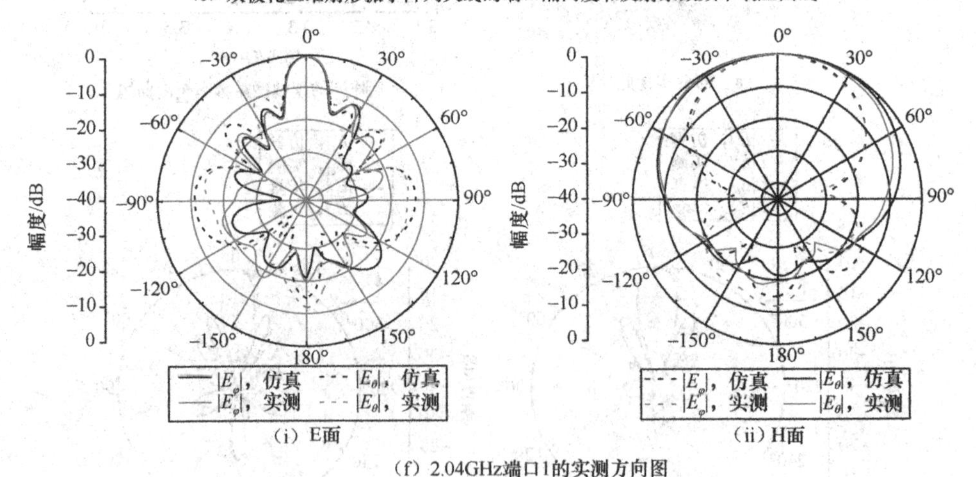

（i）E面　　（ii）H面

（f）2.04GHz端口1的实测方向图

图 2-27　采用多模谐振天线构成的四单元固定波束直线阵列天线（续）

不失一般性，以四单元固定波束直线阵列作为小基站天线的原型设计。首先，笔者研究了采用不同圆心角贴片单元天线进行组阵的情况，阵元高度保持在中心频率对应波长的 0.05 倍左右。为了充分抑制副瓣电平，借鉴常规基站天线的阵元布局方式，对直线阵列形状进行了微调，采用折线排布的阵元拓扑。大量实验结果表明，经过优化设计后的四单元 E 面固定波束直线阵列天线（以 270°圆心角的双模谐振扇形贴片天线为阵元）的视轴最高增益可达 15.5dBi（平均增益为 15dBi）、H 面固定波束直线阵列天线的视轴最高增益则可达 16.6dBi（平均增益为 16.1dBi）。两种组阵方式的第一副瓣电平均低于 15dB，增益带宽（按带内视轴方向增益波动低于 3dB 计）与阻抗带宽（3.1～3.62GHz，相对带宽为 15.5%）重合。由此可见，在占用同样平面面积和具有同样剖面高度的条件下，上述阵列天线增益比常规四单元微带贴片直线阵列天线增益提升 2dBi 以上，可用带宽展宽一倍以上，而且还能保持微带贴片直线阵列天线固有的极低剖面特性，因此是一大类极具应用潜力的高增益阵列天线，可望在物联网小基站天线设计中得到广泛应用。除此以外，笔者还开展了波束扫描阵列天线的初步研究，如果高增益双模谐振扇形贴片天线采用介质印刷板制作、适当缩小体积后，就能将阵元间距控制在 0.5 波长左右，用于波束扫描阵列的设计。目前的仿真结果表明，采用双模谐振扇形贴片天线作为阵元，可以实现±30°范围的扫描[133]，相关研究正在继续进行中。

在单极化天线的基础上，文献[134]进一步研究了双极化物联网小基站天线的设计方法。图 2-27（d）给出了一种±45°双极化小基站天线的原型设计。与常规一维结构振子阵列天线不同，这里所用的天线单元为扇形结构的二维振子（双模谐振的二维电流片）[134]，馈电网络为最简单的威尔金森 4 路等分功分器。利用第 2.2 节的二维振子多模谐振原理及对偶原理，完全可以把微带贴片天线（二维磁流片）的模式综合设计方法推广到二维电流片，实现横电（TE）模式谐振的宽带扇形振子天线[134]。尽管馈电网络没有进行优化设计，然而从图 2-27（e）可见，在 1.8～2.4GHz 的移动通信频段上，正交极化端口隔离度仍然能达到 25dB 以上，如果能对馈电网络进行优化设计（例如，改为带状线功分器），端口隔离度完全可以达到单元天线的水平（正交极化端口隔离度达到 35dB 以上）。图 2-27（f）给出了 2.04GHz 端口 1（–45°线极化）的实测方向图，可见天线对两种正交线极化呈现良好的等幅响应特性，说明天线具有良好的双极化性能。

本节的两个设计案例分别从双模谐振的磁偶极子（微带贴片天线）和电偶极子

（二维扇形电流片）出发，分别设计了单极化和双极化的四单元固定波束直线阵列天线原型。实测结果呈现的良好性能，充分验证了多模谐振天线设计方法的正确性和有效性。

2.8 小型物联网终端天线的多模谐振设计方法

以上设计实例都是针对单元天线或小型阵列天线而展开的，天线的安装场景和工作环境均相对单纯而友好。然而在更多实际物联网应用场景中，天线的安装及其工作电磁环境往往非常恶劣，特别是各种小型消费电子类终端（如手机、平板计算机、智能手表/手环以及各种可穿戴设备等），为了保持小巧美观的外形，更是对天线设计及其布局提出了极其严格的限制。因此，在近乎苛刻的空间限制（如超薄机身、高密电路布线、印刷板边缘净空布线面积趋零等）、对天线极不友好的安装场景（如金属机框+全金属背壳、高损耗触摸屏、电池、摄像机、麦克风等各种附件）中，研制小型高性能多频/宽带天线是终端天线领域长期以来的挑战性难题。根据消费类终端产品天线的基本特点和发展现状，不难预见：对未来更加多样化的物联网应用场景而言，高性能终端天线设计问题的难度仍然很高，各种不同需求仍然迫切。

针对上述难题，文献[134-137]进一步尝试将多模谐振宽带天线设计方法推广至小型手持式物联网终端天线设计中。基于多模谐振概念的全金属封装手持终端天线如图 2-28 所示，图 2-28（a）中的磁偶极子天线可以共存在全金属封装的手持终端内。在此基础上，利用单腔多模谐振思想，结合非均匀“环–振子”组合结构，可以实现覆盖 800～960MHz/1710～2690MHz 频段的兼容天线[137]，最终实现如图 2-28（b）所示的能够覆盖现有的 2G/3G/4G 移动通信频段，同时集成 3.5GHz 频段 8 发 4 收 MIMO 的全金属手持终端（体积为 155×75×8mm^3，与常见的 iPhone6plus 手机外形、尺寸相近）。虽然该手持终端的背壳和边框均为金属材质，然而采用多模谐振宽带天线设计方法设计的兼容天线仍具备良好的宽带特性，在无源测试条件下的辐射效率均在 50%以上[137]。这些研究结果充分证明，基于“单腔多模谐振”思想和多模谐振子理论的宽带天线设计方法，在空间严格受限的苛刻电磁环境中同样适用。目前，上述全金属封装手持终端已被成功用于大规模 MIMO 信道特性测量[138-139]和大规模 MIMO 原型样机研制[140]中。如图 2-28（c）所示，在基站端采用 8 天线发射（使用如图 2-29 所示的面向 5G 和物联网的 64/128 大规模多天线样机），用户端采用 4 天线接收的室内非视距（NLOS）散射传输条件下，采用 4MIMO 手持终端可在 3.5GHz 频段上显著提高系统传输性能，将信道容量提升至 SISO 接收条件下的 2～3 倍、达到理想上限容量的 60%～75%[136]。有关 MIMO 信道测量建模的研究内容，还将在后续章节中介绍和深入探讨。

(a) 全金属封装8发4收MIMO手持终端原型样机

(b) 全金属封装8发4收MIMO+多谐兼容天线手持终端原型样机

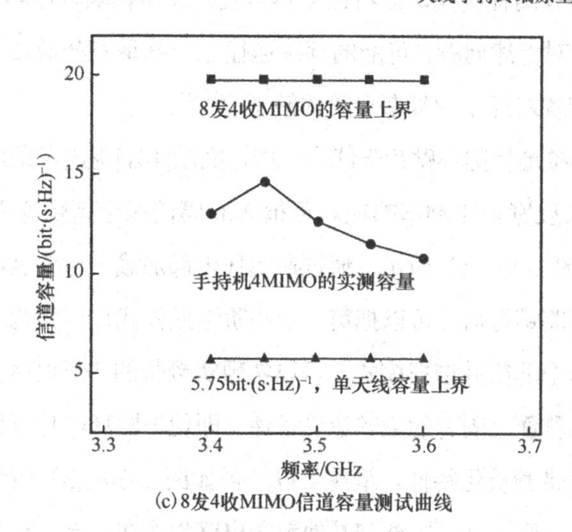

(c) 8发4收MIMO信道容量测试曲线

图 2-28　基于多模谐振概念的全金属封装手持终端天线

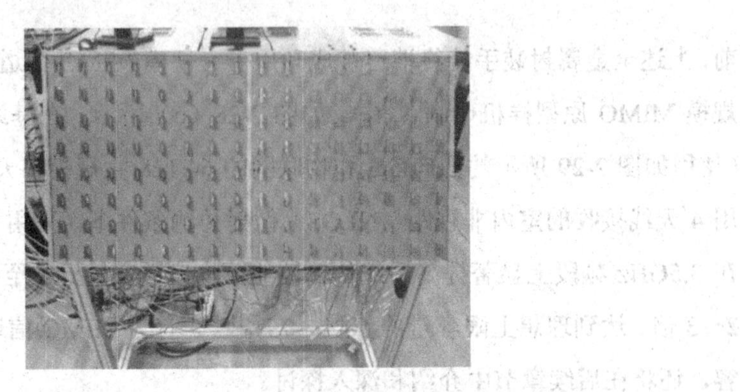

图 2-29　面向 5G 和物联网的 64/128 大规模多模谐振天线样机

除了全金属封装手持终端以外，本节还将“单腔多模谐振”思想用于可植入天线的设计中。这种情况下，天线将直接浸没在复杂非均匀介质中，工作环境更加复杂，设计也更具挑战性。考虑可植入天线通常用于医学成像等场合，人体姿态的变化将会对通信链路的质量产生显著影响，为了充分提高链路增益、抑制多径干扰和提高系统可靠性，研制具有圆极化特性的可植入天线是不失合理性，且有利于提高系统信噪比的方案。然而常规圆极化贴片天线设计方法并不能很好地满足上述要求。众所周知，常规单点馈电的圆极化贴片天线是采用简并主模谐振微扰所得的窄带天线，其轴比带宽呈单模谐振特性。当窄带圆极化贴片天线被植入人体组织这样的非均匀复杂介质中以后，简并主模的分离程度及谐振特性很容易受到介质影响，破坏 90°相位条件而失去圆极化特性。针对上述问题，可能的解决途径之一就是充分增加天线轴比带宽，从而有效降低极化带宽对环境中复杂介质的敏感度[141]。

为此，以缩小接地板圆环贴片天线为原型，文献[141]提出了采用扰动两个非简并谐振模式的方法来展宽轴比频率响应。可植入双模谐振半模贴片天线的传输性能如图 2-30 所示。如图 2-30（a）所示，通过在圆环内部加载一对偶极枝节，并在其对称面两侧加载一对短路销钉后，可以把第一个高阶谐振模式往低频扰动。进一步地，通过开槽充分激发两个非简并谐振模式，可以实现宽频带的 90°相移。在研制过程中进一步发现，利用对称面上固有的磁壁边界条件，即使把圆环贴片对称地去掉一半，仍然能保持良好的宽带圆极化特性，最终可以获得如图 2-30（b）所示的半模圆环贴片天线。考虑天线在实际应用中需要和其他前端电路集成在一起，在另一半平面内设置了一块“接地板”，用于模拟实际前端电路，便于今后实际应用时在该区域中进行射频电路走线和布局。从图2-30（c）可见，无论是完整的圆环天线、半模圆环天线还是增加模拟接地板后的半模圆环天线，它们均呈现出良好的双模谐振轴比频率响应特性。当天线被植入不同深度的人体组织时，轴比频率响应不可避免地会出现一定程度的劣化，如图2-30（d）所示。当天线的植入深度较小（3mm）时，2.45GHz ISM频段内的轴比仍然低于3dB。随着植入深度增加，轴比劣化并不是单调变化的，劣化后的典型值为6～7dB。然而，轴比频率响应特性始终能维持明显的双模谐振特性，这种现象充分说明单腔多模谐振方法能够实现更加平坦的轴比频率响应特性，更能抵御环境中非均匀复杂介质带来的影响。上述性能正是常规单模谐振天线设计方法所不具备的。此外，轴比频率响应的优化设计可以进一步根据实际工程中对不同植入深度的需求，通过优化枝节和开槽的尺寸和位置而实现，并不影响本方法原理的正确性和有效性。

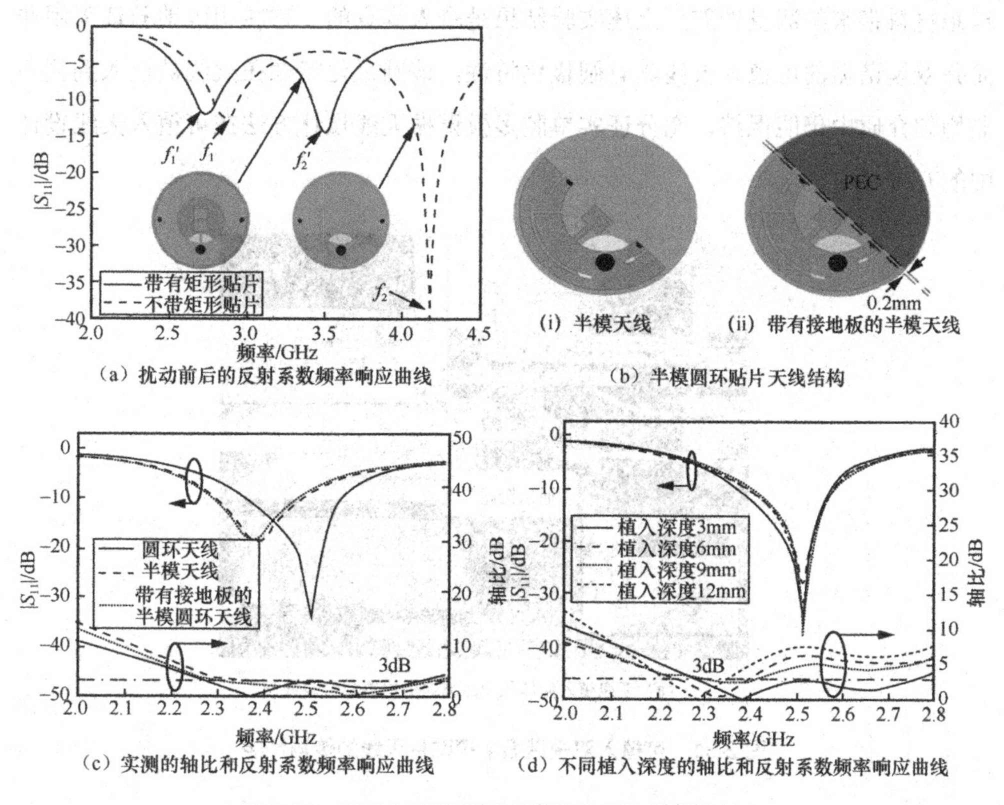

（a）扰动前后的反射系数频率响应曲线

（b）半模圆环贴片天线结构

（c）实测的轴比和反射系数频率响应曲线

（d）不同植入深度的轴比和反射系数频率响应曲线

图2-30　可植入双模谐振半模贴片天线的传输性能

进一步考察天线植入在新鲜猪肉组织中的实际传输特性。可植入双模谐振半模贴片天线的传输性能如图 2-31 所示，带有模拟接地板的半模圆环贴片天线被植入在新鲜猪肉组织中，植入深度为 3mm（浅表植入），外加施主天线为半波偶极子天线，两者分别连接到矢量网络分析仪的两个端口上，通信距离为 5～20cm。在不同测试距离上，为了充分验证可植入天线的圆极化特性，施主天线关于通信链路的轴线分别旋转 0°（无旋转）、45°（倾斜旋转）和 90°（正交旋转），工作频率为 2.45GHz。图 2-31（b）给出了实测传输参数幅度（传输系数）随通信距离变化的结果，在通信距离小于 10cm 的情况下，接收电平波动随天线旋转角度不同，波动小于 4dB，表明可植入天线具有良好的圆极化特性。当通信距离增加到 10～20cm，接收电平波动仍然小于 6dB，说明天线的圆极化特性可以维持在较好的水平内。考虑新鲜猪肉的非均匀性和介电常数误差、实验环境中各种散射和非理想材料带来的测量误差，上述实验结果是令人满意的，它能明确地验证采用非简并双模谐振的可植入天线具有圆极化特性，该圆极化特性在天线被植入到复杂非均匀介质中仍能保持，充分证实单腔多模谐振天线设计方法在可植入天线设计中的有效性。

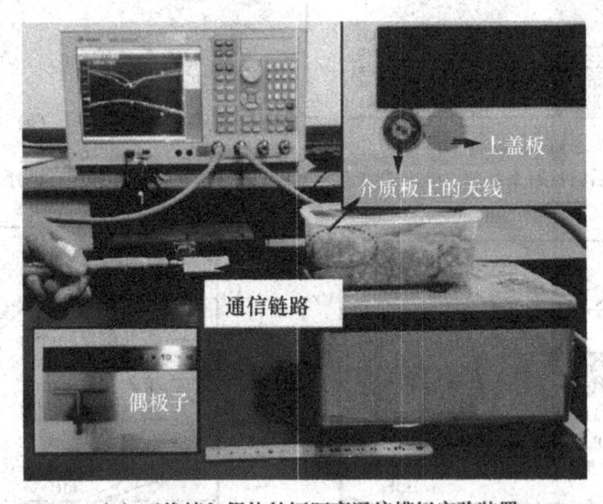

（a）天线植入假体的短距离通信模拟实验装置

图 2-31　可植入双模谐振半模贴片天线的传输性能

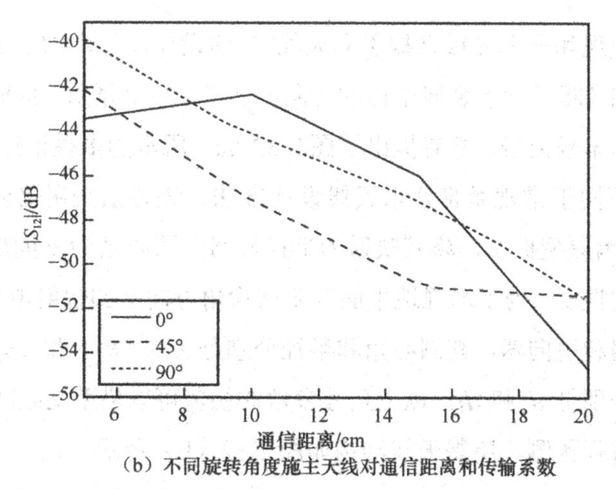

（b）不同旋转角度施主天线对通信距离和传输系数

图 2-31　可植入双模谐振半模贴片天线的传输性能（续）

通过上述全金属手持终端天线和可植入天线的设计实例可见，单腔多模谐振天线设计方法完全能够胜任复杂物联网环境中各种小型高性能终端天线设计问题，而且已取得了初步的良好成效，发展前景非常广阔。

2.9　车载物联网天线的多模谐振设计方法

V2X（Vehicle to Everything）应用场景是物联网的一大类重要应用场景。车载物联网天线除了需要具备低剖面、宽带、便于与车体共形设计等基本特性以外，还需要同时在平行和垂直于车体的方向上产生足够的辐射电平，充分满足车−车、车−物互联互通的需要。因此，在物联网车载环境中，需要研究兼具低俯仰角覆盖及宽波束特性的低剖面宽带天线设计方法。本节将探讨车载物联网天线的多模谐振设计方法。

在第 2.4～2.5 节的模式综合设计方法基础上，可以发现采用较长的原型振子，令半径短路扇形贴片天线谐振在高阶模式，然后将谐振频率较低的基模扰动调节到高阶模附近，则微带贴片天线在地平面及低俯仰角附近的辐射电平将显著增强：常规基模谐振微带贴片天线在地平面及低俯仰角方向上的典型增益低于−5dBi，然而采用高阶模谐振，同时将基模向高阶模扰动后，地平面及低俯仰角方向上的典型增益可被显著提升到 0dBi 以上[142]。

基于上述发现和平面多模谐振引向天线[142]的设计原理，为了实现能在地平面及低俯仰角方向（即平行于金属车体的方向）上产生较高增益，同时保证宽波束覆盖特性的低剖面车载天线，笔者提出了图 2-32（a）所示的多模谐振 V2X 天线设计流程及结构。不同于常规微带八木天线设计方法，该方法采用倍波振子（长度为 2.0 倍波长）作为原型振子，将其映射为半径短路、圆心角为 α 的扇形贴片天线作为车载天线的主振子；为了增强地平面及低俯仰角方向上的辐射电平，引入基模谐振的扇形反射器和引向器，其圆心角和半径分别是（α_1、R_1）和（α_2、R_2），与主振子之间的间距分别是 d_0 和 d_1。以上尺寸参数的初值可以借助文献[143]中开发的多点等效源模型进行预测，所得天线结构如图 2-32（b）所示。

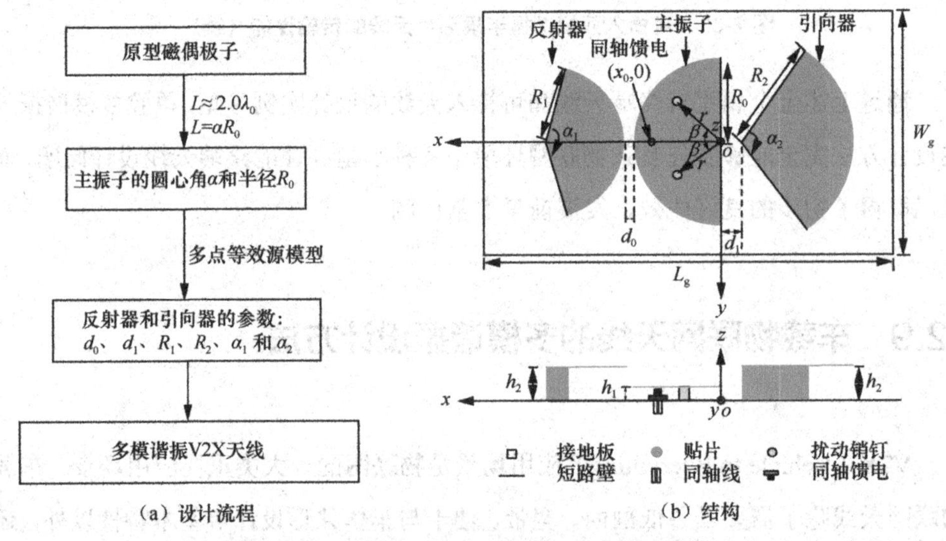

图 2-32　多模谐振 V2X 天线设计流程及结构

经过初值估算和数值仿真后，可以发现采用模式综合设计方法所得的天线尺寸初值，与数值优化模拟结果的最大误差低于 7%[144]，说明设计方法是准确且具备工程精度的。多模谐振 V2X 天线的样品及性能如图 2-33 所示。图 2-33（a）给出了天线实物照片。该天线可被安装在车尾扰流板附近，完成车–车通信及车–万物的通信功能，潜在应用场景如图 2-33（b）所示。图 2-33（c）给出了天线的反射系数频率响应曲线，可以看出天线具有双模谐振的宽带特性，其阻抗带宽（按反射系数低于−10dB 计）完全覆盖了我国的 5G 频段（4.8～5.0GHz）、5G 无线局域网频段（5.15～5.35GHz）和 V2X 频段（5.875～5.925GHz）频段。

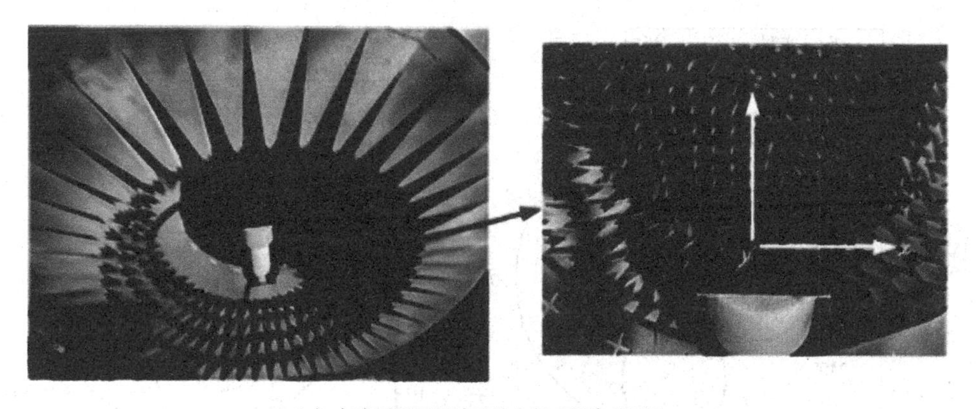

（a）在球面近场测试系统中的天线实物照片

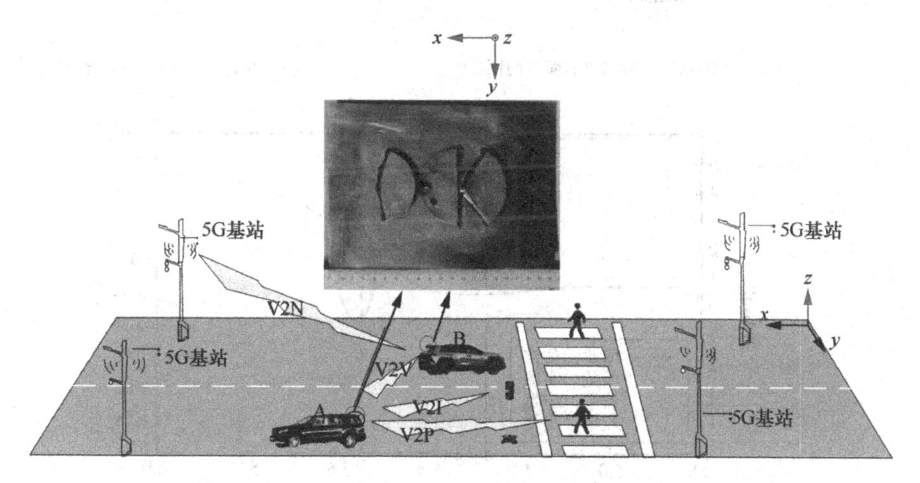

（b）天线安装在车尾扰流板的潜在应用场景

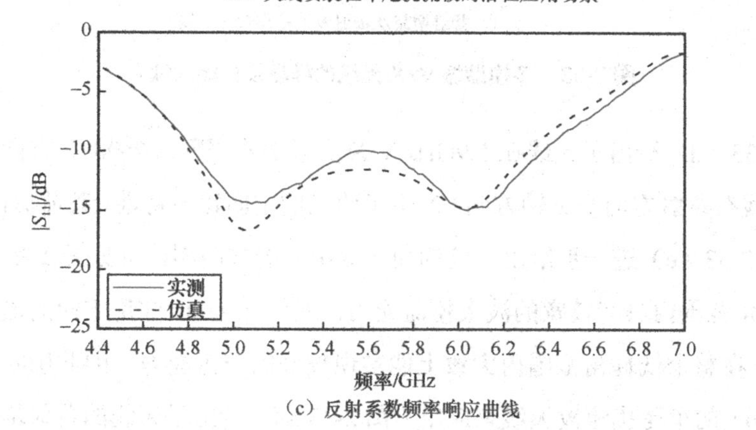

（c）反射系数频率响应曲线

图 2-33　多模谐振 V2X 天线的样品及性能

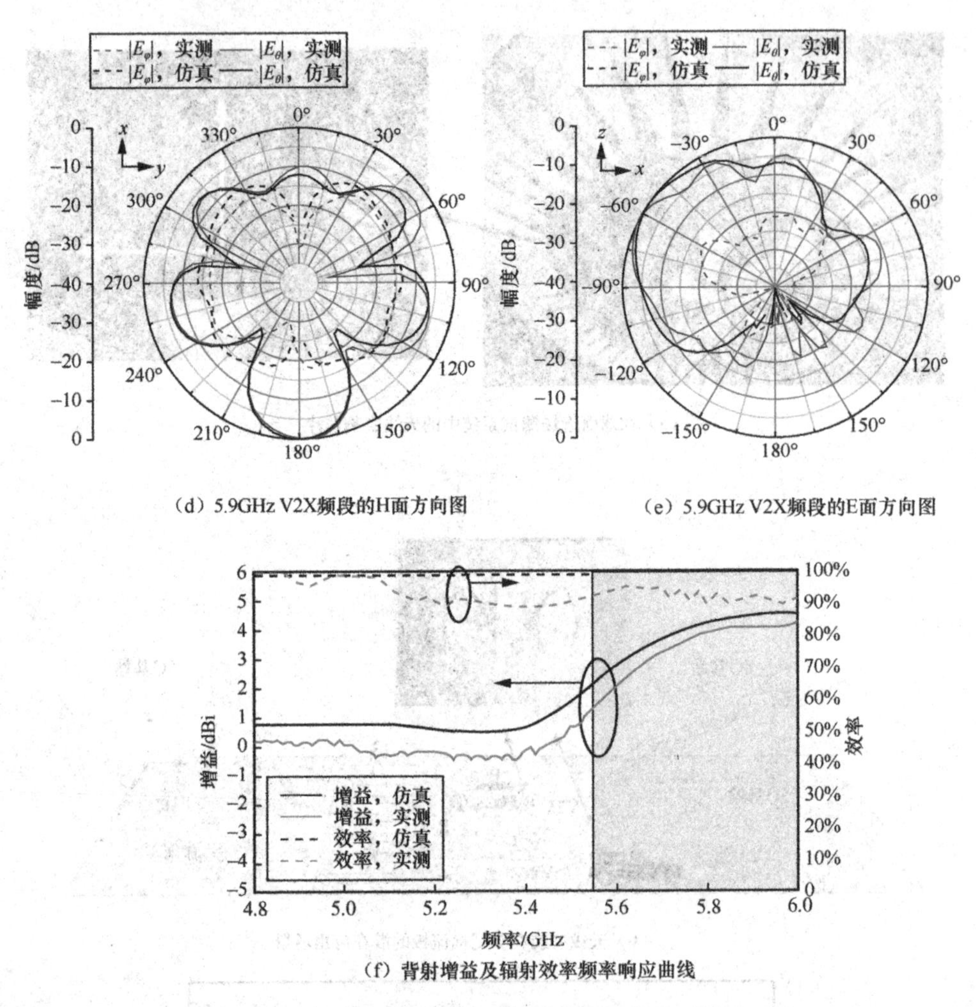

（d）5.9GHz V2X频段的H面方向图

（e）5.9GHz V2X频段的E面方向图

（f）背射增益及辐射效率频率响应曲线

图 2-33　多模谐振 V2X 天线的样品及性能（续）

图 2-33（d）给出了天线在 5.9GHz V_2X 频段的水平面（θ=90°）方向图，可以看出，天线在背射方向（$-x$ 轴方向）产生了明显的定向辐射特性，其前后比在 10dB 以上。图 2-33（e）进一步给出了俯仰面（φ=0°）的方向图，可见天线在 θ=−45°～−90°低仰角范围内具有较宽的波束覆盖能力，其中 θ=−60°仰角方向的最高增益超过 9dBi，在整个低仰角范围内大致上能实现较好的覆盖能力，因此确实能被作为图 2-33（b）的车尾扰流板天线来应用。图 2-33（f）给出了天线的背射增益及辐射效率频率响应曲线，可以看出，当天线工作在低频段时（5.9GHz V2X 以下频段），天线的背射增益始终稳定在 0dBi 以上，随着频率进一步增高至 V2X 频段，背射增

益显著提升到 4.2dBi，这种特性是由高阶谐振模充分激发而导致的色散效应所引起的。这种在平行于金属车体方向的高增益特性，能够用于维持有效的远距离车–车通信模式。而 θ=−45°～−90°低仰角范围内的高增益覆盖特性，有利于实现车辆与位于不同高度的其他目标之间的通信模式。

通过图 2-33 的实测与仿真结果对比可知，采用模式综合设计方法实现的车载物联网天线具有低剖面、宽带和背射特性，背射增益最高可达 4.2dBi，可用带宽为 27.6%（4.82～6.36 GHz）。该天线可以完全覆盖中国 Sub-6GHz 5G 专用频段、5GHz-WLAN 和 IEEE Std. 802.11 提供的 V2X 5.9 GHz 频段，剖面高度仅为 0.07 波长（按 V2X 频段计）。由于该天线属于多模谐振的空气微带贴片天线，能够用价格低廉的良导体材料（如黄铜片）直接加工成型，无须采用价格昂贵的介质板材和其他复杂制作工艺，因此成本低，非常适合批量生产，应用前景广阔。

然而，从图 2-33（d）也可以看出，为了实现较高的背射增益、满足金属车体方向有足够的辐射电平，充分激发的高阶谐振模会带来较高的水平面副瓣电平，典型值达到−5dB 左右。为了避免造成车间通信信号干扰，需要在现有设计方案的基础上进一步优化天线结构及振子形状，在保持较高背射增益的基础上，同时实现尽可能低的副瓣电平。近期的研究[145]表明，如果将反射器和引向器换成更简单的矩形磁偶极子单元，则副瓣电平可被降低至−10dB 以下，同时背射增益仍能保持在 4dBi 左右，更多相关研制工作正在继续开展中。

2.10　本章小结

本章从分类方法，新型理论框架，基本单元天线设计流程、设计方法、应用实例等方面，系统介绍了面向物联网应用的多模谐振天线技术发展概况。作者面向物联网应用需求，通过重新发现 20 世纪 40 年代的一维多模谐振子经典理论，将其推广成二维多模谐振子理论，构建了“单腔多模谐振”的宽带天线模式综合设计理论框架，全面揭示了双模谐振电/磁基本振子天线[120-122]、双模谐振微带贴片天线[117-118]等一系列多模谐振单元天线的设计规律，进而分别成功研制实现了多种宽带微带贴片天线、阵列天线、手持终端天线和可植入天线。更多的基础研究和推广应用工作，目前仍在继续研发中[146-167]。

除了上述已经开展的研究工作以外，近年来国内外同样报道了一系列基于“单腔多模谐振”概念的天线设计，如图 2-34 所示。其中图 2-34（a）所示的多模谐振三角形贴片天线是一种用于无线局域网（WLAN）和车–车（C2C）通信的宽带天线[146]，它分别采用 V 形槽和多个短路销钉来扰动等边三角形微带谐振器中的多个谐振模式，使之聚合成宽带辐射特性，实现稳定的圆锥状全向波束；图 2-34（b）给出一种光学透明液体贴片天线，它工作在微带谐振器和介质谐振器模式，能够和太阳能电池板集成在一起[147]；图 2-34（c）给出了一种基于三维打印技术的液态宽带可重构天线[148]，利用盐水、酒精、变压器油或其他液体的流动性可以实现天线电性能（如工作模式、极化、方向图等）的重构和捷变。上述新型天线的设计原理和方法可同被纳入前述多模谐振天线的统一理论框架内。由此可见，基于模式综合理论的多模谐振天线设计方法正在物联网领域内得到逐步应用和推广。

值得注意的是，基于模式综合理论的多模谐振天线设计方法本身并不依赖于材料和制作工艺，然而它却可以非常方便地与各种新材料和新工艺融合，无论材料和工艺如何改变，该方法的设计原理仍然正确有效。因此，未来可望用该方法研制出更多形态各异、面向物联网应用的新型高性能天线。就其数理内涵而言，基于模式综合理论的多模谐振天线设计方法，其数学本质是对天线表面源分布函数按闭区间内离散本征函数族进行谱域傅氏级数展开[157]分析，相应的物理本质就是对有限大源区域内分布的表面电流/电场进行多模调控，通过激励和抑制对应谐振模式而获得所需性能的原型天线，基于本征函数谱展开的原理，只要根据边界条件合理控制特征振子的长度，即可正向、快速、准确地引导设计者获取原型天线的工作模式、基本结构及初始参数，既无须借助经验结构进行反复调试，又无须借助额外的谐振器即可获得较好的宽带性能。基于模式综合理论的多模谐振天线设计方法还能揭示馈线与天线之间的模式匹配规律：当馈线工作模式所对应的边界条件与天线谐振模式所对应的边界条件匹配时，该谐振模式就能被馈线充分激发；两者模式失配时，则该谐振模式激发不充分，取而代之的是在馈线表面上激发起寄生电流分量、产生不平衡效应，以“抵抗”的方式来“中和”模式失配。因此，基于模式综合理论的多模谐振天线设计方法还有可能定量、有效地诠释天线系统中不平衡现象的产生机理[150, 158-160]，相关研究尚待进一步展开、探索和挖掘。

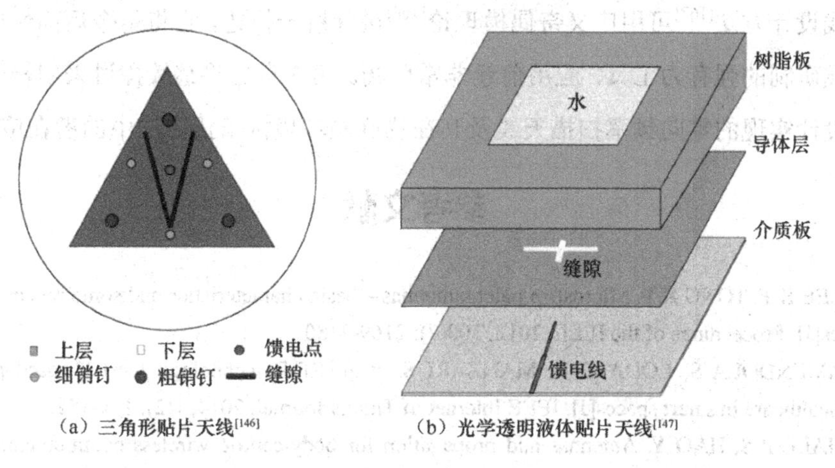

（a）三角形贴片天线[146]　　（b）光学透明液体贴片天线[147]

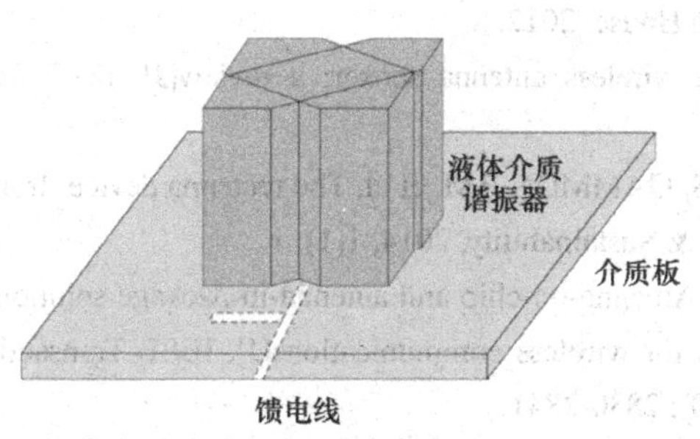

（c）基于三维打印技术的液态宽带可重构天线[148]

图2-34　近年来出现的各种单腔多模谐振天线

总而言之，与常规单模谐振天线设计方法、近年来流行的滤波天线设计方法[159-161]、基于超材料的天线设计方法[164-165]等一系列主流设计方法相比，基于模式综合理论的多模谐振天线设计方法[150-151,156,166-167]植根于对称闭区间上的微分方程本征值理论，可正向获取天线原型结构并定量确定其初始设计参数，数理内涵清晰、推理严密且通用性强，所需外加调谐单元、附件和寄生结构更少，所实现的天线结构复杂度最低，能够实现常规单模谐振天线不具备的一系列新特性，例如，极低剖面情况下的宽带高增益特性[148]、双模谐振可控倾斜圆极化波束特性[153]、三模谐振宽带零向频率扫描特性[154]、双模谐振带来的宽带宽波束和小型化特性[134,155]

等。除此以外，基于模式综合理论的多模谐振天线设计方法还能进一步与各种先进加工工艺（如三维打印、片上封装和半导体基片集成等）、新材料（如周期结构材料、硅基/有机高分子基柔性电路材料等）充分融合。基于模式综合理论的多模谐振天线设计方法[167]可用广义奇偶模理论[166]进行统一描述，它将是今后高性能物联网天线研制的强有力工具，应用前景非常广阔。第 7 章还将继续探讨采用模式综合方法设计实现的零向频率扫描天线及其在物联网环境抗干扰方法中的潜在应用。

参考文献

[1] LEE K F, TONG K F. Microstrip patch antennas—basic characteristics and some recent advances[J]. Proceedings of the IEEE, 2012, 100(7): 2169-2180.

[2] AMENDOLA S, LODATO R, MANZARI S, et al. RFID technology for IoT-based personal healthcare in smart spaces[J]. IEEE Internet of Things Journal, 2014, 1(2): 144-152.

[3] HALL P S, HAO Y. Antennas and propagation for body-centric wireless communications[M]. 2nd ed. Norwood: Artech House, 2012.

[4] HUANG H Y. Flexible wireless antenna sensor: a review[J]. IEEE Sensors Journal, 2013, 13(10): 3865-3872.

[5] DONCHEV E, PANG J S, GAMMON P M, et al. The rectenna device: from theory to practice (a review)[J]. MRS Energy & Sustainability, 2014, 1(1): 1.

[6] ZHANG Y P, LIU D X. Antenna-on-chip and antenna-in-package solutions to highly integrated millimeter-wave devices for wireless communications[J]. IEEE Transactions on Antennas and Propagation, 2009, 57(10): 2830-2841.

[7] CHEN Z N, QING X M, CHUNG H L. A universal UHF RFID reader antenna[J]. IEEE Transactions on Microwave Theory and Techniques, 2009, 57(5): 1275-1282.

[8] LU Y L, CUI H R, SUN X W, et al. A simple UHF RFID circularly-polarized reader antenna design[C]//Proceedings of 2011 IEEE Electrical Design of Advanced Packaging and Systems Symposium (EDAPS). Piscataway: IEEE Press, 2012: 1-2.

[9] ZHANG J, SHEN Z X. Dual-band shared-aperture UHF/UWB RFID reader antenna of circular polarization[J]. IEEE Transactions on Antennas and Propagation, 2018, 66(8): 3886-3893.

[10] XIAO G Z, AFLAKI P, LANG S, et al. Printed UHF RFID reader antennas for potential retail applications[J]. IEEE Journal of Radio Frequency Identification, 2018, 2(1): 31-37.

[11] NIKITIN P V, RAO K V S, LAZAR S. An overview of near field UHF RFID[C]//Proceedings of 2007 IEEE International Conference on RFID. Piscataway: IEEE Press, 2007: 167-174.

[12] FUSCHINI F, PIERSANTI C, SYDANHEIMO L, et al. Electromagnetic analyses of near field UHF RFID systems[J]. IEEE Transactions on Antennas and Propagation, 2010, 58(5): 1759-1770.

[13] MICHEL A, NEPA P, QING X M, et al. Considering high-performance near-field reader antennas: comparisons of proposed antenna layouts for ultrahigh-frequency near-field radio-frequency identification[J]. IEEE Antennas and Propagation Magazine, 2018, 60(1): 14-26.
[14] MO L F, QIN C F. Planar UHF RFID tag antenna with open stub feed for metallic objects[J]. IEEE Transactions on Antennas and Propagation, 2010, 58(9): 3037-3043.
[15] BONG F L, LIM E H, LO F L. Flexible folded-patch antenna with serrated edges for metal-mountable UHF RFID tag[J]. IEEE Transactions on Antennas and Propagation, 2017, 65(2): 873-877.
[16] FALCO A, SALMERÓN J, LOGHIN F, et al. Fully printed flexible single-chip RFID tag with light detection capabilities[J]. Sensors, 2017, 17(3): 534.
[17] CHOUDHARY A, SOOD D, TRIPATHI C C. Wideband long range, radiation efficient compact UHF RFID tag[J]. IEEE Antennas and Wireless Propagation Letters, 2018, 17(10): 1755-1759.
[18] MICHEL A, FRANCHINA V, NEPA P, et al. A UHF RFID tag embeddable in small metal cavities[J]. IEEE Transactions on Antennas and Propagation, 2019, 67(2): 1374-1379.
[19] NG W H, LIM E H, BONG F L, et al. E-shaped folded-patch antenna with multiple tuning parameters for on-metal UHF RFID tag[J]. IEEE Transactions on Antennas and Propagation, 2019, 67(1): 56-64.
[20] GENOVESI S, MONORCHIO A. Low-profile three-arm folded dipole antenna for UHF band RFID tags mountable on metallic objects[J]. IEEE Antennas and Wireless Propagation Letters, 2010, 9: 1225-1228.
[21] SHE Y, TANG T, WEN G J, et al. Ultra-high-frequency radio frequency identification tag antenna applied for human body and water surfaces[J]. International Journal of RF and Microwave Computer-Aided Engineering, 2019, 29(1): e21464.
[22] MA Z L, JIANG L J, XI J T, et al. A single-layer compact HF-UHF dual-band RFID tag antenna[J]. IEEE Antennas and Wireless Propagation Letters, 2012(11): 1257-1260.
[23] WANG M S, GUO Y X, WU W. Planar shared antenna structure for NFC and UHF-RFID reader applications[J]. IEEE Transactions on Antennas and Propagation, 2017, 65(10): 5583-5588.
[24] ZHAO A P, AI F Q. Dual-resonance NFC antenna system based on NFC chip antenna[J]. IEEE Antennas and Wireless Propagation Letters, 2017(16): 2856-2860.
[25] ZHU J Q, BAN Y L, SIM C Y D, et al. NFC antenna with nonuniform meandering line and partial coverage ferrite sheet for metal cover smartphone applications[J]. IEEE Transactions on Antennas and Propagation, 2017, 65(6): 2827-2835.
[26] CHEN H, ZHAO A P. NFC antenna for portable device with metal back cover[C]//Proceedings of 2016 IEEE International Symposium on Antennas and Propagation (APSURSI). Piscataway: IEEE Press, 2016: 1471-1472.
[27] ZHU J Q, BAN Y L, XU R M, et al. Miniaturized dual-loop NFC antenna with a very small slot clearance for metal-cover smartphone applications[J]. IEEE Transactions on Antennas and Propagation, 2018, 66(3): 1553-1558.
[28] JIANG Y T, XU L L, PAN K W, et al. E-textile embroidered wearable near-field communication

RFID antennas[J]. IET Microwaves, Antennas & Propagation, 2019, 13(1): 99-104.

[29] CHOI J, LIM S, HONG W. Efficient NFC coil antennas for fully enclosed metallic-framed wearable devices[J]. IET Microwaves, Antennas & Propagation, 2020, 14(3): 211-214.

[30] NODA A. Wearable NFC reader and sensor tag for health monitoring[C]//Proceedings of 2019 IEEE Biomedical Circuits and Systems Conference (BioCAS). Piscataway: IEEE Press, 2019: 1-4.

[31] KUMAR V, GUPTA B. Design aspects of body-worn UWB antenna for body-centric communication: a review[J]. Wireless Personal Communications, 2017, 97(4): 5865-5895.

[32] SIMORANGKIR R B V B, YANG Y, MATEKOVITS L, et al. Dual-band dual-mode textile antenna on PDMS substrate for body-centric communications[J]. IEEE Antennas and Wireless Propagation Letters, 2017(16): 677-680.

[33] ALI BABAR ABBASI M, NIKOLAOU S S, ANTONIADES M A, et al. Compact EBG-backed planar monopole for BAN wearable applications[J]. IEEE Transactions on Antennas and Propagation, 2017, 65(2): 453-463.

[34] LEE H, TAK J, CHOI J. Wearable antenna integrated into military berets for indoor/outdoor positioning system[J]. IEEE Antennas and Wireless Propagation Letters, 2017(16): 1919-1922.

[35] DAS S, ISLAM H, BOSE T, et al. Coplanar waveguide fed stacked dielectric resonator antenna on safety helmet for rescue workers[J]. Microwave and Optical Technology Letters, 2019, 61(2): 498-502.

[36] DU C Z, WANG Y Z, YANG F H, et al. Ultra-wideband textile antenna integrated in three dimensional orthogonal woven fabrics[C]//Proceedings of 2017 Sixth Asia-Pacific Conference on Antennas and Propagation (APCAP). Piscataway: IEEE Press, 2018: 1-3.

[37] ASHYAP A Y I, ZAINAL ABIDIN Z, DAHLAN S H, et al. Inverted E-shaped wearable textile antenna for medical applications[J]. IEEE Access, 2018(6): 35214-35222.

[38] CHEN S J, KAUFMANN T, RANASINGHE D C, et al. A modular textile antenna design using snap-on buttons for wearable applications[J]. IEEE Transactions on Antennas and Propagation, 2016, 64(3): 894-903.

[39] 董雅儒，李书芳，洪卫军. 可穿戴天线研究综述[J]. 信息通信技术, 2018, 12(4): 26-32, 58.

[40] ABDULLAH M A, RAHIM M K A, SAMSURI N A, et al. On-body transmission for dual-band antenna incorporated with dual-band AMC waveguide jacket[C]//Proceedings of 2017 International Symposium on Antennas and Propagation (ISAP). Piscataway: IEEE Press, 2017: 1-2.

[41] GAO G P, HU B, WANG S F, et al. Wearable circular ring slot antenna with EBG structure for wireless body area network[J]. IEEE Antennas and Wireless Propagation Letters, 2018, 17(3): 434-437.

[42] WANG Y Y, LU Y H. Investigation of the large-gap-ground rectangular patch antenna[J]. Microwave and Optical Technology Letters, 2017, 59(10): 2570-2575.

[43] RIZWAN M, KHAN M W A, SYDÄNHEIMO L, et al. Flexible and stretchable brush-painted wearable antenna on a three-dimensional (3-D) printed substrate[J]. IEEE Antennas and Wireless Propagation Letters, 2017(16): 3108-3112.

[44] ZHU J, FOX J J, YI N, et al. Structural design for stretchable microstrip antennas[J]. ACS Applied Materials & Interfaces, 2019, 11(9): 8867-8877.

[45] ZHOU H Y, XU F. Artificial magnetic conductor and its application[C]//2013 Proceedings of the International Symposium on Antennas & Propagation. Piscataway: IEEE Press, 2014: 1110-1113.

[46] HUONG NGUYEN T, LAN HUONG NGUYEN T, PHU VUONG T. A printed wearable dual band antenna for remote healthcare monitoring device[C]//Proceedings of 2019 IEEE-RIVF International Conference on Computing and Communication Technologies (RIVF). Piscataway: IEEE Press, 2019: 1-5.

[47] KIOURTI A, NIKITA K S. A review of implantable patch antennas for biomedical telemetry: challenges and solutions[J]. IEEE Antennas and Propagation Magazine, 2012, 54(3): 210-228.

[48] KIOURTI A, PSATHAS K A, NIKITA K S. Implantable and ingestible medical devices with wireless telemetry functionalities: a review of current status and challenges[J]. Bioelectromagnetics, 2014, 35(1): 1-15.

[49] ASLAM B, KHAN U H, AZAM M A, et al. A compact implantable RFID tag antenna dedicated to wireless health care[J]. International Journal of RF and Microwave Computer-Aided Engineering, 2017, 27(5): e21094.

[50] BAHRAMI H, MIRBOZORGI S A, AMELI R, et al. Flexible, polarization-diverse UWB antennas for implantable neural recording systems[J]. IEEE Transactions on Biomedical Circuits and Systems, 2016, 10(1): 38-48.

[51] YANG C L, TSAI C L, CHEN S H. Implantable high-gain dental antennas for minimally invasive biomedical devices[J]. IEEE Transactions on Antennas and Propagation, 2013, 61(5): 2380-2387.

[52] LI J J, PETER I, MATEKOVITS L. Circularly polarized implanted antenna with conical bio-metallic ground plane[C]//Proceedings of Biomedical Engineering. Calgary: ACTAPRESS, 2017: 265-269.

[53] ETOZ S, BRACE C L. Analysis of microwave ablation antenna optimization techniques[J]. International Journal of RF and Microwave Computer-Aided Engineering, 2018, 28(3): e21224.

[54] 赵德春，陈晓宇，李文瀚，等. 新型无线内窥镜胶囊天线设计方法[J]. 电子世界，2018(5): 23-24.

[55] CHU H, WANG P J, ZHU X H, et al. Antenna-in-package design and robust test for the link between wireless ingestible capsule and smart phone[J]. IEEE Access, 2019(7): 35231-35241.

[56] HE Y J, PAN Z Z. Design of UHF RFID broadband anti-metal tag antenna applied on surface of metallic objects[C]//Proceedings of 2013 IEEE Wireless Communications and Networking Conference (WCNC). Piscataway: IEEE Press, 2013: 4352-4357.

[57] HONG E S, LANE S, MURRELL D, et al. Mitigation of reflector dish wet antenna effect at 72 and 84 GHz[J]. IEEE Antennas and Wireless Propagation Letters, 2017(16): 3100-3103.

[58] HUANG X J, LENG T, GEORGIOU T, et al. Graphene oxide dielectric permittivity at GHz and its applications for wireless humidity sensing[J]. Scientific Reports, 2018(8): 43.

[59] MA M, KHAN H, SHAN W. A novel wireless gas sensor based on LTCC technology[J]. Sensors and Actuators B: Chemical, 2017(239): 711-717.

[60] AIT SI ALI A, FARHAT A, MOHAMAD S, et al. Embedded platform for gas applications using hardware/software co-design and RFID[J]. IEEE Sensors Journal, 2018, 18(11): 4633-4642.

[61] KIOURTI A, VOLAKIS J L. Stretchable and flexible E-fiber wire antennas embedded in polymer[J]. IEEE Antennas and Wireless Propagation Letters, 2014(13): 1381-1384.

[62] ROGERS J E, YOON Y K, SHEPLAK M, et al. A passive wireless microelectromechanical pressure sensor for harsh environments[J]. Journal of Microelectromechanical Systems, 2018, 27(1): 73-85.

[63] QIAO Q, ZHANG L, YANG F, et al. Reconfigurable sensing antenna with novel HDPE-BST material for temperature monitoring[J]. IEEE Antennas and Wireless Propagation Letters, 2013(12): 1420-1423.

[64] MBANYA TCHAFA F, HUANG H. Microstrip patch antenna for simultaneous strain and temperature sensing[J]. Smart Materials and Structures, 2018, 27(6): 065019.

[65] SHAFIQ Y, GIBSON J, GEORGAKOPOULOS S V, et al. A novel passive RFID temperature sensor[C]//Proceedings of 2018 IEEE International Symposium on Antennas and Propagation & USNC/URSI National Radio Science Meeting. Piscataway: IEEE Press, 2019: 1863-1864.

[66] JIANG Z Y, YANG F. Reconfigurable sensing antennas integrated with thermal switches for wireless temperature monitoring[J]. IEEE Antennas and Wireless Propagation Letters, 2013(12): 914-917.

[67] ISLAM M, ASHRAF F, ALAM T, et al. A compact ultrawideband antenna based on hexagonal split-ring resonator for pH sensor application[J]. Sensors, 2018, 18(9): 2959.

[68] ABBASI Z, DANESHMAND M. Contactless pH measurement based on high resolution enhanced Q microwave resonator[C]//Proceedings of 2018 IEEE/MTT-S International Microwave Symposium - IMS. Piscataway: IEEE Press, 2018: 1156-1159.

[69] BHATTACHARYYA R, DI LEO C, FLOERKEMEIER C, et al. RFID tag antenna based temperature sensing using shape memory polymer actuation[C]//Proceedings of SENSORS, 2010 IEEE. Piscataway: IEEE Press, 2011: 2363-2368.

[70] TAN Q L, LUO T, WEI T Y, et al. A wireless passive pressure and temperature sensor via a dual LC resonant circuit in harsh environments[J]. Journal of Microelectromechanical Systems, 2017, 26(2): 351-356.

[71] SIDEN J, ZENG X Z, UNANDER T, et al. Remote moisture sensing utilizing ordinary RFID tags[C]//Proceedings of SENSORS, 2007 IEEE. Piscataway: IEEE Press, 2007: 308-311.

[72] ABAD E, ZAMPOLLI S, MARCO S, et al. Flexible tag microlab development: gas sensors integration in RFID flexible tags for food logistic[J]. Sensors and Actuators B: Chemical, 2007, 127(1): 2-7.

[73] LIN H D, LEE Y S, CHUANG B N. Using dual-antenna nanosecond pulse near-field sensing technology for non-contact and continuous blood pressure measurement[C]//Proceedings of 2012 Annual International Conference of the IEEE Engineering in Medicine and Biology Society.

Piscataway: IEEE Press, 2012: 219-222.

[74] GHAFFAR A, LI X J, AWAN W A, et al. Reconfigurable antenna: analysis and applications[EB]. 2021.

[75] TAN Q, LV W, JI Y, et al. A LC wireless passive temperature-pressure-humidity (TPH) sensor integrated on LTCC ceramic for harsh monitoring[J]. Sensors and Actuators B: Chemical, 2018, 270: 433-442.

[76] SHAFIQUE K, KHAWAJA B A, KHURRAM M D, et al. Energy harvesting using a low-cost rectenna for Internet of Things (IoT) applications[J]. IEEE Access, 2018(6): 30932-30941.

[77] SOYATA T, COPELAND L, HEINZELMAN W. RF energy harvesting for embedded systems: a survey of tradeoffs and methodology[J]. IEEE Circuits and Systems Magazine, 2016, 16(1): 22-57.

[78] VAN HUYNH N, HOANG D T, LU X, et al. Ambient backscatter communications: a contemporary survey[J]. IEEE Communications Surveys & Tutorials, 2018, 20(4): 2889-2922.

[79] AGARWAL A, MACHNOOR M, KUMAR R, et al. Coupled RF signal cancellation based transceiver arrangement for backscatter communication[C]//Proceedings of 2016 IEEE MTT-S International Microwave and RF Conference (IMaRC). Piscataway: IEEE Press, 2017: 1-4.

[80] PETER T, RAHMAN T A, CHEUNG S W, et al. A novel transparent UWB antenna for photovoltaic solar panel integration and RF energy harvesting[J]. IEEE Transactions on Antennas and Propagation, 2014, 62(4): 1844-1853.

[81] JAAKKOLA K, TAPPURA K. Exploitation of transparent conductive oxides in the implementation of a window-integrated wireless sensor node[J]. IEEE Sensors Journal, 2018, 18(17): 7193-7202.

[82] HARATY M R, NASER-MOGHADASI M, LOTFI-NEYESTANAK A A, et al. Improving the efficiency of transparent antenna using gold nanolayer deposition[J]. IEEE Antennas and Wireless Propagation Letters, 2016(15): 4-7.

[83] PALANDÖKEN M. Microstrip antenna with compact anti-spiral slot resonator for 2.4 GHz energy harvesting applications[J]. Microwave and Optical Technology Letters, 2016, 58(6): 1404-1408.

[84] MASOTTI D, COSTANZO A, DEL PRETE M, et al. Genetic-based design of a tetra-band high-efficiency radio-frequency energy harvesting system[J]. IET Microwaves, Antennas & Propagation, 2013, 7(15): 1254-1263.

[85] MESCIA L, MASSARO A. New trends in energy harvesting from earth long-wave infrared emission[J]. Advances in Materials Science and Engineering, 2014: 1-10.

[86] VALENTA C R, DURGIN G D. Harvesting wireless power: survey of energy-harvester conversion efficiency in far-field, wireless power transfer systems[J]. IEEE Microwave Magazine, 2014, 15(4): 108-120.

[87] CORREAS-SERRANO D, GOMEZ-DIAZ J S. Graphene-based antennas for terahertz systems: a review[EB]. 2017.

[88] LIANG F, YANG Z Z, XIE Y X, et al. Beam-scanning microstrip quasi-yagi–uda antenna based on hybrid metal-graphene materials[J]. IEEE Photonics Technology Letters, 2018, 30(12): 1127-1130.

[89] KAN T, AJIKI Y. Silicon based mid-infrared photodetectors using plasmonic gold nano-antenna structures[C]//Proceedings of 2017 19th International Conference on Solid-State Sensors, Actuators and Microsystems (TRANSDUCERS). Piscataway: IEEE Press, 2017: 2159-2162.

[90] MORSHED M, KHALEQUE A, HATTORI H T. Composite bow-Tie nano-antenna[C]// Proceedings of 2017 Conference on Lasers and Electro-Optics Pacific Rim (CLEO-PR). Piscataway: IEEE Press, 2017: 1-2.

[91] MIRONOV E G, LI Z Y, HATTORI H T, et al. Titanium nano-antenna for high-power pulsed operation[J]. Journal of Lightwave Technology, 2013, 31(15): 2459-2466.

[92] NAN T X, LIN H, GAO Y, et al. Acoustically actuated ultra-compact NEMS magnetoelectric antennas[J]. Nature Communications, 2017(8): 296.

[93] LIU N, TANG M L, HENTSCHEL M, et al. Nanoantenna-enhanced gas sensing in a single tailored nanofocus[J]. Nature Materials, 2011, 10(8): 631-636.

[94] ZAKRAJSEK L, EINARSSON E, THAWDAR N, et al. Design of graphene-based plasmonic nano-antenna arrays in the presence of mutual coupling[C]//Proceedings of 2017 11th European Conference on Antennas and Propagation (EUCAP). Piscataway: IEEE Press, 2017: 1381-1385.

[95] YARDIMCI N T, JARRAHI M. High sensitivity terahertz detection through large-area plasmonic nano-antenna arrays[J]. Scientific Reports, 2017(7): 42667.

[96] SEMPLE J, GEORGIADOU D G, WYATT-MOON G, et al. Flexible diodes for radio frequency (RF) electronics: a materials perspective[J]. Semiconductor Science and Technology, 2017, 32(12): 123002.

[97] HUANG G W, FENG Q P, XIAO H M, et al. Rapid laser printing of paper-based multilayer circuits[J]. ACS Nano, 2016, 10(9): 8895-8903.

[98] GONZALEZ-PEREZ J M, MARNAT L, SHAMIM A. 24GHz paper based inkjet printed quasi Yagi-Uda antenna with new bowtie director[C]//Proceedings of 12th European Conference on Antennas and Propagation (EuCAP 2018). London: IET, 2018: 1-3.

[99] THEWS J, O'DONNELL A, MICHAELS A J. Simulation of 3D printed antenna system using liquid metal antenna elements[C]//Proceedings of 2018 NASA/ESA Conference on Adaptive Hardware and Systems (AHS). Piscataway: IEEE Press, 2018: 179-183.

[100] LI W T, HEI Y Q, GRUBB P M, et al. Inkjet printing of wideband stacked microstrip patch array antenna on ultrathin flexible substrates[J]. IEEE Transactions on Components, Packaging and Manufacturing Technology, 2018, 8(9): 1695-1701.

[101] NASR I, JUNGMAIER R, BAHETI A, et al. A highly integrated 60 GHz 6-channel transceiver with antenna in package for smart sensing and short-range communications[J]. IEEE Journal of Solid-State Circuits, 2016, 51(9): 2066-2076.

[102] LIU D X, GU X X, BAKS C W, et al. Antenna-in-package design considerations for Ka-band 5G communication applications[J]. IEEE Transactions on Antennas and Propagation, 2017, 65(12): 6372-6379.

[103] TOWNLEY A, SWIRHUN P, TITZ D, et al. A 94-GHz 4TX–4RX phased-array FMCW radar transceiver with antenna-in-package[J]. IEEE Journal of Solid-State Circuits, 2017, 52(5): 1245-1259.

[104] DANG B, LIU D X, PLOUCHART J O, et al. Integration of area efficient antennas for phased array or wafer scale array antenna applications: US10103450[P]. 2018.

[105] GU X X, GARCIA A V, LIU D X, et al. Antenna-in-package structures with broadside and end-fire radiations: US20150070228[P]. 2015.

[106] YU T, REN X L, YU D Q, et al. Developing of wafer level fan-out packaging technology for millimeter-wave chip using different carriers[C]//Proceedings of 2019 IEEE International Conference on Integrated Circuits, Technologies and Applications (ICTA). Piscataway: IEEE Press, 2020: 129-133.

[107] LU Y W, FANG B S, MI H H, et al. Mm-wave antenna in package (AiP) design applied to 5th generation (5G) cellular user equipment using unbalanced substrate[C]//Proceedings of 2018 IEEE 68th Electronic Components and Technology Conference (ECTC). Piscataway: IEEE Press, 2018: 208-213.

[108] LIAO S W, XUE Q. Dual polarized planar aperture antenna on LTCC for 60-GHz antenna-in-package applications[J]. IEEE Transactions on Antennas and Propagation, 2017, 65(1): 63-70.

[109] WI S H, SUN Y B, SONG I S, et al. Package-level integrated antennas based on LTCC technology[J]. IEEE Transactions on Antennas and Propagation, 2006, 54(8): 2190-2197.

[110] GU X X, LIU D X, BAKS C, et al. A multilayer organic package with 64 dual-polarized antennas for 28GHz 5G communication[C]//Proceedings of 2017 IEEE MTT-S International Microwave Symposium (IMS). Piscataway: IEEE Press, 2017: 1899-1901.

[111] KAM D G, LIU D X, NATARAJAN A, et al. Low-cost antenna-in-package solutions for 60-GHz phased-array systems[C]//Proceedings of 19th Topical Meeting on Electrical Performance of Electronic Packaging and Systems. Piscataway: IEEE Press, 2010: 93-96.

[112] ENAYATI A, BREBELS S, VANDENBOSCH G A E, et al. Antenna-in-package solution for 3D integration of millimeter-wave systems using a thin-film MCM technology[C]//Proceedings of 2011 IEEE MTT-S International Microwave Symposium. Piscataway: IEEE Press, 2011: 1-4.

[113] TAJIMA T, KOSUGI T, SONG H J, et al. Terahertz MMICs and antenna-in-package technology at 300 GHz for KIOSK download system[J]. Journal of Infrared, Millimeter, and Terahertz Waves, 2016, 37(12): 1213-1224.

[114] LEONTOVICH M, LEVIN M L. Towards a theory on the simulation of the oscillations in dipole antennas[J]. Zhunal Tekhnicheskoi Fiziki, 1944, 14(9): 481-506.

[115] GRANGER J V N, BOLLJAHN J T. Aircraft antennas[J]. Proceedings of the IRE, 1955, 43(5): 533-550.

[116] CLAVIN A. A multimode antenna having equal E and H planes[J]. IEEE Transactions on Antennas and Propagation, 1975, 23(5): 735-737.

[117] LU W J, LI Q, WANG S G, et al. Design approach to a novel dual-mode wideband circular sector

patch antenna[J]. IEEE Transactions on Antennas and Propagation, 2017, 65(10): 4980-4990.

[118] LU W J, LI X Q, LI Q, et al. Generalized design approach to compact wideband multi-resonant patch antennas[J]. International Journal of RF and Microwave Computer-Aided Engineering, 2018, 28(8): e21481.

[119] YU J, LU W J. Design approach to dual-resonant, very low-profile circular sector patch antennas[C]//Proceedings of 2019 International Conference on Microwave and Millimeter Wave Technology (ICMMT). Piscataway: IEEE Press, 2020: 1-3.

[120] LU W J, ZHU L. Wideband stub-loaded slotline antennas under multi-mode resonance operation[J]. IEEE Transactions on Antennas and Propagation, 2015, 63(2): 818-823.

[121] LU W J, ZHU L, TAM K W, et al. Wideband dipole antenna using multi-mode resonance concept[J]. International Journal of Microwave and Wireless Technologies, 2017, 9(2): 365-371.

[122] CHEN Y, LU W J, ZHU L, et al. Square loop antenna under even-mode operation: modelling, validation and implementation[J]. International Journal of Electronics, 2017, 104(2): 271-285.

[123] LU W J, LIU G M, TONG K F, et al. Dual-band loop-dipole composite unidirectional antenna for broadband wireless communications[J]. IEEE Transactions on Antennas and Propagation, 2014, 62(5): 2860-2866.

[124] LU W J, SHI J W, TONG K F, et al. Planar endfire circularly polarized antenna using combined magnetic dipoles[J]. IEEE Antennas and Wireless Propagation Letters, 2015(14): 1263-1266.

[125] ZHANG W H, LU W J, TAM K W. A planar end-fire circularly polarized complementary antenna with beam in parallel with its plane[J]. IEEE Transactions on Antennas and Propagation, 2016, 64(3): 1146-1152.

[126] XUE B, YOU M, LU W J, et al. Planar endfire circularly polarized antenna using concentric annular sector complementary dipoles[J]. International Journal of RF and Microwave Computer-Aided Engineering, 2016, 26(9): 829-838.

[127] YOU M, LU W J, XUE B, et al. A novel planar endfire circularly polarized antenna with wide axial-ratio beamwidth and wide impedance bandwidth[J]. IEEE Transactions on Antennas and Propagation, 2016, 64(10): 4554-4559.

[128] YANG H Q, YOU M, LU W J, et al. Envisioning an endfire circularly polarized antenna: presenting a planar antenna with a wide beamwidth and enhanced front-to-back ratio[J]. IEEE Antennas and Propagation Magazine, 2018, 60(4): 70-79.

[129] ZHANG J, LU W J, LI L, et al. Wideband dual-mode planar endfire antenna with circular polarisation[J]. Electronics Letters, 2016, 52(12): 1000-1001.

[130] 张冀. 平面互补振子圆极化天线的研究[D]. 南京：南京邮电大学, 2017.

[131] ZHANG W H, CHEONG P, LU W J, et al. Planar endfire circularly polarized antenna for low profile handheld RFID reader[J]. IEEE Journal of Radio Frequency Identification, 2018, 2(1): 15-22.

[132] SHAO Y, LI X Q, LU W J, et al. Wideband dual-resonant fixed-beam high gain patch antenna array[C]//Proceedings of 2019 International Conference on Microwave and Millimeter Wave Technology (ICMMT). Piscataway: IEEE Press, 2020: 1-3.

[133] 邵芸. 固定波束高增益多谐扇形贴片天线阵列的研究[D]. 南京：南京邮电大学, 2020.

[134] 赵志宾. 二维双谐宽带宽波束全波长扇形偶极天线的研究[D]. 南京: 南京邮电大学, 2021.
[135] 吕文俊, 刘超男, 高琛, 等. 一种金属外壳手持式多天线终端: 201710164821.2[P]. 2017.
[136] GAO C, LI X Q, LU W J, et al. Conceptual design and implementation of a four-element MIMO antenna system packaged within a metallic handset[J]. Microwave and Optical Technology Letters, 2018, 60(2): 436-444.
[137] LI X Q, GAO C, LU W J, et al. Preliminary studies of an offset-fed loop-dipole antenna for all-metal handsets[C]//Proceedings of 2018 International Workshop on Antenna Technology (iWAT). Piscataway: IEEE Press, 2018: 1-4.
[138] YU Y, CUI P F, SHE J, et al. Measurement and empirical modeling of massive MIMO channel matrix in real indoor environment[C]//Proceedings of 2016 8th International Conference on Wireless Communications & Signal Processing (WCSP). Piscataway: IEEE Press, 2016: 1-5.
[139] SHE J, GAO C, YU Y, et al. Measurements of massive MIMO channel in real environment with 8-antenna handset[C]//Proceedings of 2017 9th International Conference on Wireless Communications and Signal Processing (WCSP). Piscataway: IEEE Press, 2017: 1-4.
[140] LU X T, NI L Y, JIN S, et al. SDR implementation of a real-time testbed for future multi-antenna smartphone applications[J]. IEEE Access, 2017(5): 19761-19772.
[141] XU L J, BO Y M, LU W J, et al. Circularly polarized annular ring antenna with wide axial-ratio bandwidth for biomedical applications[J]. IEEE Access, 2019(7): 59999-60009.
[142] XING X Q, LU W J. Dual-resonant circular sector patch antenna with backfire radiation enhancement[C]//Proceedings of 2021 International Conference on Microwave and Millimeter Wave Technology (ICMMT). Piscataway: IEEE Press, 2021: 1-3.
[143] JIA W Q, JI F Y, LU W J, et al. Dual-resonant high-gain wideband Yagi-Uda antenna using full-wavelength sectorial dipoles[J]. IEEE Open Journal of Antennas and Propagation, 2021(2): 872-881.
[144] XING X Q, LU W J, JI F Y, et al. Low-profile dual-resonant wideband backfire antenna for vehicle-to-everything applications[J]. IEEE Transactions on Vehicular Technology, 2022, 71(8): 8330-8340.
[145] 邢秀琼. 双模谐振低剖面车载天线的研究[D]. 南京: 南京邮电大学, 2022.
[146] WONG H, SO K K, GAO X. Bandwidth enhancement of a monopolar patch antenna with V-shaped slot for car-to-car and WLAN communications[J]. IEEE Transactions on Vehicular Technology, 2016, 65(3): 1130-1136.
[147] HUA C Z, YANG N. Optically transparent broadband water antenna[J]. International Journal of RF and Microwave Computer-Aided Engineering, 2018, 28(4): e21219.
[148] LIU S B, ZHANG F S, ZHANG Y X. Dual-band circular-polarization reconfigurable liquid dielectric resonator antenna[J]. International Journal of RF and Microwave Computer-Aided Engineering, 2019, 29(3): e21613.
[149] 吕文俊, 崔鹏飞, 朱洪波. 采用可穿戴圆极化天线的离体信道特性建模与分集接收方法[J]. 物联网学报, 2018, 2(2): 41-48
[150] LU W J, YU J, ZHU L. On the multi-resonant antennas: theory, history, and new development[J].

International Journal of RF and Microwave Computer-Aided Engineering, 2019, 29(9): e21808.
[151] 吕文俊, 郁剑, 朱洪波. 物联网天线技术研究进展[J]. 电信科学, 2019(7): 124-135.
[152] SHAO Y, LI Z, YU J, et al. Pin-loaded dual-resonant high gain patch antenna array with extremely thin profile[C]//Proceedings of 2019 8th Asia-Pacific Conference on Antennas and Propagation (APCAP). Piscataway: IEEE Press, 2021: 577-578.
[153] YU J, LU W J, CHENG Y, et al. Tilted circularly polarized beam microstrip antenna with miniaturized circular sector patch under wideband dual-mode resonance[J]. IEEE Transactions on Antennas and Propagation, 2020, 68(9): 6580-6590.
[154] WU Z F, LU W J, YU J, et al. Wideband null frequency scanning circular sector patch antenna under triple resonance[J]. IEEE Transactions on Antennas and Propagation, 2020, 68(11): 7266-7274.
[155] ZHAO Z B, LU W J, ZHU L, et al. Wideband wide beamwidth full-wavelength sectorial dipole antenna under dual-mode resonance[J]. IEEE Transactions on Antennas and Propagation, 2021, 69(1): 14-24.
[156] 吕文俊. 简明天线[M]. 北京: 人民邮电出版社, 2020.
[157] 章文勋. 无线电技术中的微分方程[M]. 北京: 国防工业出版社, 1982.
[158] KING R. Coupled antennas and transmission lines[J]. Proceedings of the IRE, 1943, 31(11): 626-640.
[159] WEN G, Reply to comments on "The Foster reactance theorem for antennas and radiation Q" [J]. IEEE Transactions on Antennas and Propagation, 2007, 55(3), 1014-1016.
[160] SCHANTZ H, The art and science of ultrawideband antennas (2nd Edition)[M]. Boston/London: Artech House Inc., 2015.
[161] HU P F, PAN Y M, ZHANG X Y, et al. A compact filtering dielectric resonator antenna with wide bandwidth and high gain[J]. IEEE Transactions on Antennas and Propagation, 2016, 64(8): 3645-3651.
[162] DUAN W, ZHANG X Y, PAN Y M, et al. Dual-polarized filtering antenna with high selectivity and low cross polarization[J]. IEEE Transactions on Antennas and Propagation, 2016, 64(10): 4188-4196.
[163] YANG S J, PAN Y M, ZHANG Y, et al. Low-profile dual-polarized filtering magneto-electric dipole antenna for 5G applications[J]. IEEE Transactions on Antennas and Propagation, 2019, 67(10): 6235-6243.
[164] DONG Y D, ITOH T. Metamaterial-based antennas[J]. Proceedings of the IEEE, 2012, 100(7): 2271-2285.
[165] LIU W, CHEN Z N, QING X M. Metamaterial-based low-profile broadband mushroom antenna[J]. IEEE Transactions on Antennas and Propagation, 2014, 62(3): 1165-1172.
[166] LU W J, ZHU L. Multi-mode resonant antennas: theory, design and applications[M]. Boca Raton: T&F Group CRC Press, 2022.
[167] 郁剑. 微带贴片天线模式综合设计理论及关键技术研究[D]. 南京: 南京邮电大学, 2022.

第3章 物联网无线传播环境衰落信道模型

前两章已经介绍了物联网边缘无线环境的定义以及物联网天线的关键理论与技术。借助高性能物联网天线，可以展开物联网边缘无线环境中无线传播特性的测量和分析研究。在实际物联网边缘无线环境中，室内环境（办公、商业、居家等）是重要的应用场景，因此，室内无线传播特性是物联网边缘无线环境中的重点研究内容。与传统无线传播模型不同，物联网边缘无线环境中涉及人–机、人–物、物–物等不同场景的互联，虽然传播尺度不一定很大，然而终端类型和数目更多、传播特性更复杂。不失一般性，以下将从室内人员密度对传播特性的影响开始，研究物联网边缘无线环境中各类室内短距离无线传播模型及信道模型。在室内的物联网应用环境中，一方面，人体与收发天线间的距离不远，人体将对多径信号产生不可忽略的扰动和阴影衰落效应；另一方面，由于室内环境复杂、设备发射功率低，天线的相对位置会显著影响路径损耗、功率时延谱和均方根时延扩展特性。考虑上述因素，本章聚焦描述有人体存在的情况下室内短距离无线传播特性的建模理论及方法。

3.1 智慧办公场景路径损耗模型

3.1.1 智慧办公场景无线通信路径损耗建模的特点

传统室内无线环境的路径损耗模型主要包括对数距离路径损耗模型和多墙体

衰减路径损耗模型[1-4]。实际上，在智慧办公场景下，无线通信过程往往被局限在办公室环境这一较小范围内。与传统室内路径损耗模型相比，室内终端间无线传输造成路径损耗的因素，从传统的墙体、楼层、隔断等变为了更为复杂细致的多种因素。此外，人体的存在也对无线信号传输产生很大影响。因此，建立与人员及设备密度相关的路径损耗模型是至关重要的。

3.1.2 人员密度相关的室内路径损耗模型

在 ITU-R P.1238 提案中[5]，在地下商业街环境中路径损耗与距离相关的基础上，考虑路径损耗受人体遮挡的影响，电波传播的路径损耗（单位：dB）由式（3-1）估算：

$$\mathrm{PL}(f,d)=-10\cdot n\cdot\{1.4-\lg(f)-\lg(d)\}+\delta\cdot d+C \tag{3-1}$$

其中，f为无线电波的频率（单位：MHz），d 为收发天线之间距离（单位：m），C 为补偿参数（单位：dB），δ 为忙时和闲时的影响参数。式（3-1）中路径损耗指数 n 统一描述路径损耗与频率和距离的关系，在此基础上附加人体对路径损耗的影响，某地下商业街典型的路径损耗函数的参数见表 3-1。这些数据都是在一个地下梯形开放商业街环境内进行大量测量后分析得到，商业街由垂直的走廊组成，墙面是玻璃或混凝土材料，走廊的建筑面积为宽 6m、高 3m、长 190m。地下商业街环境中人体的平均高度为 170cm，肩宽为 45cm。在顾客稀少的时段和顾客拥挤的时段人员的密度分别为 0.008 人/m^2 和 0.1 人/m^2 左右。其中，LOS 情形下参数的频率应用范围为 2～20GHz，距离应用范围为 10～200m；NLOS 情形下参数值在 5GHz 频带进行了验证。地下商业街环境与室内办公室环境差异很大，其中得到的参数值是否能够应用于短距离室内办公室环境，需要在室内智慧办公场景下通过实验测量后再分析研究。

表 3-1 某地下商业街典型的路径损耗函数的参数

场景	LOS			NLOS		
	n	δ/m^{-1}	C/dB	n	δ/m^{-1}	C/dB
顾客稀少时段	2.0	0	5	3.4	0	−20
顾客拥挤时段	2.0	0.065	5	3.4	0.065	−20

首先，在与发射天线间距离为 d 的测量点上测量时，其中某个网格上工作频率 f_i 的路径损耗可以通过式（3-2）计算：

$$\mathrm{PL}_{\text{grid}}^{k}(d,f_i)=-10\lg\frac{1}{N}\sum_{j=1}^{N}|H_k(f_i;t_j;d)|^2 \tag{3-2}$$

其中，N=32 代表连续测量的数目。

接下来，计算每个测量点上平均路径损耗：

$$\mathrm{PL}_{\text{location}}(d,f_i)=\frac{1}{M}\sum_{k=1}^{M}\mathrm{PL}_{\text{grid}}^{k}(d,f_i) \tag{3-3}$$

其中，在室内办公室环境中测量时网格点数 $M=25$。利用式（3-3）计算得到扫频中心 2.6GHz 频率下 LOS 情形（“闲时”“忙时”）和 NLOS 情形（“闲时”“忙时”）的 4 组平均路径损耗，每组数据中包含 15 对收发天线距离和对应平均路径损耗的数据，接下来的工作就是使用这 4 组数据采用最小均方误差方法对式（3-1）进行估算获得模型中的参数值。这样就将 ITU-R P.1238 所提出的模型推广应用到室内办公室环境中，而不仅仅局限于地下商业街环境。

对模型参数 n、C 和 δ 的估算过程具体分为两个步骤。第一步提取 LOS 和 NLOS 情形的两组“闲时”数据确定 n 和 C，因为“闲时”室内的人员数量很少，可以忽略人的影响，所以“闲时”场景中将 δ 的值设定为 0。第二步利用 LOS 和 NLOS 情形下的两组“忙时”数据，在已经计算得到 n 和 C 的基础上，进一步估算人体对路径损耗的影响因子，即“忙时”参数 δ。研究的思路就是在估算参数值时首先不考虑人体对路径损耗指数 n 和补偿参数 C 的影响，统一将人体对路径损耗的影响综合到参数 δ 上。式（3-1）中室内办公室环境路径损耗模型的参数见表 3-2。2.6GHz“闲时”与“忙时”路径损耗实测数据和拟合曲线如图 3-1 所示，展示了实验房间内所有测量点编号为（3，3）的网格点上测量得到的 32 组数据，同时表 3-2 中估算参数值确定的拟合曲线一并如图 3-1 所示。从图 3-1 中可以直观看出无论是 LOS 情形还是 NLOS 情形下，路径损耗在“忙时”存在密集人员时都要比“闲时”有所增加。

表 3-2　室内办公室环境路径损耗模型的参数

场景		n	δ/m^{-1}	C/dB	X_σ/dB
LOS	闲时	2.267	0	−5.96	0.76
	忙时	2.267	0.72	−5.96	0.72
NLOS	闲时	2.894	0	−16.34	1.02
	忙时	2.894	0.98	−16.34	1.07

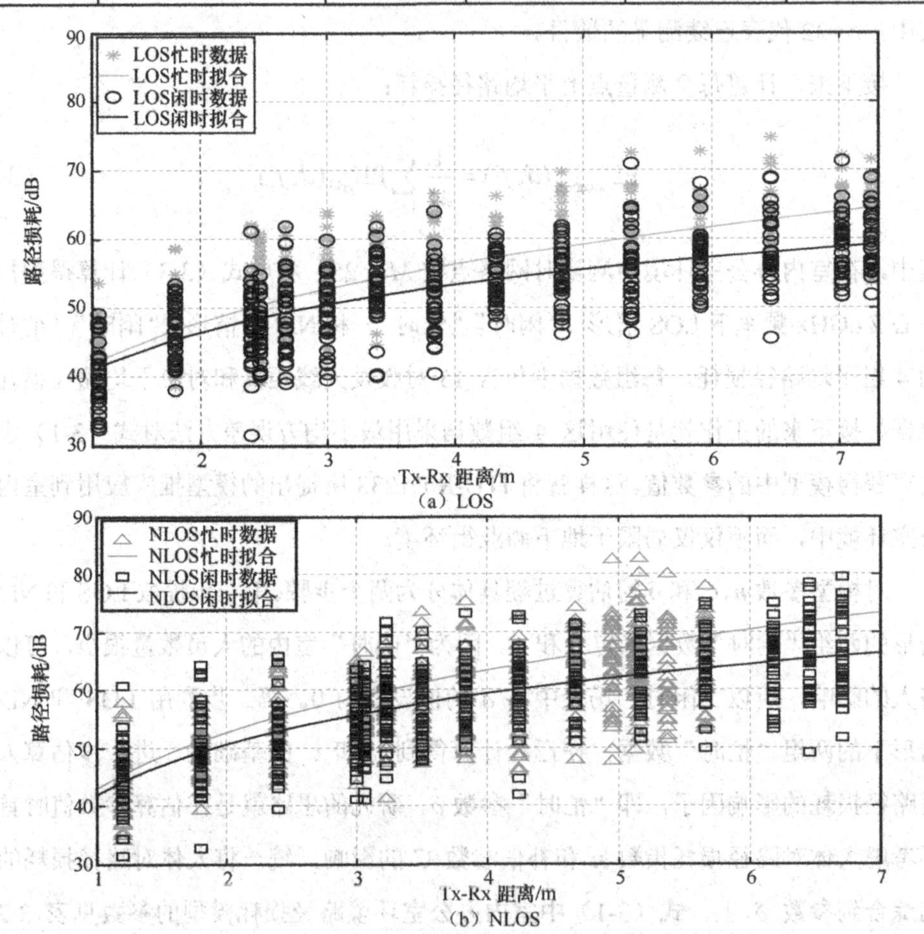

图 3-1　2.6GHz“闲时”与“忙时”路径损耗实测数据和拟合曲线

不同于室外的 COST-231 模型，式（3-1）中路径损耗指数 n 集中描述了路径损耗与频率和距离的关系，同时在室内环境下路径损耗指数的值也明显比室外要小很多。另外，室内人员的密集程度造成的附加路径损耗，可以用收发天线间距离的线性函数来表达，记为 $\delta \cdot d$。与 ITU-R. P.1238 中的地下商业街环境相比较，各个参数的值都发生了变化，说明在不同的环境中 δ 的值存在差异。一方面，在地下商业街环境中，LOS 和 NLOS 情形“忙时”场景中参数 δ 的值是相同的，附加路径损耗的影响是一致的，但是在室内办公室环境中，NLOS 情形下的附加路径损耗要比 LOS 情形下更加明显；另一方面，因为室内办公室空间紧凑，密集的人员对路径损耗的影响更加显著，与地下商业街环境相比，δ 的数值提升了一个数量级。

大尺度阴影衰落 X 在先前的研究中已经证明服从对数正态分布[6]。但是在智慧办公这类短距离人员密集的场景中，人体的干扰是否会对阴影衰落的统计特性产生影响还需要重新分析。2.6GHz LOS 和 NLOS 情形中“闲时”和“忙时”阴影衰落的累积概率分布如图 3-2 所示，正态分布拟合曲线很完美地与实验数据相重合，说明室内办公室环境中阴影衰落（单位：dB）的统计分布还是满足对数正态性。对阴影衰落统计特性进行比较，LOS 情形下阴影效应 X 的标准偏差“闲时”和“忙时”分别对应 0.76dB 和 0.72dB，NLOS 情形下“闲时”和“忙时”分别对应 1.02dB 和 1.07dB。统计数据体现了无论是 LOS 还是 NLOS 情形，“闲时”和“忙时”的阴影衰落效应都类似，说明在智慧办公场景中人体对阴影衰落几乎没有什么影响，影响阴影衰落的主要因素还是无线传播的具体环境。

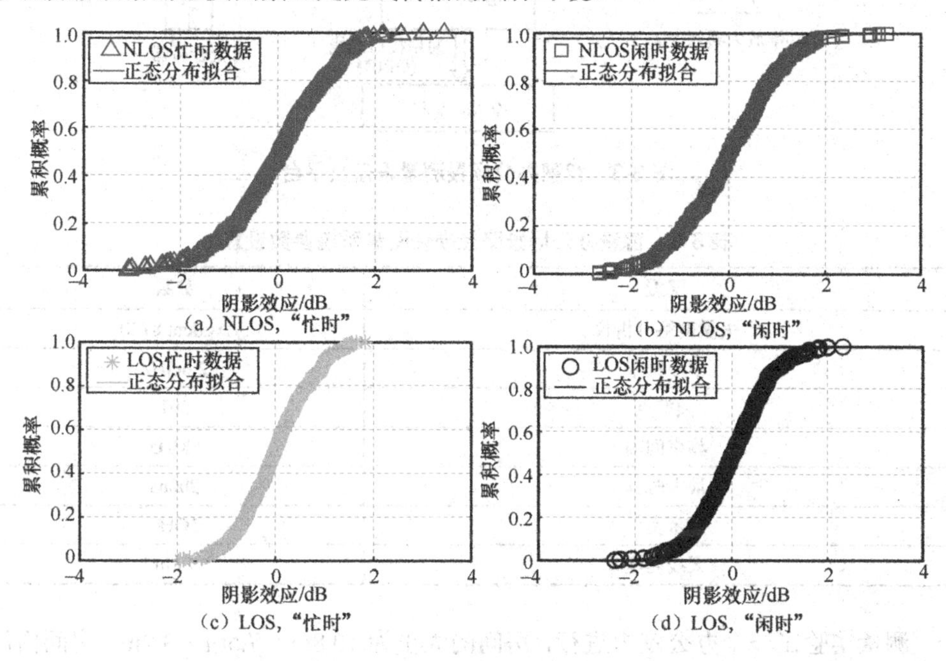

图 3-2　2.6GHz LOS 和 NLOS 情形中“闲时”和“忙时”阴影效应的累积概率分布

3.1.3 室内路径损耗特性测试方法

智慧办公场景测量设备及平台如图 3-3 所示。矢量网络分析仪（VNA）产生功率 0dBm 的单频率信号，同样进行 201 点扫频，但是针对为长期演进（LTE）技术分配的频段 2.5～2.69GHz，重新设定扫频范围，选择 2.1～3.1GHz（中心频率 2.6GHz），频率间隔 5MHz。扫频周期为 400ms，系统底噪为−100dBm。因为研究的重点是分析智慧办公场景下密集人员对无线传播特性的影响，所以设置收发天线的高度为 1.6m（接近人体的高度）。智慧办公场景路径损耗测量系统参数设置见表 3-3。

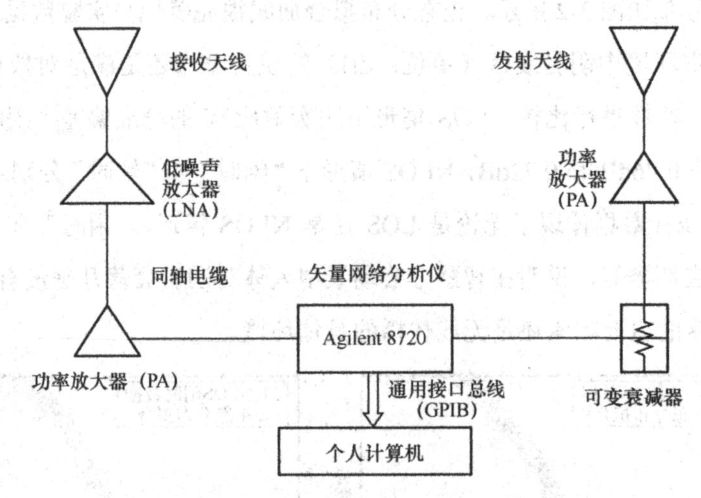

图 3-3 智慧办公场景测量设备及平台

表 3-3 智慧办公场景路径损耗测量系统参数设置

配置	参数
矢量网络分析仪	Agilent 8720
中心频率	2.6GHz
频率点	201
频率间隔	5MHz
最大时延	200ns
带宽	1GHz
天线高度	1.6m

测量实验在一个办公室内进行，房间的大小为 10.8m × 7.5m × 3.2m，房间内简

单摆放了一些木制办公桌、金属材质椅子、实验台、木制的橱柜和个人计算机等。发射天线固定放置在房间的东南角，靠近玻璃窗和实验台。房间的东西两侧墙壁是由石膏板组成，房间北面是混凝土墙面，房间的南面主要是玻璃窗户。地面是大理石材质，天花板是塑料板并用木条隔开。测量场景如图 3-4 所示。

图 3-4　测量场景

研究人体对传播特性影响的实验依旧是分成 LOS 和 NLOS 两种情形进行。当需要进行 NLOS 情形测量时，利用一个木制橱柜，将橱柜摆放到发射天线前构造 NLOS 情形，木制橱柜的高度为 2m 完全可以阻断直达视距路径。首先需要统计人员的密度来定义“闲时”和“忙时”场景。例如，在清晨或午餐时间办公室的人员密度约为 0.02 人/m^2 或更低，将类似时段称为“闲时”；在上班或会议时间的办公室人员密度约为 0.15 人/m^2 或更高，称为“忙时”。对比地下商业街环境中“闲时”和“忙时”的人员密度，发现室内办公室环境中人员密度要偏高一些，体现了环境的差异，说明有必要在智慧办公场景中重新研究模型中的各个参数值。

在办公室进行测量时，无论是 LOS 还是 NLOS 情形，发射天线（Tx）的放置点相同，且测量期间固定不动。分别选择 15 个测量点，在每个测量点上设计测量网格，鉴于测量房间面积较小，所以每一个测量点上只划分为 5 × 5 的网格。因为是在 2.1～3.1GHz 频段进行扫频实验，中心频率为 2.6GHz，所以选择设定每两个网格点间的距离为 5cm（约为 2.6GHz 中心频率波长的一半），网格点从（1，1）到（5，5）进行编号，编号为（3，3）的网格点为中心点。综合 LOS 和 NLOS 情形，测量中收发天线间距离 d 为 1.2～7.2m。开始进行测量后，在每种情形的“闲时”或“忙时”、每个测量点网格中的每个网格点上，都采集 32 组数据，对这 32 组数据进行综合处理后可以认为在测量过程中信道时不变。每个网格点上包含扫频和存储数据的时间，进行 32 组数据测量大约需要花费 2min，因为频域测量方法并不能捕获信道的时变特性，所以在这 2min 左右的时间内办公室的所有人都必须保持原有的位置不能移动。当接收天线移动到下一个网格点进行测量期间，办公室的人员可以随意移动，但测量一旦重新开始后，所有的人员就又不能再随便移动。

3.2 智慧办公场景功率时延谱特性

3.2.1 智慧办公场景功率时延谱建模特点

传统室内环境功率时延谱（Power Delay Profile，PDP）模型主要包括：抽头延迟线模型和 Saleh-Valenzuela 模型[7-9]。这些模型通常在较广的范围内（如整个楼层）对功率时延谱进行表征。对于智慧办公场景而言，办公室内的家具、设备、传感节点的布置，会带来严重的衰落和损耗，造成丰富的多径成分。如何对这些多径成分进行精细化建模及描述与传统 PDP 模型相比有极大区别。这对通信系统的物理层算法的选择（如调制解调方式和信道编解码方式）有很大的影响。通常信道的多径传播特性可以用功率时延谱来描述。本节将对智慧办公场景下无线信道的功率时延谱进行详细建模描述。因此，如何表征智慧办公场景下的 PDP 特性至关重要。

3.2.2 基于离散抽头延迟线的功率时延谱模型

根据 Turin 模型，信道冲激响应可以表示为：

$$h(\tau)=\sum_{k=1}^{N_{\text{bin}}} A_k \delta(\tau-\tau_k)\mathrm{e}^{\mathrm{j}\theta_k} \tag{3-4}$$

其中，N_{bin} 为抽头个数，$\delta(\cdot)$是狄拉克函数，A_k、τ_k 和 θ_k 分别表示第 k 个抽头的幅度、传播时延和相位[10]。

接着，信道的功率时延谱可以表示为一个离散抽头延迟线（Discrete Tapped Delay Line，DTDL）模型：

$$P(\tau)=|h(\tau)|^2=\sum_{k=1}^{N_{\text{bin}}}A_k^2\delta(\tau-\tau_k) \tag{3-5}$$

其中，$|\cdot|$表示取模运算。可以看出，该模型的参数包括 N_{bin}、A_k 和 τ_k。

以式（3-5）为基础，在室内短距离无线通信的场景下，对这几个重要参数进行建模，首先给出所提模型，该模型的详细建模过程将在后续小节中阐述。具体模型如下：

$$\begin{gathered}P(\tau,d)=\sum_{k=1}^{\lfloor L/\tau_0\rfloor+1}\left\{\sqrt{10^{-[C_0+10n\lg(d/d_0)+X_\sigma]/10}}a(d,\tau_k)\right\}^2\delta\left[\tau-(k-1)\tau_0\right]\\ \begin{cases}a(d,\tau_k)\sim\text{Nakagami}\left[\mu,\omega(d,\tau_k)\right]\\ \mu\sim\text{LN}(m_\mu,\sigma_\mu),\mu\geqslant 0.5\\ \omega(d,\tau_k)=k_\omega\left\{(k_1d+c_1+z_1)\exp\left[-(k_2d+c_2+z_2)\tau_k\right]\right\}^2\\ X_\sigma\sim N(0,\sigma_s),z_1\sim N(m_{z1},\sigma_{z1}),z_2\sim N(m_{z2},\sigma_{z2})\end{cases}\end{gathered} \tag{3-6}$$

其中，$P(\tau,d)$为收发天线之间距离为 d 时的功率时延谱，k 表示第 k 个抽头，L 表示信道冲激响应观测窗口的长度，τ_0 表示测量系统的时间分辨率，$\lfloor\cdot\rfloor$表示向下取整函数，$\text{PL}(d_0)$表示参考路径损耗，n 表示路径损耗衰减因子，X_σ 表示阴影效应，它的对数值是一个服从零均值、σ_s 标准差的正态分布随机变量，标记为 $N(\cdot,\cdot)$，它的两个参数分别表示均值和标准差，$a(d,\tau_k)$表示收发天线距离为 d、时延为 τ_k 的抽头对应的归一化幅度，它服从 Nakagami-m 分布，标记为 Nakagami[·,·]，它的两个参数分别是形状因子和尺度因子。

值得注意的是，在室内短距离无线通信的场景下，该 Nakagami-m 分布的形状因子 $\mu(d,\tau_k)$ 服从截断的对数正态分布，标记为 LN(·,·)，它的两个参数分别是对数均值和对数标准差，尺度因子 $\omega(d,\tau_k)$是与收发天线距离以及时延相关的函数，exp(·)表示指数函数，尺度因子的表达式中包含了两个正态分布的随机变量 z_1 和 z_2，它们的均值和标准差分别为 m_{z1}、σ_{z1} 和 m_{z2}、σ_{z2}。该模型的参数包括 L、τ_0、$\text{PL}(d_0)$、C_0、n、σ_s、k_1、c_1、m_{z1}、σ_{z1}、k_2、c_2、m_{z2}、σ_{z2}、m_μ、σ_μ 和 k_ω。

发射天线和接收天线之间的直线路径是无线电波传播的最短路径，通常称为 LOS 路径或直射路径。无线电波经该路径传播的时间是 $\tau_{ref}=d/c$，其中 τ_{ref} 为参考时延，d 为收发天线之间的直线距离，c 为光速。在此参考时延之前到达的多径可看作噪声，它们对信道建模而言是没用的。因此，所有测量得到的信道冲激响应均沿着时延轴向左平移了 τ_{ref}，平移后的时延称为附加时延。

在对信道的功率时延谱建模之前，需要通过离散傅里叶逆变换（IDFT）将测量得到的信道频率响应转换为信道冲激响应。根据测量方案，测量的带宽为 190MHz，扫频点数为 401 点，那么该测量系统的频率分辨率为 190MHz / 400 = 0.475MHz，信道冲激响应的时间分辨率为测量带宽的倒数 τ_0 = 1 / 190MHz ≈ 5.26ns，附加时延轴上每个抽头之间的时间间隔可定为该时间分辨率 τ_0。此外，信道冲激响应的最大观测时间窗口长度为频率分辨率的倒数 1 / 0.475MHz ≈ 2100ns。因为电磁波在空气中的传播速度约为光速，所以该时间窗口对应的传播距离约为 2100ns × 3 × 108m/s = 630m，远远大于所测量的环境的尺寸，因此，所得信道冲激响应中包含了很多的冗余信息。通过观察所有测得的信道冲激响应可以发现，当附加时延大于某一个时延值时，无法观察到明显的多径成分，因此，为了降低处理数据的复杂度，信道冲激响应观测窗口的长度选为 $L(L\geqslant 100\text{ns})$，它所对应的传播距离约为 $L\times 3\times 108\text{m}/\text{s}\geqslant 30\text{m}$，这个传播距离相对于测量环境的尺寸是较为合理的。然后，抽头数目（N_{bin}）和传播时延（τ_k）可分别建模为：

$$N_{\text{bin}}=\lfloor L/\tau_0\rfloor+1 \tag{3-7}$$

$$\tau_k=(k-1)\tau_0,k=1,2,\cdots,N_{\text{bin}} \tag{3-8}$$

其中，L 表示信道冲激响应观测窗口的长度，τ_0 表示信道冲激响应的时间分辨率，$\lfloor\cdot\rfloor$为向下取整函数。

显然，信道各个抽头的幅度大小会随着收发天线之间距离的变化而变化。为了消除这一变化对建模的影响，本节使用路径损耗作为基准对信道冲激响应的幅度进行归一化。路径损耗（单位：dB）通常可以建模为一个对数距离函数加一个正态分布的阴影[2-3,11]：

$$\text{PL}(d)=C_0+10n\lg(d/d_0)+X_\sigma \tag{3-9}$$

其中，d 为收发天线之间距离，C_0 为一个常数，用于描述参考路径损耗以及额外的路径损耗或增益，n 为路径损耗因子，X_σ（单位：dB）为一个正态分布的随机变量（均值为 0，标准差为 σ_s）。

然后，每个接收点的每个抽头的幅度可以使用上述所得路径损耗进行归一化：

$$a_g(d,\tau_k)=\frac{A_g(d,\tau_k)}{\sqrt{10^{-\mathrm{PL}(d)/10}}} \tag{3-10}$$

其中，$A_g(d,\tau_k)$为收发天线之间距离为 d、传播时延为 τ_k 的幅度，$k=1,2,\cdots,N_{\mathrm{bin}}$ 表示抽头的序号，$g=1,2,\cdots,G$ 表示每个接收点所测量的网格点序号，$a_g(d,\tau_k)$表示归一化幅度。

归一化幅度在每个接收点 R_n 的不同网格点上是不同的，它会在小尺度空间范围内变化。通常而言，这种变化可以描述为一个随机变量，标记为 $a(d,\tau_k)$，一般可以将其建模为 Nakagami-m、对数正态、Rician 或 Rayleigh 分布。首先，对每个接收点和每个抽头的幅度用最大似然估计（Maximum Likelihood Estimate，MLE）方法计算上述几种分布的参数，选择似然值（或对数似然值）最大的分布为最优分布，经实测发现大部分（54%）的测试数据服从 Nakagami-m 分布，而对于其余（46%）的测试数据，Nakagami-m 分布的对数似然值和其最优分布的对数似然值差距很小。因此，为了更加简便地表示模型，统一使用 Nakagami-m 分布对 $a(d,\tau_k)$进行描述：

$$a(d,\tau_k)\sim \mathrm{Nakagami}\left[\mu(d,\tau_k),\omega(d,\tau_k)\right] \tag{3-11}$$

其中，$\sim\mathrm{Nakagami}[\cdot,\cdot]$表示一个随机变量服从 Nakagami-m 分布，它有两个参数分别是收发天线距离为 d、抽头为 τ_k 时的形状因子 $\mu(d,\tau_k)$和尺度因子 $\omega(d,\tau_k)$。该 Nakagami-m 分布的概率密度函数（PDF）表达式为：

$$f\left[a(d,\tau_k)\right]=2\left[\frac{\mu(d,\tau_k)}{\omega(d,\tau_k)}\right]^{\mu(d,\tau_k)}\frac{a(d,\tau_k)^{[2\mu(d,\tau_k)-1]}}{\Gamma\left[\mu(d,\tau_k)\right]}\exp\left[\frac{-\mu(d,\tau_k)}{\omega(d,\tau_k)}a(d,\tau_k)^2\right],a(d,\tau_k)>0 \tag{3-12}$$

其中，$\Gamma(\cdot)$为 Gamma 函数。

从式（3-11）可以看出，每个接收点和抽头都对应着一对 Nakagami-m 分布的形状和尺度参数。因此，若想要完整地表达整个信道情况，则需要几百个模型参数。为了减少模型参数的数量，需要对 Nakagami-m 分布的形状因子和尺度因子进行进一步研究和建模。

首先，对形状因子进行建模。Nakagami-m 分布的形状因子用于衡量信道衰落的程度。根据实测数据，它可以建模为一个随机变量，标记为 μ，其在 MLE 准则下服从对数正态分布。此外，对于 Nakagami-m 分布而言，其形状因子应该大于 0.5。因此，形状因子可以建模为一个截断的对数正态分布：

$$\mu \sim \mathrm{LN}(m_\mu, \sigma_\mu), \mu \geqslant 0.5 \tag{3-13}$$

其中，$\sim \mathrm{LN}(\cdot,\cdot)$表示一个随机变量服从对数正态分布，其 PDF 表达式为：

$$f(\mu) = \frac{1}{\mu \sigma_\mu \sqrt{2\pi}} \exp\left[\frac{-(\ln \mu - m_\mu)^2}{2\sigma_\mu^2}\right], \mu \geqslant 0.5 \tag{3-14}$$

其中，m_μ 和 σ_μ 分别表示对数正态分布的对数均值和对数标准差。

根据实测数据发现绝大部分的 Nakagami-m 分布的形状因子都大于 1，在这种情况下，Nakagami-m 分布近似于 Rician 分布。这种现象意味着绝大部分的抽头中都存在着一个强度较大的主导路径，这可能是因为办公室环境是一个较为规则的结构，电磁波在这种环境中传播时存在波导效应[12]。

接着，对尺度因子进行建模。Nakagami-m 分布的尺度因子 $\omega(d,\tau_k)$表示在每个接收点和抽头对所有网格点的归一化幅度取平均后（称为平均归一化幅度）的平均功率。这种关系可以表示为：

$$\omega(d, \tau_k) = k_\omega \left[\overline{a(d, \tau_k)}\right]^2 \tag{3-15}$$

其中，k_ω 是待拟合的参数，用于表示尺度因子和平均功率之间的倍数关系，理论上这个值应该接近于 1，但是由于实验误差的存在，该值不是正好为 1，$\overline{a(d,\tau_k)}$ 为平均归一化幅度，它表示在每个接收点和抽头对该点的所有网格点的归一化幅度的平均值。

显然，平均归一化幅度是和收发天线距离以及传播时延有关的。文献[10,13-14]将平均幅度或功率建模为时延的指数函数，根据实测数据，$\overline{a(d,\tau_k)}$ 是随着 τ_k 呈指数衰减的。因此，平均归一化幅度可以表示为：

$$\overline{a(d,\tau_k)} = B_1(d)\exp\left[-B_2(d)\tau_k\right] \tag{3-16}$$

$\overline{a(d,\tau_k)}$除了与传播时延相关外，还与收发天线之间的距离有关，文献[10,13-14]中的模型并没有对此进行研究。实际上，指数函数的两个参数在不同的接收点是不同的，它们是与收发天线之间的距离相关的，因此，式（3-16）中用 $B_1(d)$和 $B_2(d)$描述了这种相关性。本节在最小二乘（LS）准则下，使用了一些常用的函数，包括线性函数、指数函数、对数函数和幂函数来测试它们和实测的 $B_1(d)$和 $B_2(d)$吻合程度。这些函数与实测数据之间的均方误差（Mean Square Error，MSE）见表 3-4。可以看出线性函数的 MSE 最小，与实测数据吻合程度最高。此外，还需使用一个随机变量描述测试数据分散分布在拟合曲线周围的现象，根据 MLE 准则，正态分布可以较为准确地描述该偏离值。综合上述分析，$B_1(d)$和 $B_2(d)$可以表示为：

$$\begin{cases} B_1(d) = k_1 d + c_1 + z_1 \\ B_2(d) = k_2 d + c_2 + z_2 \end{cases} \tag{3-17}$$

其中，k_1 和 k_2 为线性函数的斜率，c_1 和 c_2 为其截距，z_1 和 z_2 为两个正态的分布的随机变量，它们的均值表示为 m_{z1} 和 m_{z2}，它们的标准差表示为 σ_{z1} 和 σ_{z2}。

表 3-4 不同 $B_1(d)$和 $B_2(d)$函数与实测数据之间的 MSE

函数	MSE	
	$B_1(d)$	$B_2(d)$
线性函数: $B(d)= kd+ c$	0.0031	0.0001
指数函数: $B(d) = \exp(kd) + c$	1.0059	1.0045
对数函数: $B(d) =k\lg(d) + c$	0.0188	0.0315
幂函数: $B(d) = d^k + c$	1.2753	1.4136

3.2.3 模型参数提取和模型验证

所提模型的参数包括 L、τ_0、N_{bin}、C_0、n、σ_s、k_1、c_1、m_{z1}、σ_{z1}、k_2、c_2、m_{z2}、σ_{z2}、m_μ、σ_μ 和 k_ω。智慧办公无线信道功率时延谱模型的参数见表 3-5。具体的模型参数提取方法如下。

表 3-5　智慧办公无线信道功率时延谱模型的参数

模型参数		值
信道冲激响应观察窗口的长度	L/ns	260
测量系统时间分辨率	τ_0/ns	5.26
抽头数目	N_{bin}	50
路径损耗	C_0/dB	40.21
	n	2.46
	σ_s/dB	2.58
Nakagami-m 分布的形状因子	m_μ	0.33
	σ_μ	0.42
Nakagami-m 分布的尺度因子	k_∞	1.18
	k_1	−0.014
	c_1	0.51
	m_{z1}	0
	σ_{z1}	0.101
	k_2	−0.013
	c_2	0.10
	m_{z2}	0
	σ_{z2}	0.01

步骤 1：通过直接观察测量所得的信道冲激响应，确定观察窗口长度 L；

步骤 2：对测量系统的带宽取倒数得到时间分辨率 τ_0；

步骤 3：对测量所得的信道频率响应的幅度的平方在频率上求平均得到信道的路径损耗，然后利用 LS 方法求解出 C_0 和 C_n，接着将 $C_0 + 10n\lg(d / d_0)$从测量得到的路径损耗中减掉，即可得到阴影，随后对阴影用 MLE 方法估计正态分布的标准差 σ_s；

步骤 4：对信道的复频率响应进行 IDFT 得到信道冲激响应，并对每个接收点的每个抽头的幅度按照式（3-10）进行归一化，然后对其用 MLE 方法估计 Nakagami-m 分布的参数，得到对应的形状因子和尺度因子；

步骤 5：对形状因子用 MLE 方法估计对数正态分布的对数均值 m_μ 和对数标准差 σ_μ；

步骤 6：将每个接收点的每个抽头的幅度在对应接收点的所有网格点上取平均，得到平均归一化幅度，然后用 LS 方法计算式（3-15）的参数 k_{ω}；

步骤 7：在每个接收点上，分别使用 LS 方法计算式（3-16）的参数 $B_1(d)$和 $B_2(d)$，然后用 LS 方法计算式（3-17）的参数 k_1、c_1、k_2、c_2，最后分别将 $k_1d + c_1$ 和 $k_2d + c_2$ 从测量所得的 $B_1(d)$及 $B_2(d)$中减掉，对该差值用 MLE 方法估计正态分布的均值 m_{z1}、m_{z2} 和标准差 σ_{z1}、σ_{z2}。

仿真信道生成算法流程如图 3-5 所示，具体如下。

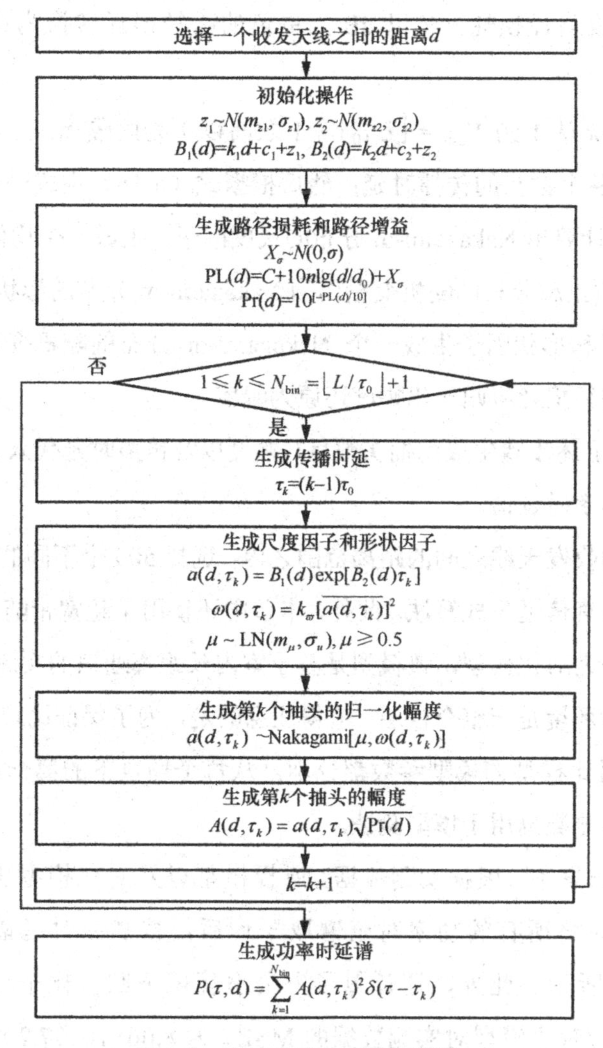

图 3-5 仿真信道生成算法流程

步骤 1：选择一个收发天线之间的距离作为仿真信道生成算法的输入变量，该距离需要在所测试的收发天线之间的距离范围之内，以满足模型的适用范围；

步骤 2：生成一个均值为 m_{z1}、标准差为 σ_{z1} 的正态分布随机变量和一个均值为 m_{z2}、标准差为 σ_{z2} 的正态分布随机变量，根据式（3-17）分别计算 $B_1(d)$ 和 $B_2(d)$；

步骤 3：生成一个均值为 0、标准差为 σs 的正态分布随机变量，然后，根据式（3-9）生成路径损耗，将以 dB 为单位的路径损耗转换为线性单位的路径增益；

步骤 4：令 k 从 1 到 $N_{\text{bin}} = \lfloor L/\tau_0 \rfloor + 1$ 之间以 1 为间隔增加，对每个 k：根据式（3-8）生成各个抽头的传播时延；然后根据式（3-16）生成平均归一化幅度，根据式（3-15）计算出 Nakagami-m 分布的尺度因子；生成一个均值为 m_μ、标准差为 σ_μ 的截断对数正态分布的随机变量作为 Nakagami-m 分布的形状因子；接着根据所得的尺度因子和形状因子生成一个 Nakagami-m 分布的随机变量作为归一化幅度；最后利用路径损耗将归一化幅度还原为幅度；

步骤 5：将上述步骤生成的抽头数目、幅度以及传播时延代入式（3-5）即可生成仿真的信道功率时延谱。

在所测试的收发天线之间的距离范围之内，选择 500 个不同的距离，对这些距离执行了上述仿真信道生成算法。此外，本节中还使用了超宽带随机抽头延迟线功率时延谱模型作为对比模型，该模型是基于室内长距离通信的实测数据所提出的，它所选择的测量环境是一整个楼层。值得注意的是，为了保证比较的公平性，所提出的模型以及对比模型的模型参数都分别是从每个场景下的第一组实测数据得到的，而后两组实测数据用于模型验证。

智慧办公场景下，根据实测数据、所提模型以及对比模型生成的归一化平均功率时延谱（将所有的功率时延谱取平均后，按功率时延谱的最大值归一化）如图 3-6 所示。此外，还计算了办公室环境下归一化平均功率时延谱的 MSE（所提模型/对比模型对实测数据的 MSE）为 $8.06\times10^{-5}/7.20\times10^{-3}$。从图 3-6

和计算所得的 MSE 可以得到两点结论：一是对比模型的平均功率时延谱和实测数据差别较大，说明它对室内短距离无线信道的适用性有限；二是所提模型可以较好地吻合实测数据，说明它能准确地描述室内短距离无线信道的传播特性。

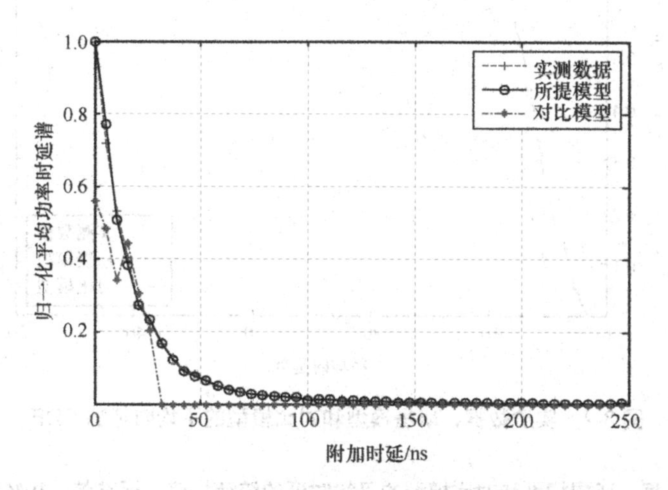

图 3-6　根据实测数据、所提模型以及对比模型生成的归一化平均功率时延谱

平均功率时延谱仅反映了平均情况下模型和测量数据的吻合程度。为了进一步从统计特性的角度对模型进行验证，本节比较了实测数据、所提模型以及对比模型的平均时延统计规律。

平均时延可用式（3-18）进行计算：

$$\tau_{\text{rms}} = \frac{\sum_{k=1}^{N_{\text{bin}}} A_k^2 \tau_k}{\sum_{k=1}^{N_{\text{bin}}} A_k^2} \tag{3-18}$$

其中，A_k 和 τ_k 分别是功率时延谱的幅度和传播时延，N_{bin} 表示多径数目或者抽头数目。实测数据、所提模型和对比模型的平均时延的 CDF 如图 3-7 所示，实测数据、所提模型和对比模型的平均时延的统计均值、标准差、10%和 90%分位数见表 3-6，可以看出，在办公室环境中对比模型的平均时延与实测数据有较大差距，而所提模型与实测数据的偏差很小。综合上述结果可见所提模型和实测数据的吻合程度更高。

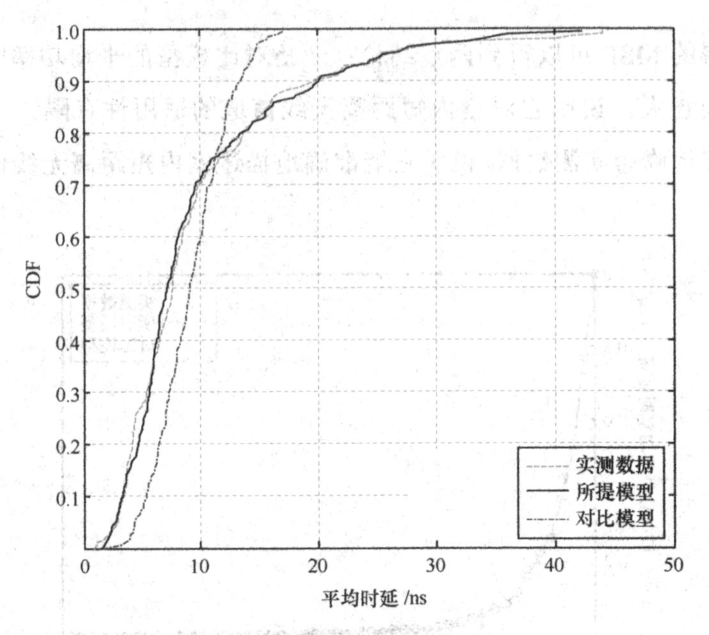

图 3-7　实测数据、所提模型和对比模型的平均时延的 CDF

表 3-6　实测数据、所提模型和对比模型的平均时延的统计均值、标准差、10%和 90%分位数

统计值	实测数据/ns	所提模型/ns	对比模型/ns
均值	9.67	9.52	9.17
标准差	7.75	7.30	3.04
10%分位数	3.30	3.16	5.32
90%分位数	19.60	20.03	13.25

3.2.4　功率延迟特性测试方法

测试场景示意图、测量点布置和网格点布置如图 3-8 所示。该办公室的结构较为方正，其地面、墙壁和吊顶的材料分别是大理石、混凝土和石膏。办公室中的一边摆放了高分子板材质的柜子，一面墙有若干扇玻璃窗，还有一面墙上有一扇木质门，办公室里放置了 3 张高分子板材质的长桌子，桌上放置若干计算机和一些金属材质的仪器设备。它的几何尺寸（长×宽×高）约为 10.8m × 7.5m × 3.5m。

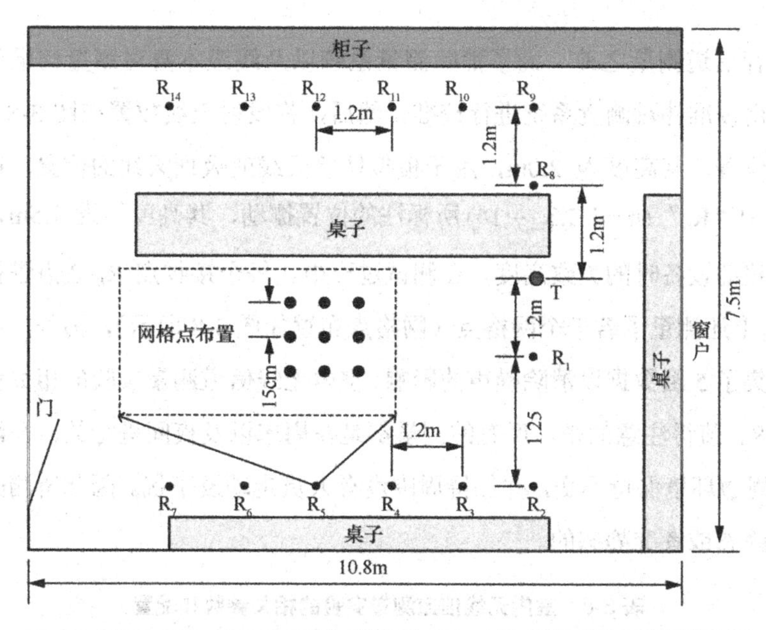

图 3-8　测试场景示意图、测量点布置和网格点布置

室内短距离无线信道测量系统的基本参数见表 3-7。

表 3-7　室内短距离无线信道测量系统的基本参数

<table>
<tr><th colspan="2">项目</th><th colspan="2">参数</th></tr>
<tr><td rowspan="7">VNA</td><td>型号</td><td colspan="2">Agilent 8720ET</td></tr>
<tr><td>背景噪声</td><td colspan="2">−110dBm</td></tr>
<tr><td>测量动态范围</td><td colspan="2">100dB</td></tr>
<tr><td>发射功率</td><td colspan="2">10dBm</td></tr>
<tr><td>测量频段</td><td colspan="2">2.5～2.69GHz</td></tr>
<tr><td>测量带宽</td><td colspan="2">190MHz</td></tr>
<tr><td>扫频点数</td><td colspan="2">401</td></tr>
<tr><td rowspan="4">天线</td><td rowspan="2">发射端</td><td>类型</td><td>增益</td></tr>
<tr><td>全向单极天线</td><td>3dBi</td></tr>
<tr><td rowspan="2">接收端</td><td>类型</td><td>增益</td></tr>
<tr><td>全向单极天线</td><td>3dBi</td></tr>
<tr><td rowspan="4">低损耗线缆</td><td rowspan="2">发射端</td><td>损耗</td><td>长度</td></tr>
<tr><td>0.6dB/m</td><td>10m</td></tr>
<tr><td rowspan="2">接收端</td><td>损耗</td><td>长度</td></tr>
<tr><td>0.6dB/m</td><td>5m</td></tr>
<tr><td>GPIB</td><td>型号</td><td colspan="2">Agilent 82357B</td></tr>
</table>

在进行信道测量之前，为了消除测量系统以及线缆本身对测量结果带来的影响，需要用校准件对测量系统进行校准。然后，将发射天线放置在图 3-8 中“T”所标注的位置，其高度为 2.0m，用于模拟挂壁天线或吸顶天线的位置，接收天线在图 3-8 中“R_n”($n=1,2,3,\cdots,14$) 所标注的位置挪动，其高度约为 1.5m，用于模拟人使用移动设备时的大致高度。在测试过程中，每个接收点 R_n 逐点进行测量，在每个 R_n 上还测量了若干个网格点（网格点布置如图 3-8 所示），另外，在每个网格点上采集了 5 组数据以消除噪声的影响。室内无线信道测量实验的相关参数和配置见表 3-8。值得注意的是，所有的测量都是在周末以及夜间进行的，在测量过程中，测量周边环境保持不变，并保持周围没有人员走动及干扰。因此所测的信道可被认为是静态或者准静态的。

表 3-8　室内无线信道测量实验的相关参数和配置

项目	参数和配置		
	楼梯	走廊	办公室
发射天线高度/m	2.0	2.0	2.0
接收天线高度/m	1.5	1.5	1.5
测量点数/个	14	10	14
网格点数/个	50	9	9
网格点部署形状	长方形	正方形	正方形
网格点间距/cm	10	15	15
每个网格点重复测量次数/次	5	5	5

3.3 室内楼梯环境路径损耗模型

3.3.1 室内楼梯环境路径损耗建模的特点

如第 3.1.1 节所述，传统室内无线信道的路径损耗主要包括对数距离路径损耗模型和多墙体衰减路径损耗模型[1-4]。作为应急通信的重要组成部分，楼梯环境的通信覆盖也十分必要。与办公室和走廊等环境相比，周期性的楼梯环境空间更狭小，传播特性受天线高度影响更明显。在实际通信过程中，对于基站天线而言，当基站的发射天线高度布设位置较低时，环境中靠近地面的物体会对无线信号的传播带来较大损耗，由于小蜂窝的基站发射功率较低，无线信号的覆盖会产生盲区，因此，通常可以将基站的发射天线固定在较高的位置，以保证无线信号能够全面覆盖到整个环境；对于移动台天线（该模型中为接收天线）而言，随着用户高度、姿势（如站立、静坐或平躺）、设备种类（如手机、智能手环、VR 眼镜等）、使用状态（如使用或待机）和使用方式（如通话和上网等）的不同，移动设备的接收天线高度会发生变化，从而给路径损耗带来一定程度的影响。尤其是在楼梯环境中，基站和移动台之间的距离很近，楼梯结构较为狭窄，接收天线高度的变化会对信道路径损耗产生较大的影响[8]，为了保证通信的可靠性，在设计对应的通信系统时，需要提前将这种影响考虑入内，留出一定余量。建立楼梯环境中与接收天线高度相关的路径损耗模型对小蜂窝的小区规划有重要意义。

3.3.2　接收天线高度相关的路径损耗模型

本节所提出的模型是基于传统的对数距离路径损耗模型的，并对其进行了一系列修正和扩展，其最初的表达式为：

$$\mathrm{PL}(d)=\mathrm{PL}(d_0)+10n\lg\left(\frac{d}{d_0}\right)+X_\sigma \tag{3-19}$$

其中，d 为收发天线之间的直线距离，$\mathrm{PL}(d)$为路径损耗，$\mathrm{PL}(d_0)$为参考路径损耗，n 为路径损耗因子，X_σ 表征阴影效应，它的对数值是一个均值为 μ_{s}（通常为 0）、标准差为 σ_{s} 的正态分布随机变量。

本节所提出的路径损耗模型的基本表达式为：

$$\mathrm{PL}(d,h_{\mathrm{r}})=\mathrm{PL}(d_0)+10n\lg(d/d_0)+G(h_{\mathrm{r}})+C_{\mathrm{block}}+X_\sigma \tag{3-20}$$

其中，$\mathrm{PL}(d,h_{\mathrm{r}})$表示收发天线之间距离为 d，接收天线高度为 h_{r} 时的路径损耗，$\mathrm{PL}(d_0)$为参考路径损耗，C_{block} 为遮挡物衰减因子，用于表示室内遮挡物对路径损耗的影响，它表征了接收天线高度和位置的变化对路径损耗的间接影响，$G(h_{\mathrm{r}})$为接收天线高度衰减因子，它表征了接收天线高度变化对路径损耗的直接影响，后面将对这两个修正因子进行详细分析。

楼梯中的横梁可能会遮挡发射天线和接收天线之间的直射路径。这会导致路径损耗产生较大的变化，因此，首先要对 LOS 和 NLOS 传播情况进行分类。根据接收天线高度不同以及其所处的位置不同，可以将所有测量的接收点分为 LOS 和 NLOS 接收点，分类方法为：

$$\text{楼梯：}\begin{cases}\text{NLOS}, R_i \geqslant R_0\text{且}h_r > h_{\text{crossbeam}} \\ \text{LOS},\text{其他}\end{cases} \tag{3-21}$$

其中，R_i 表示接收天线所处位置，R_0 表示接收天线在该接收点之后可能会产生 NLOS 传播的情况，h_r 表示接收天线的高度，$h_{\text{crossbeam}}$ 表示楼梯横梁到其正下方台阶的高度。

根据上述方法，可以将实测数据分类，然后对 LOS 和 NLOS 传播情况的数据分别用对数距离函数 $\text{PL}(d) = C_0 + 10n_0\lg(d / d_0)$进行拟合，其中 n_0 和 C_0 分别为该函数的斜率和截距。楼梯环境的路径损耗测量值以及对应的拟合曲线如图 3-9 所示。可以看出，在 LOS 和 NLOS 传播情况下，两条拟合曲线几乎是平行的，并且它们之间存在一个固定的差值。这说明遮挡物对对数距离函数斜率的影响较小，对截距的影响较大。因此，可以认为环境中遮挡物会带来的额外路径损耗是以常数的形式直接叠加到对数距离路径损耗模型上的。接收天线高度和位置的变化导致收发天线之间直射路径的遮挡，从而带来了这种额外的路径损耗，可以将其看作接收天线高度和位置变化对路径损耗特性的间接影响。本节中使用遮挡物衰减因子 C_{block} 描述环境中遮挡物所带来的影响，当接收天线位于 LOS 区域时，该常数的值为零，而当接收天线位于 NLOS 区域时，其值为一个大于零的常数：

$$C_{\text{block}} = \begin{cases}0, \text{LOS} \\ c, \text{NLOS}\end{cases} \tag{3-22}$$

此外，图 3-9 中还绘制了经典的自由空间路径损耗模型和对数距离路径损耗模型的曲线，可以看出，这两种传统模型与实测数据的吻合程度较差，尤其在 NLOS 传播情况下，实测数据与自由空间路径损耗模型的曲线相差较大，说明了研究室内遮挡物对路径损耗的影响需要对 LOS 和 NLOS 传播情况进行区分。

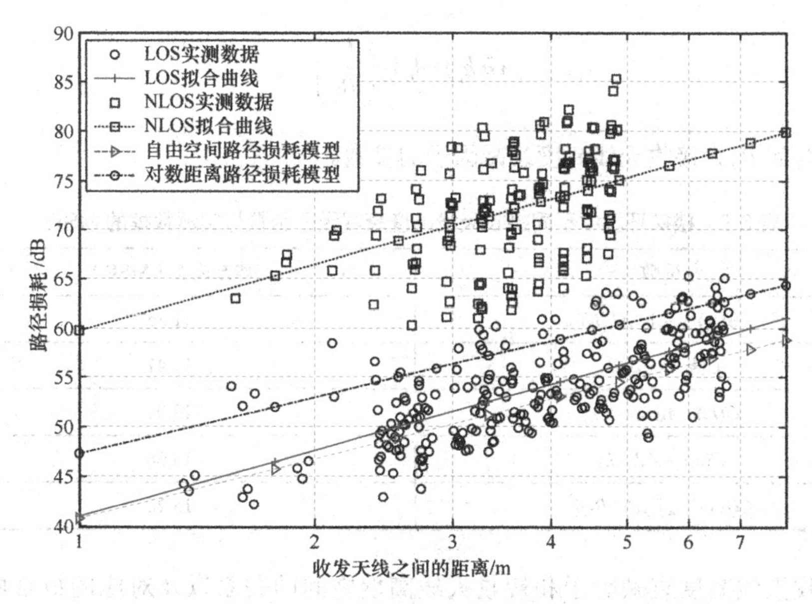

图 3-9　楼梯环境的路径损耗实测数据以及对应的拟合曲线

为了描述接收天线高度变化对路径损耗特性的直接影响，本节在对数距离路径损耗模型的基础上，引入了一个接收天线高度衰减因子，用 $G(h_r)$表示。在所测得的路径损耗中，减去参考路径损耗 $PL(d_0)$、收发天线之间距离带来的路径损耗 $10n\lg(d/d_0)$，以及室内遮挡物对路径损耗带来的衰减 C_{block} 后，可以得到 $G(h_r)$的测量值。由于不确定 $G(h_r)$与 h_r 之间的变化规律，因此，本节用不同函数对 $G(h_r)$与 h_r 之间的关系进行测试，使用 LS 方法进行线性回归，确定函数的系数，然后计算不同函数的拟合结果与测试结果之间的 MSE，选择具有最小 MSE 值的函数作为接收天线高度衰减因子的表达式。本节选取了 5 种常用的函数进行了测试，包括 $G(h_r) = A_h\lg(h_r / B_h)$、$G(h_r) = A_h h_r B_h$、$G(h_r) = A_h\exp(B_h h_r)$、$G(h_r) = A_h h_r + B_h$、$G(h_r) = A_h[\lg(h_r / B_h)]^2$，楼梯环境中不同接收天线高度衰减因子函数与实测数据的 MSE 见表 3-9，可以看出对数函数 $G(h_r) = A_h\lg(h_r/B_h)$与实测数据最为吻合。因此，选用对数函数来表示接收天线高度衰减因子，该结论和 Okumura 模型类似。然而，Okumura 模型通常用于室外都市环境，室外环境和室内环境区别很大且室外环境中收发天线之间的距离通常较大，因此，Okumura 模型的参数并不适用于室内短距离无线通信的场景。接收天线高度衰减因子表达式为：

$$G(h_r)=A_h\lg\left(\frac{h_r}{B_h}\right) \tag{3-23}$$

其中，A_h 和 B_h 为接收天线高度衰减因子的参数。

表 3-9　楼梯环境中不同接收天线高度衰减因子函数与实测数据的 MSE

函数	均方误差（MSE）
$G(h_r)=A_h\lg(h_r/B_h)$	11.36
$G(h_r)=A_h h_r B_h$	11.47
$G(h_r)=A_h\exp(B_h h_r)$	13.91
$G(h_r)=A_h h_r+B_h$	13.66
$G(h_r)=A_h[\lg(h_r/B_h)]^2$	15.26

接收天线高度衰减因子和接收天线高度之间的关系以及对应的拟合曲线如图 3-10 所示。可以看出，对数函数可以很好地描述接收天线高度变化对路径损耗的影响。对于楼梯环境，LOS 传播情况下，$G(h_r)$是 h_r 的单调递减函数，NLOS 传播情况下，$G(h_r)$是 h_r 的单调递增函数。

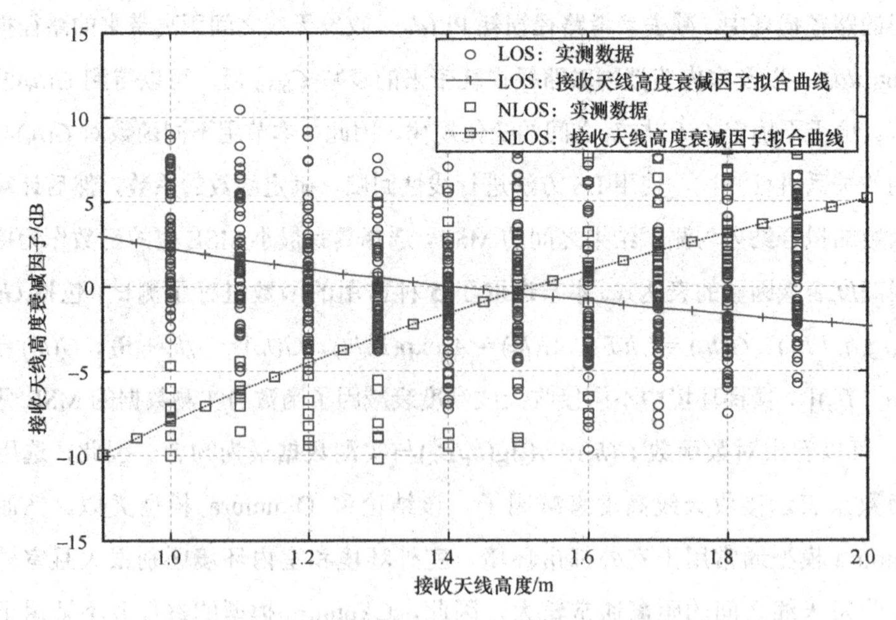

图 3-10　接收天线高度衰减因子和接收天线高度之间的关系以及对应的拟合曲线

3.3.3 模型参数提取

利用实测路径损耗数据，根据如下方法提取模型参数。

步骤 1：使用 LOS 传播情况下的实测数据，在 LS 准则下对实测路径损耗用计算式 $PL(d) = PL(d_0) + 10n\lg(d / d_0)$进行拟合，提取出参考路径损耗 $PL(d_0)$；

步骤 2：将步骤 1 中确定的 $PL(d_0)$代入计算式 $PL(d) = PL(d_0) + 10n\lg(d / d_0) + C_{block}$，改变其参数 n 和 C_{block}，计算实测路径损耗对该计算式的 MSE，选择使得 MSE 最小的 n 和 C_{block} 作为模型参数值；

步骤 3：根据计算式 $PL(d) = PL(d_0) + 10n\lg(d / d_0) + C_{block}$ 计算确定距离下的路径损耗，将得到的结果从实测路径损耗中扣除，对扣除后的剩余部分在 LS 准则下用计算式（3-23）进行拟合得到接收天线高度衰减因子的参数 A_h 和 B_h；

步骤 4：根据计算式 $PL(d) = PL(d_0) + 10n\lg(d / d_0) + C_{block} + G(h_r)$计算确定距离和接收天线高度下的路径损耗，接着将得到的结果从实测路径损耗中扣除，对扣除后的剩余部分在 MLE 准则下用正态分布随机变量进行分布拟合，估计其参数（均值和标准差），即为阴影的均值 μ_s 和标准差 σ_s。

楼梯环境中接收天线高度相关的路径损耗模型的模型参数见表 3-10。

表 3-10 楼梯环境中接收天线高度相关的路径损耗模型的模型参数

参数	LOS	NLOS
$PL(d_0)$/dB	40.93	
n	2.22	
A_h	−15.29	43.55
B_h	1.39	1.52
C_{block}/dB	0.00	18.86
μ_s/dB	0.00	0.00
σ_s/dB	3.32	3.53

3.3.4 模型分析与验证

首先，对遮挡物衰减因子进行分析。如图 3-9 所示，由于接收天线高度和位置的变化，室内环境中遮挡物阻挡了收发天线的直射路径，从而间接地造成 5～19dB 的额外路径损耗，该损耗相对于整体的路径损耗值较大。

然后，对接收天线高度衰减因子的变化趋势进行分析。如图 3-10 所示，在楼梯环境中的 LOS 传播情况下，接收天线高度衰减因子随着接收天线变高而减小。此外，还可以看出，在接收天线较高时，这种减小的趋势逐渐减缓。上述现象可用如下的原因进行解释：在接收天线高度较低时，楼梯环境中的扶手、护栏、墙壁和台阶都会导致无线电波的衰减，随着接收天线高度不断增加，周边环境的物体逐渐变少，从而导致无线电波衰减逐渐减小，与此同时天花板和吊顶会也会造成无线电波的衰减，但是这部分对路径损耗的影响没有扶手、护栏、墙壁和台阶的大；因此接收天线高度衰减因子随着天线高度变化呈现对数函数变化的趋势。在楼梯环境中的 NLOS 传播情况下，接收天线高度衰减因子随着接收天线变高而增大。因为接收天线高度越高，其天线方向图被楼梯中横梁遮挡的部分越多，导致衰减越大。

从上述分析可以看出，尽管不同的环境会导致提取的模型参数有所不同，但是本节所提出的模型有明确的物理意义，在室内环境中，这些路径损耗的修正因子是必要的，后续将进一步给出对应的模型验证图形和结果。

传统的对数距离路径损耗模型仅研究了收发天线之间的距离对路径损耗的影响，并没有将传播环境的物理特征考虑入内，所以在收发天线之间距离相同的情况下，路径损耗的测量值会产生较大的波动。当更多的细节环境信息或修正因子被引入路径损耗模型中后，这种波动会越来越小。因此，此处首先通过阴影的标准差大小来观察本节所提出的模型的拟合效果。所提模型、对数距离路径损耗模型和自由空间路径损耗模型的阴影的 CDF 如图 3-11 所示。值得注意的是，传统对数距离路径损耗模型的参数也是用本节所测量的数据提取的，其路径损耗指数为 2.9。所提模型、对数距离路径损耗模型和自由空间路径损耗模型的阴影的均值和标准差见表 3-11，可以看出，前者阴影的标准差明显小于后两者。这是因为所提模型包含更多细节环境信息（遮挡物带来的衰减以及接收天线高度衰减因子），提高了路径损耗模型的精确度，从而降低了阴影效应对路径损耗值带来的不确定性。

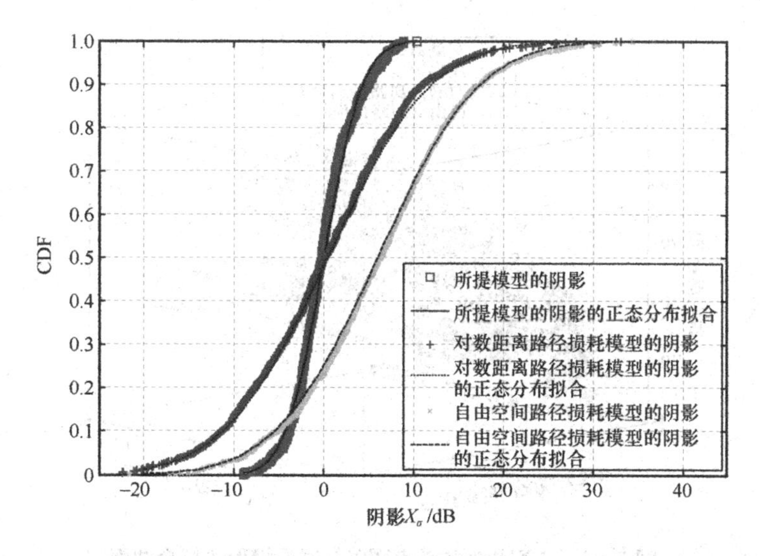

图 3-11　所提模型、对数距离路径损耗模型和自由空间路径损耗模型的阴影的 CDF

表 3-11　所提模型、对数距离路径损耗模型和自由空间路径损耗模型的阴影的均值和标准差

模型	阴影的均值/dB	阴影的标准差/dB
所提模型	0.0	3.4
对数距离路径损耗模型	0.4	9.1
自由空间路径损耗模型	6.0	9

此外，实测数据的散点图以及对应模型的拟合曲面如图 3-12 所示。所提模型、对数距离路径损耗模型和自由空间路径损耗模型对实测数据的均方误差见表 3-12，可以看出，传统的对数距离路径损耗模型和自由空间路径损耗模型并不能准确地描述实测数据，尤其是 NLOS 传播的情况下，这两种传统模型和实测数据相差很大，并且接收天线高度对路径损耗影响也没有表现出来，而本节提出的接收天线高度相关的路径损耗模型能够弥补上述两点不足，并可以较好地吻合实测数据。

表 3-12　所提模型、对数距离路径损耗模型和自由空间路径损耗模型对实测数据的均方误差

对比项	所提模型	对数距离路径损耗模型	自由空间路径损耗模型
MSE	11.36	116.03	173.15

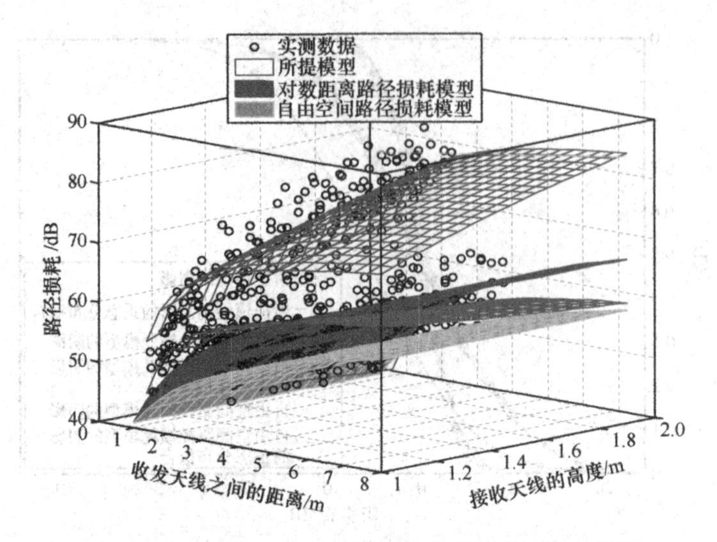

图 3-12　实测数据的散点图以及对应模型的拟合曲面

3.3.5　室内楼梯环境路径损耗特性测试方法

楼梯测试场景和实验方案如图 3-13 所示。所测楼梯环境为典型的平行双跑结构，本节选择了其中连续的两段楼梯进行信道测量，楼梯的某一级（R_{16}）台阶上方有一个混凝土材料的横梁，收发天线之间的直射路径会被其遮挡。

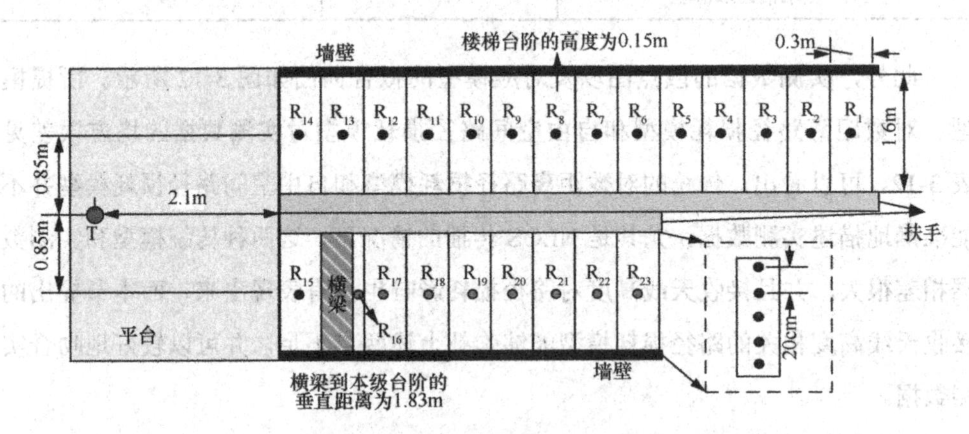

图 3-13　楼梯测试场景和实验方案

本节所使用测试频段为 2.5～2.69GHz，扫频点数为 401，VNA 的发射功率为 10dBm。同样地，在进行测量之前，首先对测量系统进行校准。然后，使用木质三脚架将发射天线固定在图 3-13 中所示的“T”位置，发射天线的高度定为 1.9m；图 3-13 中标识的“R_n”

$(n=1,2,3,\cdots,23)$ 点为接收天线的位置，接收天线同样用木制三脚架支撑，天线高度从 1m 到 1.9m 进行变化，变化间隔为 0.1m，这是为了仿真用户在使用移动终端时，不同用户身高、姿势、设备使用状态和使用方式可能带来移动台天线高度变化。

在测试过程中，每个接收点 R_n 逐点进行测量，每个接收点测量 10 个不同接收天线高度。在每个接收点上还测量了 5 个网格点，网格点的布置方式也在图 3-13 中给出。此外，为了消除测试误差以及噪声对实验结果的影响，还在每个网格点上采集了 5 组数据。

根据上述实验方案，在某些接收点上，随着接收天线高度的变化会产生 NLOS 传播的情况，这些可能产生 NLOS 传播情况的点在图 3-13 中用灰色的点标出，其余接收点全部为 LOS 传播情况，用黑色的点标识。可以看出，在楼梯环境中，R_{16}～R_{23} 在接收天线高度较高时收发天线的直射路径会被楼梯的横梁遮挡。同样本节所测试信道也可看作静态或准静态。

3.4　室内楼梯环境均方根时延扩展衰落模型

3.4.1　室内楼梯环境均方根时延扩展建模的特点

传统均方根（RMS）时延扩展建模为随机变量，常用的分布包括正态分布、Weibull 分布、对数正态分布、Gamma 分布、广义 Pareto 分布和 Birnbaum-Saunders 分布[15-18]。然而，由于楼梯环境本身的特点，这些 RMS 时延扩展模型存在一定的局限性：这些模型都是在室内长距离场景或室外场景的基础上提出的。显然，在室内短距离场景下，由于收发天线的距离较短、环境的尺寸较小，RMS 时延扩展也较小，这和已有模型相比有很大区别；这些模型没有探究接收天线高度变化对 RMS 时延扩展的影响，在室内短距离场景下，研究接收天线高度对信道传播特性的影响非常重要；这些模型主要通过计算 RMS 时延扩展的统计值，用这些值来描述 RMS 时延扩展的特性，它们并没有将 RMS 时延扩展和具体的环境信息联系起来，从而模型的精确度会受到一定的限制。因此，本节主要针对这 3 点进行了研究。

3.4.2 相关性分析及 RMS 时延扩展与路径损耗经验关系

部分文献研究表明 RMS 时延扩展（τ_{rms}）与收发天线距离（d）或路径损耗（Path Loss，PL）之间存在一定的相关性[17]，然而这些关系是否适用于室内短距离场景是未知的。因此，为了利用这种相关性对 RMS 时延扩展进行建模，首先需要在室内短距离场景下对 RMS 时延扩展与收发天线之间距离和路径损耗之间的相关性进行分析。收发天线之间距离和 RMS 时延扩展的散点图如图 3-14 所示，直接观察该图可以发现在 LOS 传播情况下两者之间的线性关系较弱，在 NLOS 传播情况下两者几乎没有表现出线性相关性，此外，两者之间没有其他明显的函数关系。为了定量地研究它们之间的相关性，表 3-13 列出了楼梯环境中收发天线之间距离以及它的常用函数与 RMS 时延扩展之间的相关系数，可以看出，在 LOS 传播情况下，收发天线之间距离以及它的函数与 RMS 时延扩展的相关系数都低于 0.6，在 NLOS 传播情况下，收发天线之间距离以及它的函数与 RMS 时延扩展的相关系数都低于 0.4，这说明了 d（包括其函数）与 τ_{rms} 之间的相关性较弱。此外，NLOS 传播情况下的相关系数值比 LOS 的小。这是因为 NLOS 传播情况下环境的反射、绕射和散射分量较多，收发天线之间距离和 RMS 时延扩展的关系较为平坦。另外，在大部分情况下收发天线之间距离的对数函数和 RMS 时延扩展的相关性相对较高，联想到路径损耗是一个与收发天线之间距离的对数函数相关的函数，因此，下面尝试对路径损耗和 RMS 时延扩展之间的相关性进行进一步分析。

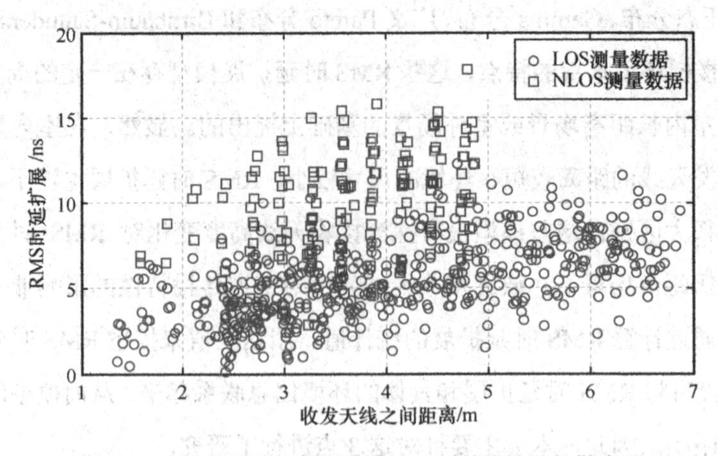

图 3-14 收发天线之间距离和 RMS 时延扩展的散点图

表 3-13 楼梯环境中收发天线之间距离以及它的常用函数与 RMS 时延扩展之间的相关系数

传播情况	相关系数				
	d 和 τ_{rms}	lg(d)和 τ_{rms}	d_2 和 τ_{rms}	d_3 和 τ_{rms}	exp(d)和 τ_{rms}
LOS	0.561	0.559	0.544	0.518	0.437
NLOS	0.336	0.329	0.337	0.334	0.325

路径损耗和 RMS 时延扩展的散点图如图 3-15 所示，可以看出，在 LOS 和 NLOS 传播情况下，两者之间的线性相关性均较强。楼梯环境中 RMS 时延扩展与路径损耗以及它的常用函数之间的相关系数见表 3-14，结果表明，在所有情况下，路径损耗本身和 RMS 时延扩展的相关性最高，路径损耗的其他函数与 RMS 时延扩展的相关性相对较低，此外，在 LOS 和 NLOS 传播情况下，路径损耗和 RMS 时延扩展的相关系数分别为 0.827 和 0.739，均高于其他函数的相关性，这表明它们之间存在较强的线性相关性[14,17]。

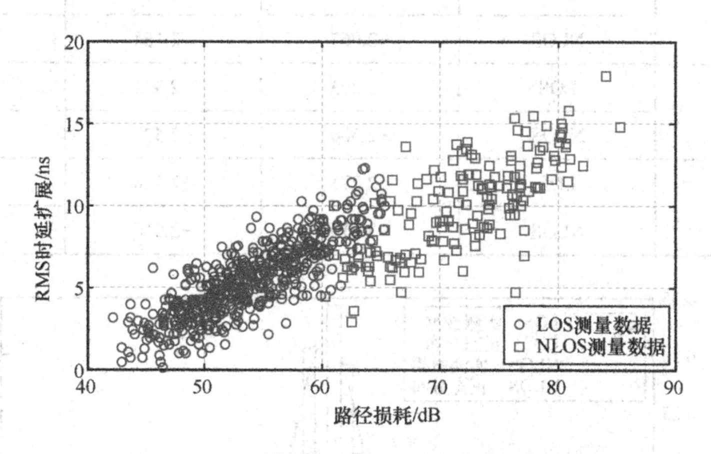

图 3-15 路径损耗和 RMS 时延扩展的散点图

根据上述分析，本节将 RMS 时延扩展表示为路径损耗的线性函数。实际上，RMS 时延扩展和路径损耗的测量值散布在该线性函数拟合直线的两侧。这是由在小尺度范围内无线电波的反射、绕射和散射传播情况有所不同造成的。本节参考阴影效应的建模方法，将测量值偏离线性拟合曲线的差值建模为一个随机变量，表示为 $z_{\text{pl-rms}}$。由于测量值散布在拟合直线的两侧，因此该差值可正可负可零，通常使用正态分布、极值（Extreme Value）分布以及 Logistic 分布来描述一个可正可负可零的随机变量。不同分布对应于 $z_{\text{pl-rms}}$ 实测数据的对数似然值见表 3-15，其中正态分布的对数似然值最大，它对该差值的吻合程度最高。$z_{\text{pl-rms}}$ 测量值和对应正态分布的 PDF 如图 3-16 所示，可以看出，正态分布可以很好地拟合实测数据。

表 3-14　楼梯环境中 RMS 时延扩展与路径损耗以及它的常用函数之间的相关系数

传播情况	相关系数				
	PL 和 τ_{rms}	lg(PL)和 τ_{rms}	PL^2 和 τ_{rms}	PL^3 和 τ_{rms}	exp(PL)和 τ_{rms}
LOS	0.827	0.823	0.830	0.819	0.372
NLOS	0.739	0.737	0.733	0.730	0.203

表 3-15　不同分布对应于 $z_{\text{pl-rms}}$ 实测数据的对数似然值

环境	传播情况	正态分布	极值分布	Logistic 分布
楼梯	LOS	−1.662	−1.746	−1.667
	NLOS	−2.067	−2.164	−2.072
走廊	LOS	−2.293	−2.356	−2.310
	NLOS	−2.506	−2.573	−2.513
办公室	LOS	−2.271	−2.348	−2.282
	NLOS	−2.610	−2.616	−2.626

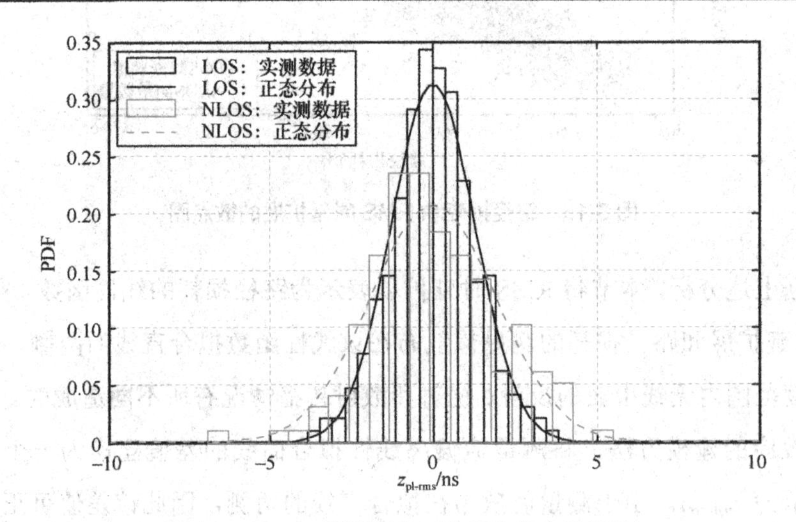

图 3-16　$z_{\text{pl-rms}}$ 测量值和对应正态分布的 PDF

综合上述分析，可以将 RMS 时延扩展和路径损耗之间的经验关系建模为：

$$\tau_{\mathrm{rms}} = k_{\mathrm{pl\text{-}rms}}\mathrm{PL}(d) + B_{\mathrm{pl\text{-}rms}} + z_{\mathrm{pl\text{-}rms}} \tag{3-24}$$

其中，τ_{rms} 是 RMS 时延扩展，$\mathrm{PL}(d)$是路径损耗，$k_{\mathrm{pl\text{-}rms}}$ 和 $B_{\mathrm{pl\text{-}rms}}$ 分别为斜率和截距，$z_{\mathrm{pl\text{-}rms}}$ 是一个正态分布的随机变量，用于描述上述分析中提及的测量值随机散布在拟合曲线周围的现象，它有两个参数，分别是均值（$\mu_{\mathrm{pl\text{-}rms}}$）和标准差（$\sigma_{\mathrm{pl\text{-}rms}}$）。

RMS 时延扩展定义为功率时延谱的二阶中心矩的平方根[11]，因此，为了计算 RMS 时延扩展，首先要计算信道的功率时延谱，信道的瞬时功率时延谱为 $\mathrm{PDP}(d,h_{\mathrm{r}},\tau_i,g_k,s_j) = |h(d,h_{\mathrm{r}},\tau_i,g_k,s_j)|^2$。为了消除测量以及噪声带来的误差，可以使用平均功率时延谱进行计算：

$$\mathrm{PDP}(d,h_{\mathrm{r}},\tau_i) = \frac{1}{\mathrm{GS}}\sum_{k=1}^{S}\sum_{j=1}^{G}\mathrm{PDP}(d,h_{\mathrm{r}},\tau_i,g_k,s_j) = \frac{1}{\mathrm{GS}}\sum_{k=1}^{S}\sum_{j=1}^{G}\left|h(d,h_{\mathrm{r}},\tau_i,g_k,s_j)\right|^2 \tag{3-25}$$

其中，$h(d,h_{\mathrm{r}},\tau_i,g_k,s_j)$表示信道冲激响应，它是通过对所测量的 $H(d,h_{\mathrm{r}},\tau_i,g_k,s_j)$进行 IDFT 得到的，$\tau_i(i=1,2,3,\cdots,T,T=401)$ 表示时延。楼梯环境中的 LOS 和 NLOS 传播情况下的典型功率时延谱（R_{18}，第 3 个网格点，在 LOS 和 NLOS 传播情况下，接收天线高度分别为 1m 和 1.9m）如图 3-17 所示。可以看出，在 LOS 和 NLOS 传播情况下，最强径到达时间以及其对应的峰值是不同的。在 LOS 传播情况下，在功率时延谱中可以看到一个显著的最强径，它对应着收发天线之间的直达路径，它的传播时延为 0ns（时延轴已平移了 τ_{ref}），绝大部分的电磁波都是通过这条路径进行传播的，通过反射、绕射和散射路径传播的电磁波不是主要部分[19-20]，而在 NLOS 传播情况下，最强径出现在 5ns，并且最强径的幅度小于 LOS 传播情况，这是因为收发天线之间的直射路径几乎完全被楼梯的横梁遮挡了，因此，电磁波主要通过反射、绕射和散射路径传播[11]，另外的两种场景的功率时延谱也可以观察到类似现象。根据上述得到的平均功率时延谱，可用式（3-26）计算 RMS 时延扩展：

$$\tau_{\mathrm{rms}}(d,h_{\mathrm{r}}) = \sqrt{\frac{\sum_{i=1}^{T}\left[\tau_i - \overline{\tau}(d,h_{\mathrm{r}})\right]^2 \mathrm{PDP}(d,h_{\mathrm{r}},\tau_i)}{\sum_{i=1}^{T}\mathrm{PDP}(d,h_{\mathrm{r}},\tau_i)}} \tag{3-26}$$

其中，$\bar{\tau}(d,h_\mathrm{r})$ 为平均时延，它是功率时延谱的一阶原点矩，计算式为：

$$\bar{\tau}(d,h_\mathrm{r})=\frac{\sum_{i=1}^{T}\tau_i\mathrm{PDP}(d,h_\mathrm{r},\tau_i)}{\sum_{i=1}^{T}\mathrm{PDP}(d,h_\mathrm{r},\tau_i)} \tag{3-27}$$

楼梯环境中 RMS 时延扩展与路径损耗之间经验关系的模型参数见表 3-16。从图 3-17 和表 3-16 可以观察到以下现象。

（1）$z_{\text{pl-rms}}$ 的均值 $\mu_{\text{pl-rms}}$ 在所有情况下均为 0，这说明了测量得到的路径损耗和 RMS 时延扩展的数据对均匀散布（呈现正态分布）在拟合直线的两侧。

（2）$z_{\text{pl-rms}}$ 的标准差 $\sigma_{\text{pl-rms}}$ 在 NLOS 传播情况下较大，这意味着在 NLOS 传播情况下电磁波的多径分量更为丰富，RMS 时延扩展的变化范围也更大。

表 3-16　楼梯环境中 RMS 时延扩展与路径损耗之间经验关系的模型参数

传播情况	$k_{\text{pl-rms}}$	$B_{\text{pl-rms}}$	$\mu_{\text{pl-rms}}$	$\sigma_{\text{pl-rms}}$
LOS	0.37	−14.68	0.00	1.28
NLOS	0.38	−17.19	0.00	1.93

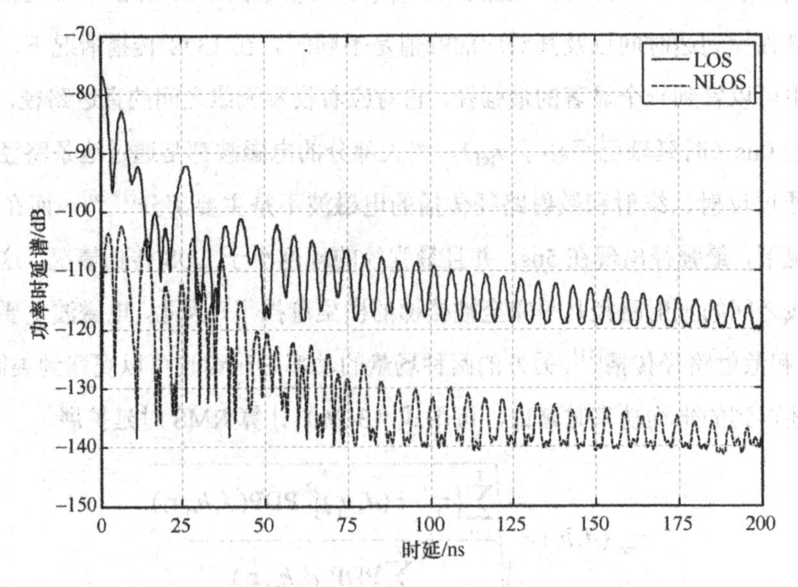

图 3-17　楼梯环境中的 LOS 和 NLOS 传播情况下的典型功率时延谱

3.4.3　接收天线高度相关的 RMS 时延扩展模型

与接收天线高度相关的路径损耗模型类似，在对 RMS 时延扩展进行建模时，需要将传播情况分为 LOS 和 NLOS。

通常而言，RMS 时延扩展可以建模为正态、对数正态、Weibull、Nakagami-m、Gamma 等分布的随机变量。楼梯环境中不同分布对应于 RMS 时延扩展实测数据的对数似然值见表 3-17，可以看出，正态分布对 RMS 时延扩展实测数据的吻合程度较高，因此，本节选用正态分布作为基础模型，所提出的接收天线高度相关的 RMS 时延扩展模型如下：

$$\tau_{\mathrm{rms}} \sim \begin{cases} N(\mu_{\mathrm{los}}, \sigma_{\mathrm{los}}), \mathrm{LOS} \\ N(\mu_{\mathrm{nlos}}, \sigma_{\mathrm{nlos}}), \mathrm{NLOS} \end{cases}, \quad \tau_{\mathrm{rms}} > 0 \tag{3-28}$$

其中，τ_{rms} 为 RMS 时延扩展，$\sim N(\cdot,\cdot)$表示某个随机变量服从正态分布，括号中的两个值表示正态分布的参数值，μ_{los} 和 μ_{nlos} 分别表示 LOS 和 NLOS 传播情况下的均值，σ_{los} 和 σ_{nlos} 分别表示 LOS 和 NLOS 传播情况下的标准差，根据后续的推导结果发现，这 4 个参数是与接收天线高度相关的，可由接收天线高度的变化区间直接计算得到。由于 RMS 时延扩展一定为一个正实数，因此需要对该正态分布加以限制，所以该模型有一个限制条件：$\tau_{\mathrm{rms}}>0$。

表 3-17　楼梯环境中不同分布对应于 RMS 时延扩展实测数据的对数似然值

传播情况	正态分布	对数正态分布	Weibull 分布	Nakagami-m 分布	Gamma 分布
LOS	−2.201	−2.362	−2.229	−2.234	−2.267
NLOS	−2.456	−2.522	−2.463	−2.471	−2.489

正态分布的 PDF 如下：

$$f(\tau_{\mathrm{rms}}) = \frac{1}{\sigma_{\mathrm{rms}}\sqrt{2\pi}} \exp\left[\frac{-(\tau_{\mathrm{rms}} - \mu_{\mathrm{rms}})^2}{2\sigma_{\mathrm{rms}}^2}\right] \tag{3-29}$$

正态分布包含两个参数，分别为均值 μ_{rms}（在 LOS 和 NLOS 传播情况下分别标识为 μ_{los} 和 μ_{nlos}）和标准差 σ_{rms}（在 LOS 和 NLOS 传播情况下分别标识为 σ_{los} 和 σ_{nlos}）。这两个参数与该随机变量的统计均值以及统计方差的关系为：

$$\begin{cases} E(\tau_{\text{rms}}) = \mu_{\text{rms}} \\ D(\tau_{\text{rms}}) = \sigma_{\text{rms}}^2 \end{cases} \Rightarrow \begin{cases} \mu_{\text{rms}} = E(\tau_{\text{rms}}) \\ \sigma_{\text{rms}} = \sqrt{D(\tau_{\text{rms}})} \end{cases} \tag{3-30}$$

其中，$E(\cdot)$表示计算数据的统计均值，$D(\cdot)$表示计算数据的统计方差。根据前述模型可知，在室内短距离场景下，RMS 时延扩展和路径损耗之间存在如下经验关系：

$$\tau_{\text{rms}}(d,h_{\text{r}}) = k_{\text{pl-rms}}\text{PL}(d,h_{\text{r}}) + B_{\text{pl-rms}} + z_{\text{pl-rms}} \tag{3-31}$$

然后，将上述接收天线高度相关的路径损耗模型（式（3-31））代入式（3-24），可得：

$$\begin{aligned} \tau_{\text{rms}}(d,h_{\text{r}}) &= k_{\text{pl-rms}}[\text{PL}(d_0) + 10n\lg(d/d_0) + G(h_{\text{r}}) + C_{\text{block}} + X_\sigma] + B_{\text{pl-rms}} + z_{\text{pl-rms}} \\ &= 10nk_{\text{pl-rms}}\lg(d/d_0) + k_{\text{pl-rms}}G(h_{\text{r}}) + \\ &\quad [k_{\text{pl-rms}}\text{PL}(d_0) + k_{\text{pl-rms}}C_{\text{block}} + B_{\text{pl-rms}}] + [k_{\text{pl-rms}}X_\sigma + z_{\text{pl-rms}}] \\ &= 10nk_{\text{pl-rms}}\lg(d/d_0) + k_{\text{pl-rms}}A_h\lg(h_{\text{r}}/B_h) + \\ &\quad [k_{\text{pl-rms}}\text{PL}(d_0) + k_{\text{pl-rms}}C_{\text{block}} + B_{\text{pl-rms}}] + [k_{\text{pl-rms}}X_\sigma + z_{\text{pl-rms}}] \end{aligned} \tag{3-32}$$

这里将式（3-32）称为接收天线高度相关的 RMS 时延扩展表达式，从式（3-32）可以看出，RMS 时延扩展中包含了接收天线高度的信息以及周围环境的信息（如环境中遮挡物带来的衰减）。

通常，人们更加关心 RMS 时延扩展的统计特性，如均值、方差和分布特性等[16]。因此，建立接收天线高度相关的 RMS 时延扩展模型的关键在于把高度以及周围环境相关的信息引入式（3-28）的参数中。根据式（3-30）可知，只要求出 RMS 时延扩展的统计均值及统计方差即可得到式（3-28）的参数。对式（3-32）求统计均值和统计方差可以得到：

$$\begin{cases} E(\tau_{\text{rms}}) = E\{10nk_{\text{pl-rms}}\lg(d/d_0) + k_{\text{pl-rms}}A_h\lg(h_{\text{r}}/B_h) + [k_{\text{pl-rms}}\text{PL}(d_0) \\ \quad + k_{\text{pl-rms}}C_{\text{block}} + B_{\text{pl-rms}}] + [k_{\text{pl-rms}}X_\sigma + z_{\text{pl-rms}}]\} \\ \quad = 10nk_{\text{pl-rms}}E[\lg(d/d_0)] + k_{\text{pl-rms}}A_hE[\lg(h_{\text{r}}/B_h)] \\ \quad + k_{\text{pl-rms}}\text{PL}(d_0) + k_{\text{pl-rms}}C_{\text{block}} + B_{\text{pl-rms}} + \mu_{\text{pl-rms}} \\ D(\tau_{\text{rms}}) = D\{10nk_{\text{pl-rms}}\lg(d/d_0) + k_{\text{pl-rms}}A_h\lg(h_{\text{r}}/B_h) \\ \quad + [k_{\text{pl-rms}}\text{PL}(d_0) + k_{\text{pl-rms}}C_{\text{block}} + B_{\text{pl-rms}}] + [k_{\text{pl-rms}}X_\sigma + z_{\text{pl-rms}}]\} \\ \quad = 100n^2k_{\text{pl-rms}}^2D[\lg(d/d_0)] + k_{\text{pl-rms}}^2A_h^2D[\lg(h_{\text{r}}/B_h)] + k_{\text{pl-rms}}^2\sigma_s^2 + \sigma_{\text{pl-rms}}^2 \end{cases} \tag{3-33}$$

令 $E_1 = E[\lg(d/d_0)]$，$E_2 = E[\lg(h_{\text{r}}/B_h)]$，$D_1 = D[\lg(d/d_0)]$和 $D_2 = D[\lg(h_{\text{r}}/B_h)]$，它们

分别表示 $\lg(d/d_0)$的均值，$\lg(h_r/B_h)$的均值，$\lg(d/d_0)$的方差和 $\lg(h_r/B_h)$的方差。可以假设在室内短距离无线通信的场景下，通信在任何地方发生的概率都是相等的，此外，在实际测量中，当测量的数据足够多时，不同收发天线之间的距离和接收天线高度均为等概率出现。因此，可以认为收发天线之间的距离 d 以及接收天线高度 h_r 分别在它们变化范围内服从均匀分布。设收发天线之间的最近距离为 d_{min}，最远距离为 d_{max}，则 d 是服从以 d_{min} 为下界，d_{max} 为上界的均匀分布的，同样设接收天线的最小高度为 h_{min}，最大高度为 h_{max}，则 h_r 是服从以 h_{min} 为下界，h_{max} 为上界的均匀分布的，实际上，在本节所述的测量过程中，所选的收发天线距离以及接收天线高度也是满足这样的分布的。那么，E_1、E_2、D_1 和 D_2 可分别按如下式进行计算：

$$\begin{aligned}E_1 &= E\left[\lg\left(\frac{d}{d_0}\right)\right] = \int_{d_{min}}^{d_{max}} \frac{1}{d_{max}-d_{min}} \lg\left(\frac{x}{d_0}\right) dx \\ &= \frac{d_{max}\ln(d_{max}) - d_{max} - d_{min}\ln(d_{min}) + d_{min}}{(d_{max}-d_{min})\ln(10)} - \lg(d_0)\end{aligned} \tag{3-34}$$

$$\begin{aligned}E_2 &= E\left[\lg\left(\frac{h_r}{B_h}\right)\right] = \int_{h_{min}}^{h_{max}} \frac{1}{h_{max}-h_{min}} \lg\left(\frac{x}{B_h}\right) dx \\ &= \frac{h_{max}\ln(h_{max}) - h_{max} - h_{min}\ln(h_{min}) + h_{min}}{(h_{max}-h_{min})\ln(10)} - \lg(B_h)\end{aligned} \tag{3-35}$$

$$\begin{aligned}D_1 &= D\left[\lg\left(\frac{d}{d_0}\right)\right] = E\left[\lg^2\left(\frac{d}{d_0}\right)\right] - E^2\left[\lg\left(\frac{d}{d_0}\right)\right] \\ &= \int_{d_{min}}^{d_{max}} \frac{1}{d_{max}-d_{min}} \lg^2\left(\frac{x}{d_0}\right) dx - E_1^2 \\ &= \frac{d_{max}\ln^2(d_{max}) - d_{max}\left[2\ln(d_0)+2\right]\ln(d_{max})}{(d_{max}-d_{min})\ln^2(10)} \\ &\quad - \frac{d_{min}\ln^2(d_{min}) - d_{min}\left[2\ln(d_0)+2\right]\ln(d_{min})}{(d_{max}-d_{min})\ln^2(10)} \\ &\quad + \frac{\ln^2(d_0) + 2\ln(d_0) + 2}{\ln^2(10)} - E_1^2\end{aligned} \tag{3-36}$$

$$
\begin{aligned}
D_2 &= D\left[\lg\left(\frac{h_r}{B_h}\right)\right] = E\left[\lg^2\left(\frac{h_r}{B_h}\right)\right] - E^2\left[\lg\left(\frac{h_r}{B_h}\right)\right] \\
&= \int_{h_{\min}}^{h_{\max}} \frac{1}{h_{\max}-h_{\min}} \lg^2\left(\frac{x}{B_h}\right) dx - E_2^2 \\
&= \frac{h_{\max}\ln^2(h_{\max}) - h_{\max}\left[2\ln(B_h)+2\right]\ln(h_{\max})}{(h_{\max}-h_{\min})\ln^2(10)} \\
&\quad - \frac{h_{\min}\ln^2(h_{\min}) - h_{\min}\left[2\ln(B_h)+2\right]\ln(h_{\min})}{(h_{\max}-h_{\min})\ln^2(10)} \\
&\quad + \frac{\ln^2(B_h)+2\ln(B_h)+2}{\ln^2(10)} - E_2^2
\end{aligned}
\tag{3-37}
$$

结合上述分析，首先将式（3-34）～式（3-37）代入式（3-33），然后将式（3-33）代入式（3-30），最后将式（3-30）代入式（3-28），则可得到接收天线高度相关的 RMS 时延扩展模型：

$$
\tau_{\mathrm{rms}} \sim N\left(\begin{matrix} 10nk_{\text{pl-rms}}E_1 + k_{\text{pl-rms}}A_h E_2 + k_{\text{pl-rms}}\mathrm{PL}(d_0) + k_{\text{pl-rms}}C_{\text{block}} + B_{\text{pl-rms}} + \mu_{\text{pl-rms}} \\ ,\ \sqrt{100n^2k_{\text{pl-rms}}^2 D_1 + k_{\text{pl-rms}}^2 A_h^2 D_2 + k_{\text{pl-rms}}^2\sigma_s^2 + \sigma_{\text{pl-rms}}^2} \end{matrix}\right), \tau_{\mathrm{rms}} > 0
\tag{3-38}
$$

其中，E_1、E_2、D_1 和 D_2 如式（3-34）～式（3-37）所示（值得注意的是，LOS 和 NLOS 传播情况下 $d_{\min}$、$d_{\max}$、$h_{\min}$、$h_{\max}$ 以及模型参数不同）。

本节所提出的室内短距离场景下的 RMS 时延扩展模型考虑了接收天线高度的影响以及环境中遮挡物带来的影响，使得模型精确度更高。此外，根据式（3-33）～式（3-37）、基站覆盖范围、接收天线高度变化范围以及提取出的模型参数，还可以直接通过闭式计算式计算出特定室内短距离无线信道的 RMS 时延扩展的均值和方差。

3.4.4 仿真算法与模型验证

本节给出了两种仿真 RMS 时延扩展生成算法。第一种是利用 RMS 时延扩展与路径损耗的经验关系模型生成仿真 RMS 时延扩展（称为仿真算法 1），该算法主要是通过式（3-32）所示的接收天线高度相关的 RMS 时延扩展表达式生成一组仿真的 RMS 时延扩展，具体如下。

步骤 1：在收发天线之间距离的取值范围内，根据均匀分布取一个随机值，作为收发天线之间的距离，同样，在接收天线高度的变化范围内，根据均匀分布取一个随机值，作为接收天线的高度；

步骤 2：将步骤 1 中生成的收发天线之间的距离及接收天线的高度代入天线高度相关的路径损耗模型；

步骤 3：将步骤 2 中所得的路径损耗代入式（3-24），计算出仿真的 RMS 时延扩展，模型参数的取值见表 3-16（$k_{\text{pl-rms}}$、$B_{\text{pl-rms}}$、$\mu_{\text{pl-rms}}$、$\sigma_{\text{pl-rms}}$）；

步骤 4：将步骤 1～步骤 3 重复多次。

第二种是利用所提出的接收天线高度相关的RMS时延扩展模型生成仿真RMS时延扩展（称为仿真算法 2），该算法主要是通过式（3-33）～式（3-37）生成一组仿真的 RMS 时延扩展，具体如下。

步骤 1：针对 LOS 和 NLOS 传播情况，分别确定收发天线之间距离的取值范围（$d_{\min}$、$d_{\max}$）和接收天线高度的取值范围（$h_{\min}$、$h_{\max}$）；

步骤 2：将步骤 1 中的取值范围代入式（3-34）～式（3-37）计算 E_1、D_1、E_2、D_2，然后将它们代入式（3-33）计算出 RMS 时延扩展的统计均值 $E(\tau_{\text{rms}})$和统计方差 $D(\tau_{\text{rms}})$。

步骤 3：将 RMS 时延扩展的统计均值和统计方差代入式（3-30），则可得到 LOS 和 NLOS 传播情况下的 RMS 时延扩展模型的模型参数 μ_{los}、σ_{los}、μ_{nlos}、σ_{nlos}；

步骤 4：使用步骤 3 中得到的模型参数（μ_{los}、σ_{los}、μ_{nlos}、σ_{nlos}），根据式（3-28）生成正态分布的随机变量。

从统计均值和标准差的角度进行分析，表 3-18 中列出了实测 RMS 时延扩展、通过仿真算法 1 生成的 RMS 时延扩展以及用仿真算法 2 直接计算的 RMS 时延扩展的统计均值和统计标准差，可以看出它们之间的差距很小，从而证明了所提模型的精确度。

表 3-18 实测数据以及用模型生成的 RMS 时延扩展的统计均值和标准差

传播情况	对比项	统计均值/ns	统计标准差/ns
LOS	实测数据	5.36	2.28
	仿真算法 1	5.34	1.88
	仿真算法 2	5.25	2.35
NLOS	实测数据	9.16	2.96
	仿真算法 1	9.14	2.23
	仿真算法 2	9.16	2.59

3.5 本章小结

本章面向物联网边缘无线环境中的复杂室内信道建模问题，充分研究了人员密度、天线高度等因素对室内无线传播特性的影响规律，分别建立人员密度不同的智慧办公场景[21-22]、天线高度不同且有遮挡的楼梯场景路径损耗模型[23-26]、均方根时延扩展模型[27]和功率时延谱模型[28]，可望为未来无线系统设计提供更准确的衰落信道模型，奠定实现物联网按需动态组网功能的物理基础。

参考文献

[1] FRIIS H T. A note on a simple transmission formula[J]. Proceedings of the IRE, 1946, 34(5): 254-256.

[2] COX D C, MURRAY R R, NORRIS A W. 800-MHz attenuation measured in and around suburban houses[J]. AT&T Bell Laboratories Technical Journal, 1984, 63(6): 921-954.

[3] ALEXANDER S E. Radio propagation within buildings at 900 MHz[J]. Electronics Letters, 1982, 18(21): 913.

[4] LEHNE P H, RAEKKEN R H. COST 231: evolution of land mobile radio (including personal) communications[J]. Telektronic, 1996, 92(3): 131-140.

[5] ITU-R. Propagation data and prediction models for the planning of indoor radio communication systems and radio local area networks in the frequency range 900MHz to 100GHz: P.1238[EB]. 1999.

[6] RAPPAPORT T S. Mobile radio propagation: large-scale path loss[J]. Wireless Communications: Principles & Practice, 1996.

[7] CHOI J, KANG N G, SUNG Y S, et al. Frequency-dependent UWB channel characteristics in

office environments[J]. IEEE Transactions on Vehicular Technology, 2009, 58(7): 3102-3111.
[8] STEINBOCK G, PEDERSEN T, FLEURY B H, et al. Model for the path loss of In-room reverberant channels[C]//Proceedings of 2011 IEEE 73rd Vehicular Technology Conference (VTC Spring). Piscataway: IEEE Press, 2011: 1-5.
[9] SALEH A A M, VALENZUELA R. A statistical model for indoor multipath propagation[J]. IEEE Journal on Selected Areas in Communications, 1987, 5(2): 128-137.
[10] HASHEMI H. Impulse response modeling of indoor radio propagation channels[J]. IEEE Journal on Selected Areas in Communications, 1993, 11(7): 967-978.
[11] RAPPAPORT T S. Wireless communications: principles and practice[M]. Second Edition. Upper Saddle River: Prentice Hall PTR, 2001.
[12] HASHEMI H. The indoor radio propagation channel[J]. Proceedings of the IEEE, 1993, 81(7): 943-968.
[13] SALEH A A M, RUSTAKO A, ROMAN R. Distributed antennas for indoor radio communications[J]. IEEE Transactions on Communications, 1987, 35(12): 1245-1251.
[14] CASSIOLI D, WIN M Z, MOLISCH A F. The ultra-wide bandwidth indoor channel: from statistical model to simulations[J]. IEEE Journal on Selected Areas in Communications, 2002, 20(6): 1247-1257.
[15] VARELA M S, SANCHEZ M G. RMS delay and coherence bandwidth measurements in indoor radio channels in the UHF band[J]. IEEE Transactions on Vehicular Technology, 2001, 50(2): 515-525.
[16] AWAD M K, WONG K T, LI Z B. An integrated overview of the open literature's empirical data on the indoor radiowave channel's delay properties[J]. IEEE Transactions on Antennas and Propagation, 2008, 56(5): 1451-1468.
[17] HASHEMI H, THOLL D. Analysis of the RMS delay spread of indoor radio propagation channels[C]//Proceedings of SUPERCOMM/ICC'92 Discovering a New World of Communications. Piscataway: IEEE Press, 2002: 875-881.
[18] ZAHEDI Y, NGAH R, CHUDE-OKONKWO U A K, et al. Modeling the RMS delay spread in time-varying UWB communication channels[C]//Proceedings of 2014 5th International Conference on Intelligent and Advanced Systems (ICIAS). Piscataway: IEEE Press, 2014: 1-5.
[19] LIM S Y, YUN Z Q, BAKER J M, et al. Propagation modeling and measurement for a multifloor stairwell[J]. IEEE Antennas and Wireless Propagation Letters, 2009(8): 583-586.
[20] HASHEMI H, THOLL D. Statistical modeling and simulation of the RMS delay spread of indoor radio propagation channels[J]. IEEE Transactions on Vehicular Technology, 1994, 43(1): 110-120.
[21] WANG Y, LU W J, ZHU H B. Propagation characteristics of the LTE indoor radio channel with persons at 2.6 GHz[J]. IEEE Antennas and Wireless Propagation Letters, 2013(12): 991-994.
[22] 王晔. 短距离室内无线信道传播特性研究[D]. 南京：南京邮电大学, 2014.
[23] 余雨. 小蜂窝场景中室内短距离无线信道传播特性研究[D]. 南京:南京邮电大学, 2017.
[24] 刘洋. 面向 Femtocell 通信的室内短距离无线信道传播特性研究[D]. 南京：南京邮电大学, 2016.

[25] YU Y, LIU Y, LU W J, et al. Path loss model with antenna height dependency under indoor stair environment[J]. International Journal of Antennas and Propagation, 2014: 1-6.
[26] LIU Y, YU Y, LU W J, et al. Antenna-height-dependent path loss model and shadowing characteristics under indoor stair environment at 2.6 GHz[J]. IEEJ Transactions on Electrical and Electronic Engineering, 2015, 10(5): 498-502.
[27] YU Y, LIU Y, LU W J, et al. Measurement and empirical modelling of root mean square delay spread in indoor femtocells scenarios[J]. IET Communications, 2017, 11(13): 2125-2131.
[28] YU Y, LIU Y, LU W J, et al. Antenna-height-dependent delay spread model under indoor stair environment for small cell deployment in future mobile communications[J]. IEEJ Transactions on Electrical and Electronic Engineering, 2015, 10(S1): 7-13.

第4章 物联网室内无线体域网传播环境信道模型

第3章已经介绍了人员密度、天线高度等不同的情况下，物联网边缘无线环境中各类短距离室内无线传播特性及信道模型。事实上，随着可穿戴设备的普及，无线体域网已经成为物联网的重要末梢形式。根据传感器或通信设备所处的位置不同，无线体域网场景下的无线信道可被大致分为3类：体内信道（In-body Channel）、体表信道（On-body Channel）和离体信道（Off-body Channel）。已有大量学者利用数值计算仿真、人体模型模拟实验或动物体实验对体内和体表信道展开了研究[1-6]。相比之下，离体传播及信道模型通常用于描述接入点和可穿戴设备之间的无线传播特性，与主要依赖表面波、“爬行波”进行“准有线”传播的体表、体内信道不同，离体传播既包含“点对点”的自由传播，又包含因人体介入而产生的大量阴影和多径衰落传播，传播特性及信道模型更复杂。以下将重点围绕物联网边缘无线环境中的离体传播特性建模问题，以智慧病房为主要研究场景，深入研究物联网边缘无线环境中的离体传播及信道模型。

4.1 物联网室内无线体域网传播环境中自回归信道冲激响应模型

4.1.1 物联网室内无线体域网传播环境信道建模的特点

传统离体信道分为5类：接收信号幅度[3]、路径损耗[4-6]、时间色散参数（平均时延和 RMS 时延扩展等）[4]、二阶统计特性（电平交叉率（LCR）和平均衰落持续时间（AFD）等）[7-8]和多径效应[9]等。然而，这些模型并未涉及信道冲激响应的建模。实际上，信道冲激响应可以较为全面地描述信道信息，它可以用于两个方面：一是表征信道固有的传播特性，二是为通信系统设计提供必要和基础的信息[10-11]。具体而言，许多重要的信道参数（RMS 时延扩展、相干带宽、路径损耗，以及其他衰落参数）都可以从信道冲激响应直接计算得到。更进一步，这些导出的信道参数以及信道冲激响应本身对于无线通信系统的设计是至关重要的，例如，蜂窝小区规划、物理层算法设计、调制解调和编码解码策略的选择，以及通信系统性能分析等。通常情况下，信道冲激响应可以描述为一个时域的抽头延时线（TDL）模型[12-13]。离体信道中的多径成分较为丰富，它既包含了人体本身导致的多径成分，又包含了人体周围环境造成的多径成分，因此，这种情况下的传播环境较为复杂。若用传统的 TDL 模型来描述这种信道，复杂度会较高，因为它需要用大量的抽头来描述这种丰富的多径传播效应，所以建立一个低复杂度、可用于描述离体传播的新型信道冲激响应模型十分必要。

4.1.2 体域无线信道测量场景与测量方案

室内离体信道的测量场景、测量系统和实验方案示意图如图 4-1 所示。该无线信道测量系统与第 3 章的类似，但测量系统的参数配置有所区别，室内离体信道测量系统的基本参数见表 4-1。VNA 的测量频段调节为 6～8.5GHz，扫频点数为 801 点，发射功率为 0dBm，与 VNA 相连的计算机负责记录信道的频率响应。实验使用全向单极天线作为发射天线，接收天线则采用柔性互补振子可穿戴天线[14]。测量是在一个模拟病房环境中进行的，测量场景及收发天线如图 4-2 所示。所测量的房间尺寸约为 8m × 10m × 3m（长×宽×高）。室内离体信道测量实验的相关参数和配置见表 4-2，在测量期间，被测量的志愿者平躺在病床上，并在臂膀上佩戴可穿戴天线作为接收端，病床的高度约为 0.6m；与此同时，发射天线安装在一个木制的三脚架上，为了保证数据量充足，这里测量了 4 种不同的发射天线高度，分别为 0.6m、1m、1.5m 和 1.9m，以模拟不同的接入点位置，例如，接入点放置于桌上、吸附于墙壁上或是悬吊于天花板上。如图 4-1 所示，接收天线位置固定（黑色点），发射天线在 17 个不同的测量点上进行挪动（灰色点），在每个发射天线的测量点上，选择了 16 个网格点进行测量，每个网格点之间的距离是 5cm，在每个网格点上重复测量了 5 次以消除噪声带来的误差，收发天线之间的水平距离从 0.6m 到 9m 之间变化。对 4 个志愿者进行了上述测量，他们的平均身高约为 1.7m，平均体重约为 65kg，这组测量数据称为数据集 1。此外，对另外 4 个志愿者在类似但不完全相同的环境中进行了额外的测量，这组测量数据称为数据集 2。根据上述实验方案，总共测量了 $17 \times 16 \times 5 \times 8 \times 4 = 43520$ 个信道数据。这里一个“信道数据”表示一个由 6～8.5GHz 的 801 个频点的幅度和相位组成的复频率响应。数据集 1 和数据集 2 分别用于信道模型参数提取和信道模型验证。值得注意的是，所有的测量实验都是在周末或者夜晚进行的，在测量期间，志愿者平躺在病床上并保持不动，此外测量环境的周边也没有人或物体在运动。因此，所测信道应具有“时不变”特性。

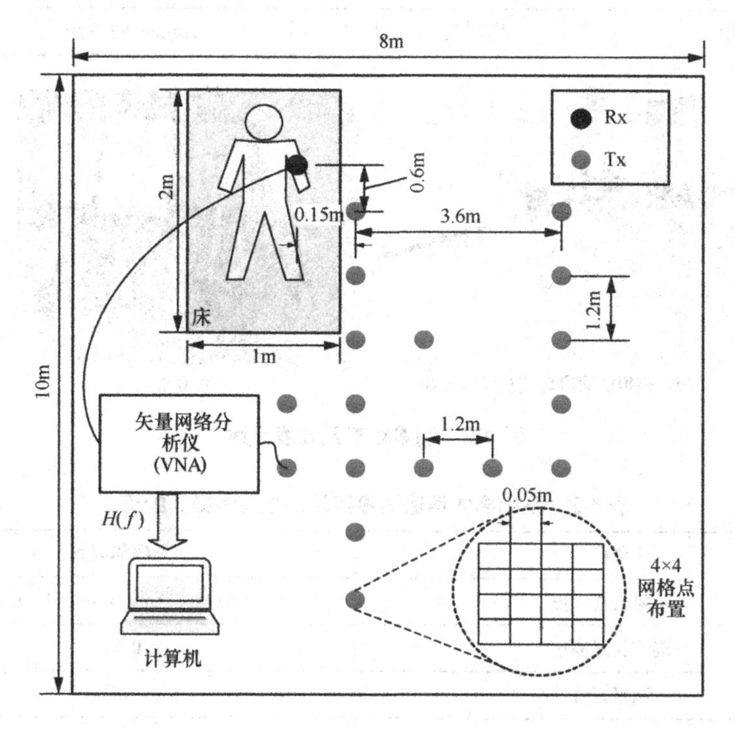

图 4-1　室内离体信道的测量场景、测量系统和实验方案示意图

表 4-1　室内离体信道测量系统的基本参数

项目		参数	
VNA	型号	Agilent 8720ET	
	背景噪声	−110dBm	
	测量动态范围	100dB	
	发射功率	0dBm	
	测量频段	6～8.5GHz	
	测量带宽	2.5GHz	
	扫频点数	801	
	发射端	全向单极天线	
	接收端	柔性互补振子可穿戴天线	
低损耗线缆	发射端	损耗	0.6dB/m
		长度	10m
	接收端	损耗	0.6dB/m
		长度	5m
GPIB	型号	Agilent 82357B	

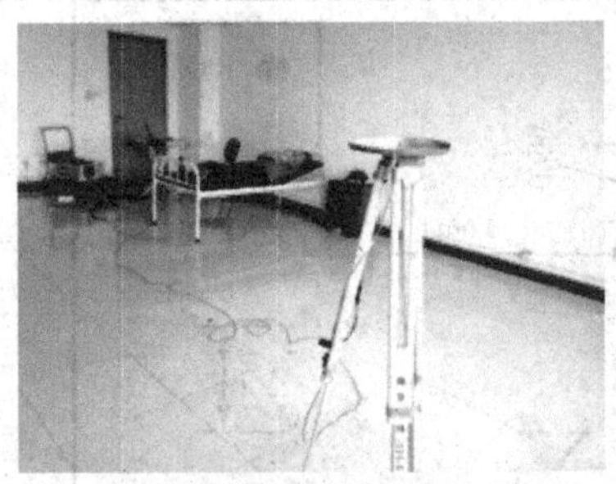

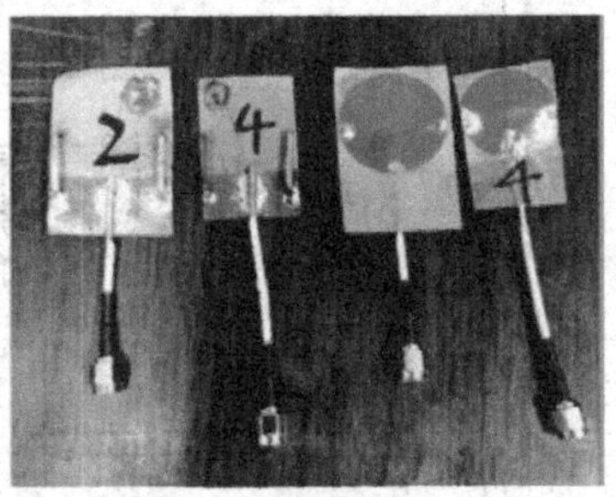

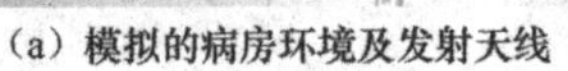

（a）模拟的病房环境及发射天线　　（b）可穿戴天线

图 4-2　测量场景及收发天线

表 4-2　室内离体信道测量实验的相关参数和配置

项目	参数和配置
发射天线高度	0.6m、1m、1.5m、1.9m
接收天线高度	0.6m
测量点数	17
网格点数	16

续表

项目	参数和配置
网格点部署形状	4×4 网格
网格点间距	5cm
每个网格点重复测量次数	5

4.1.3 体域无线信道的自回归模型

信道的频率响应可以看作一个随机过程，本节将其描述为一个频域的自回归（Auto Regressive，AR）模型：

$$H(f_i)+\sum_{k=1}^{P_{\mathrm{ar}}}a_kH(f_{i-k})=W(f_i),i=1,2,\cdots,N_{\mathrm{p}} \tag{4-1}$$

其中，$H(f_i)$为频率为 f_i 时的信道复频率响应（包括幅度和相位信息），$i=1,2,\cdots$；N_{p} 为测量系统所设置的扫频点数；$W(f_i)$为 AR 模型的激励信号，它是一个零均值的复高斯噪声过程；$a_k(k=1,2,\cdots,P_{\mathrm{ar}})$为 AR 模型的系数；$P_{\mathrm{ar}}$ 为 AR 模型的阶数。

从式（4-1）可以看出，信道的复频率响应可以看作一个零均值、方差为σ_{wn}^2的复高斯噪声过程通过一个如式（4-2）所示的 AR 传递函数后的响应。该 AR 传递函数 $G(z)$可以表示为：

$$G(z)=\frac{1}{1+\sum_{k=1}^{P_{\mathrm{ar}}}a_kz^{-k}} \tag{4-2}$$

然后，将传递函数的分母通过因式分解写成 P_{ar} 个极点相乘的形式：

$$G(z)=\frac{1}{\prod_{k=1}^{P_{\mathrm{ar}}}\left(1-p_kz^{-1}\right)} \tag{4-3}$$

其中，$p_k\ (k=1,2,\cdots,P_{\mathrm{ar}})$表示传递函数的极点。

可以看出，AR 模型的参数主要包括 AR 模型的阶数（P_{ar}）、AR 传递函数的极点（p_k），以及零均值复高斯噪声过程的方差（σ_{wn}^2）。如何提取或进行进一步地建模这些参数是更全面地表征该 AR 模型的前提。

首先，选取赤池信息量准则（Akaike Information Criterion，AIC）作为判定 AR 模型阶数的准则，AIC 同时衡量了模型的复杂度和精确度，在两者之间取一个较为平衡的值作为模型阶数[15]。

然后，对 AR 传递函数的极点进行建模。AR 传递函数的极点都是复数的形式，很难直接对其进行建模。因此，将复数的极点（p_k）拆分为幅度（A_{p_k}）和相位（θ_{p_k}）的形式分别进行建模，即 $p_k = A_{p_k}\exp(\mathrm{j}\theta_{p_k})$。通常情况下，幅度可以建模为正态分布、对数正态分布、Nakagami-m 分布、Rayleigh 分布、Rician 分布或 Weibull 分布，与此同时，相位可以建模为均匀分布或正态分布[16]。在 MLE 准则下，本节使用这些可能的分布对每个极点的幅度和相位进行了测试，图 4-3 和图 4-4 分别给出了实测数据的第 4 个极点的幅度和相位以及不同随机分布拟合的 PDF，可以看出，某些分布的拟合效果很相近（如正态分布、对数正态分布、Nakagami-m 分布、Rician 分布），为了从这些效果相近的分布中找到最优的分布，这里将极点幅度和相位对不同分布的对数似然值分别列于表 4-3 和表 4-4 中（其他极点的结果类似），接着，分别选取具有最大的对数似然值的分布作为极点的幅度和相位的分布。从图 4-3、图 4-4、表 4-3 和表 4-4 中可以看出，极点的幅度和相位分别服从正态分布和均匀分布，可以表示为：

$$A_{p_k} \sim N(\mu_k, \sigma_k), k = 1,2,\cdots,P_{\mathrm{ar}} \tag{4-4}$$

$$\theta_{p_k} \sim U(l_k, u_k), k = 1,2,\cdots,P_{\mathrm{ar}} \tag{4-5}$$

其中，$\sim N(\cdot,\cdot)$表示服从正态分布，它的两个参数分别是均值（μ_k）和标准差（σ_k），$\sim U(\cdot,\cdot)$表示服从均匀分布，它的两个参数分别为下界（l_k）和上界（u_k）。然后，AR 传递函数的极点可以表示为：

$$p_k = (\mu_k + \sigma_k Z_k)\exp\left\{\mathrm{j}\left[(u_k - l_k)Y_k + l_k\right]\right\}, k = 1,2,\cdots,P_{\mathrm{ar}} \tag{4-6}$$

其中，Z_k 和 Y_k 分别表示标准正态分布（均值为 0，标准差为 1）和标准均匀分布（下界为 0，上界为 1）。

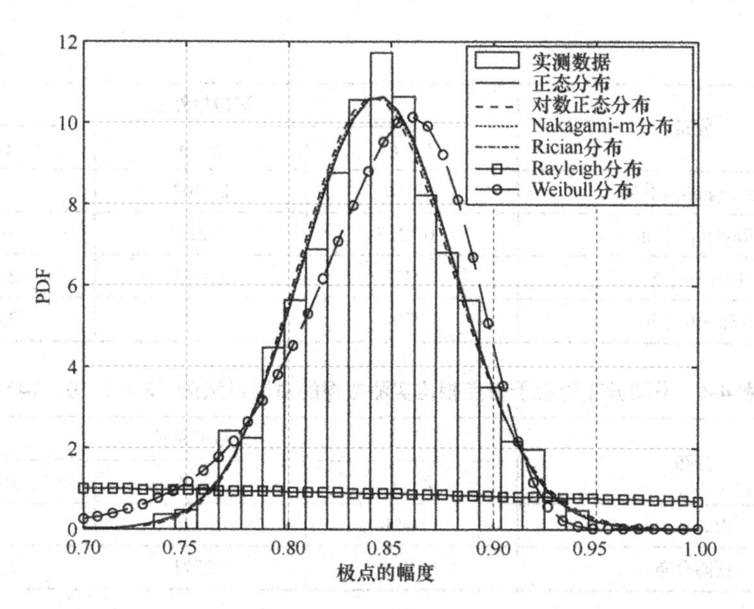

图 4-3　第 4 个极点的幅度以及不同随机分布拟合的 PDF

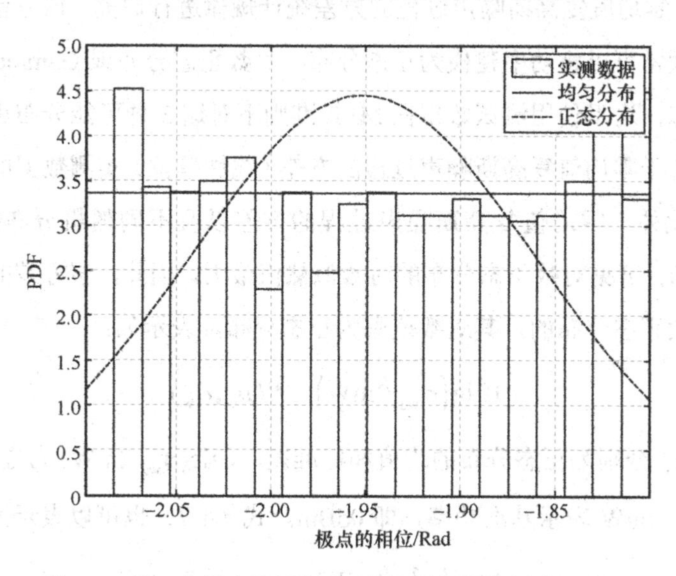

图 4-4　第 4 个极点的相位以及不同随机分布拟合的 PDF

表 4-3　不同分布对应于极点幅度实测数据的对数似然值（k=1、9、14）

分布	对数似然值		
	$k=1$	$k=9$	$k=14$
正态分布	1.7780	2.4477	2.1592
对数正态分布	1.7757	2.4429	2.1496

续表

分布	对数似然值		
	$k=1$	$k=9$	$k=14$
Nakagami-m 分布	1.7777	2.4462	2.1478
Rayleigh 分布	−0.1215	−0.2135	−0.1604
Rician 分布	1.7775	2.4472	2.1466
Weibull 分布	1.7304	2.4242	2.0583

表 4-4　不同分布对应于极点相位实测数据的对数似然值（$k=1$、9、14）

分布	对数似然值		
	$k=1$	$k=9$	$k=14$
均匀分布	1.0951	1.3916	1.3778
正态分布	1.0012	1.2771	1.2939

最后，对零均值复高斯噪声过程的方差统计规律进行研究。该方差用于表征噪声的功率，通常可以将功率建模为正态分布、对数正态分布或 Gamma 分布。与极点的建模类似，这里使用测试数据在 MLE 准则下对这 3 种可能分布进行了测试，不同分布对应于零均值复高斯噪声过程的方差（线性单位）实测数据的对数似然值见表 4-5，此外，零均值复高斯噪声过程的方差以及不同随机分布拟合的 PDF 如图 4-5 所示，可见对数正态分布的对数似然值最大，因此，该方差的线性值可认为是服从对数正态分布的，其对数值则为正态分布，表示为：

$$10\lg\left(\sigma_{\mathrm{wn}}^2/1\mathrm{mW}\right) \sim N(\mu_{\mathrm{w}},\sigma_{\mathrm{w}}) \tag{4-7}$$

其中，μ_{w} 和 σ_{w} 分别为正态分布的均值和标准差，$10\lg(\sigma_{\mathrm{wn}}^2/1\mathrm{mW})$ 为方差的对数值，单位为 dBm，1mW 表示基准功率，即 0dBm。式（4-7）也可以表示为：

$$10\lg\left(\sigma_{\mathrm{wn}}^2/1\mathrm{mW}\right) = \mu_{\mathrm{w}} + \sigma_{\mathrm{w}} Z_{\mathrm{w}} \tag{4-8}$$

其中，Z_{w} 表示标准正态分布。

信道的频率响应可以通过式（4-1）、式（4-3）、式（4-6）和式（4-8）得到，然后通过对频率响应做 IDFT 即可得到信道冲激响应：

$$h(\tau_i) = \mathrm{IDFT}\left[H(f_i)\right], i = 1,2,\cdots,N_{\mathrm{p}} \tag{4-9}$$

其中，IDFT[·]表示 IDFT 变换，N_p 为测量系统的扫频点数，$h(\tau_i)$表示时延为 τ_i 的信道冲激响应，$\tau_i=(i-1)/B$，B 为测量系统的带宽。

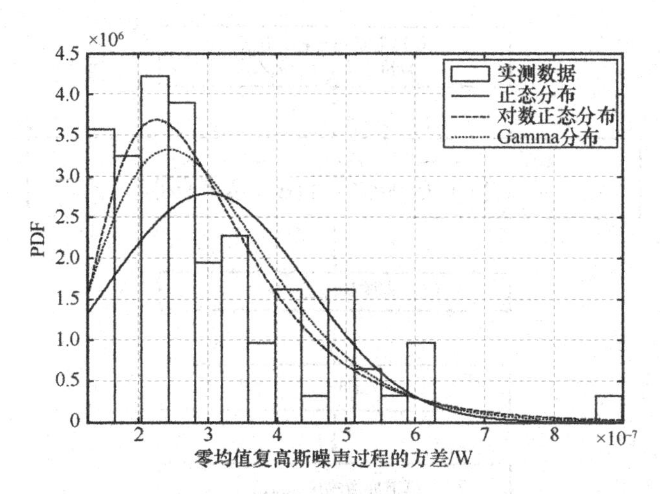

图 4-5　零均值复高斯噪声过程的方差以及不同随机分布拟合的 PDF

表 4-5　不同分布对应于零均值复高斯噪声过程的方差（线性单位）实测数据的对数似然值

分布	对数似然值
正态分布	14.3489
对数正态分布	14.5321
Gamma 分布	14.4979

综合上述分析，根据式（4-1）、式（4-3）、式（4-6）、式（4-8）和式（4-9），离体信道的信道冲激响应即可使用本节所提出的模型进行描述。离体信道的 AR 信道冲激响应模型示意图如图 4-6 所示，将一个方差为式（4-8）所示的零均值复高斯噪声过程通过式（4-3）和式（4-6）所述的传递函数后，可以得到信道的频率响应，然后对其做 IDFT 即可得到信道冲激响应。

为了更直观地观察所选择的随机分布是否能够准确地描述信道冲激响应，这里给出了一个综合性的比较，使用不同随机分布组合的模型的 RMS 时延扩展分布如图 4-7 所示，其中，包括了所提模型以及其他 3 个随机分布的组合（组合 1、组合 2 和组合 3），所提模型、组合 1、组合 2 和组合 3 的极点幅度、相位以及复高斯噪声过程方差的随机分布见表 4-6。可以看出，组合 1、组合 2 和组合 3 的

RMS 时延扩展与实测数据的吻合程度均没有所提模型高，其余的没在图 4-7 中展示的组合也有类似现象并且与实测数据的差距更大。

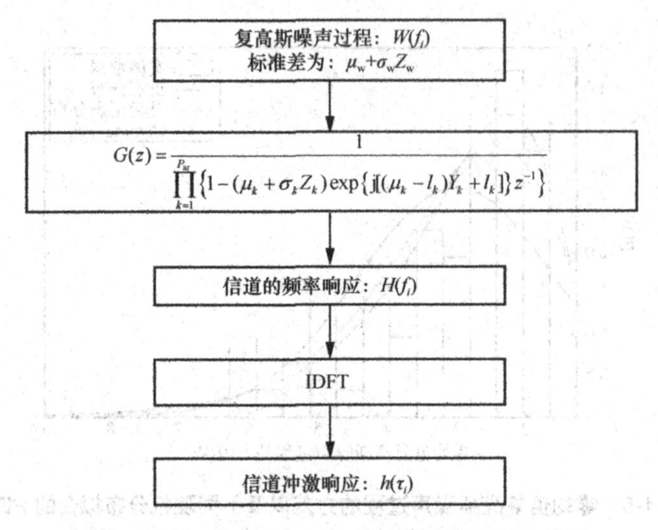

图 4-6　离体信道的 AR 信道冲激响应模型示意图

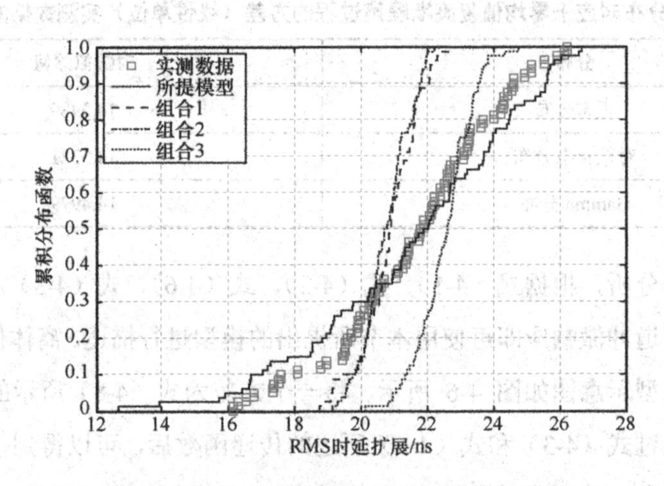

图 4-7　使用不同随机分布组合的模型的 RMS 时延扩展分布

表 4-6　所提模型、组合 1、组合 2 和组合 3 的极点幅度、相位以及复高斯噪声过程方差的随机分布

对比项	极点的幅度	极点的相位	复高斯噪声过程的方差
所提模型	正态分布	均匀分布	正态分布（单位：dBm）
组合 1	正态分布	均匀分布	Gamma 分布（线性单位）
组合 2	对数正态分布	均匀分布	正态分布（单位：dBm）
组合 3	正态分布	正态分布	正态分布（单位：dBm）

本节提出离体信道的 AR 信道冲激响应模型的参数主要包括 P_{ar}、μ_k、σ_k、l_k、u_k、μ_w 和 σ_w。如前所述，所提模型的阶数是由 AIC 确定的，计算不同阶数的 AR 模型的 AIC，选择最小的 AIC 所对应的阶数作为模型的阶数。本节提出的 AR 模型阶数和 AIC 之间的关系如图 4-8 所示。可以看出，在模型阶数 P_{ar}= 19 时，AIC 最小。

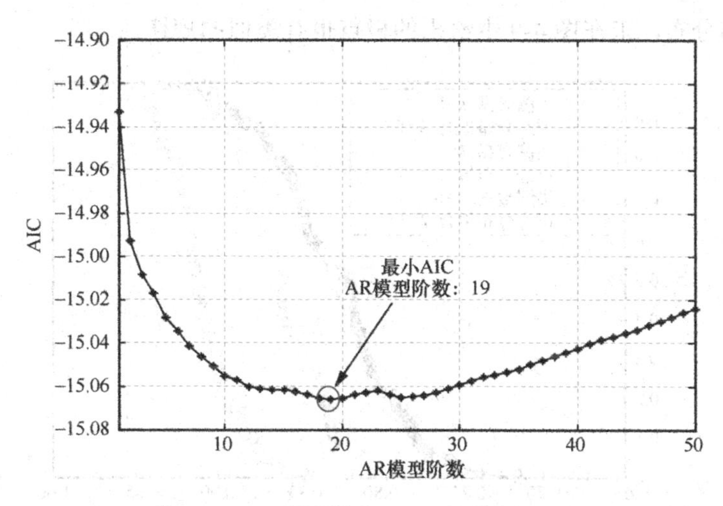

图 4-8　AR 模型阶数和 AIC 之间的关系

为了得到 AR 传递函数的极点，首先需要计算 AR 模型的系数 $a_k(k=1,2,\cdots,P_{ar})$，有很多种算法可以快速地求解 AR 模型的系数，如 Levinson 算法和 Burg 算法等。然而由于本章主要研究的是信道建模相关的内容，AR 模型参数的求解并不是主要内容，这里采用最简单的方法求解 AR 模型的系数，也就是直接求解 AR 模型的 Yule-Walker 方程组：

$$\sum_{k=1}^{P_{ar}} a_k R(k-l) = -R(l), l=1,2,\cdots,P_{ar} \tag{4-10}$$

其中，$R(k)(k=1-P_{ar},2-P_{ar},\cdots,P_{ar})$为测量的频率响应的自相关函数，它可以通过式（4-11）计算得到，$(\cdot)^*$表示共轭运算。

$$R(k)=\begin{cases}\dfrac{1}{N_p}\displaystyle\sum_{n=1}^{N_p-k} H(f_{n+k})H^*(f_n), k\geqslant 0\\ R^*(-k), k<0\end{cases} \tag{4-11}$$

接着，对 AR 传递函数的分母部分进行因式分解可以得到如式（4-3）所示的极点相乘的形式，然后可以通过 MLE 方法提取参数 μ_k、σ_k、l_k、$u_k(k=1,2,\cdots,P_{\mathrm{ar}})$。作为示例，极点幅度和相位的 CDF（$k=1$、9、14）及对应的正态分布和均匀分布拟合曲线如图 4-9 所示。可以看出，正态分布和均匀分布可以较好地拟合极点的幅度和相位的分布，未在图 4-9 中给出的极点也有类似的规律。

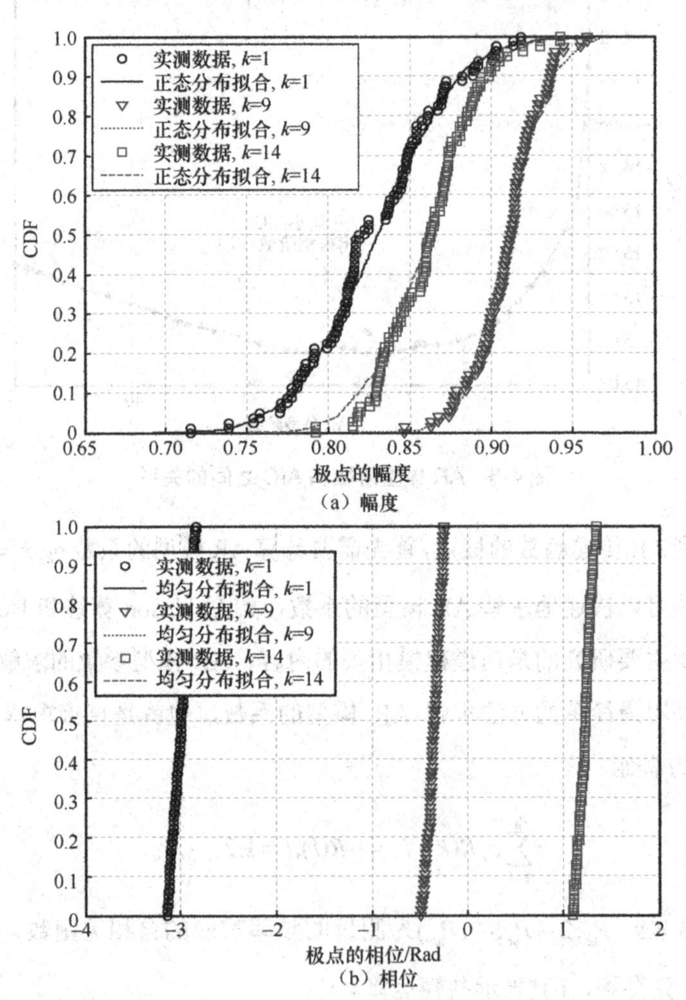

图 4-9　极点幅度和相位的 CDF（$k=1$、9、14）及对应的正态分布和均匀分布拟合曲线

零均值的复高斯噪声过程的方差的可通过式（4-12）进行计算[17]：

$$\sigma_{\mathrm{wn}}^2 = R(0) + \sum_{k=1}^{P_{\mathrm{ar}}} a_k R(k) \tag{4-12}$$

零均值复高斯噪声过程的方差的 CDF 如图 4-10 所示，可以看出正态分布与实测数据是一致的，正态分布的均值（μ_w）和标准差（σ_w）分别为-36dBm 和 1.9dBm。AR 信道冲激响应模型的参数提取方法以及仿真信道生成算法流程如图 4-11 所示。

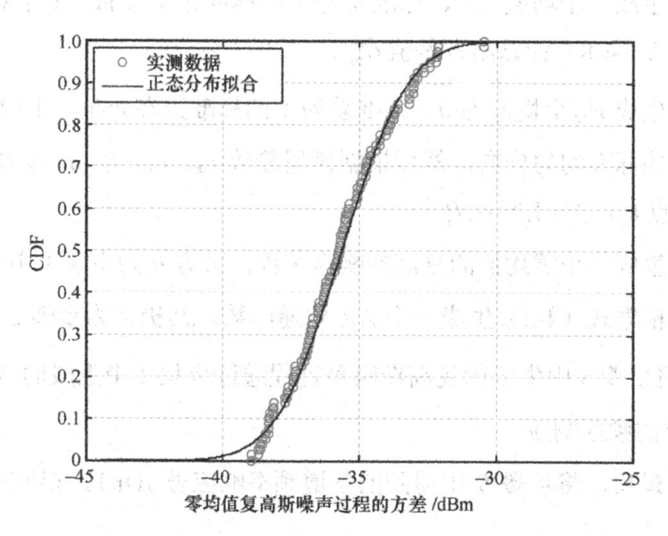

图 4-10　零均值复高斯噪声过程的方差的 CDF

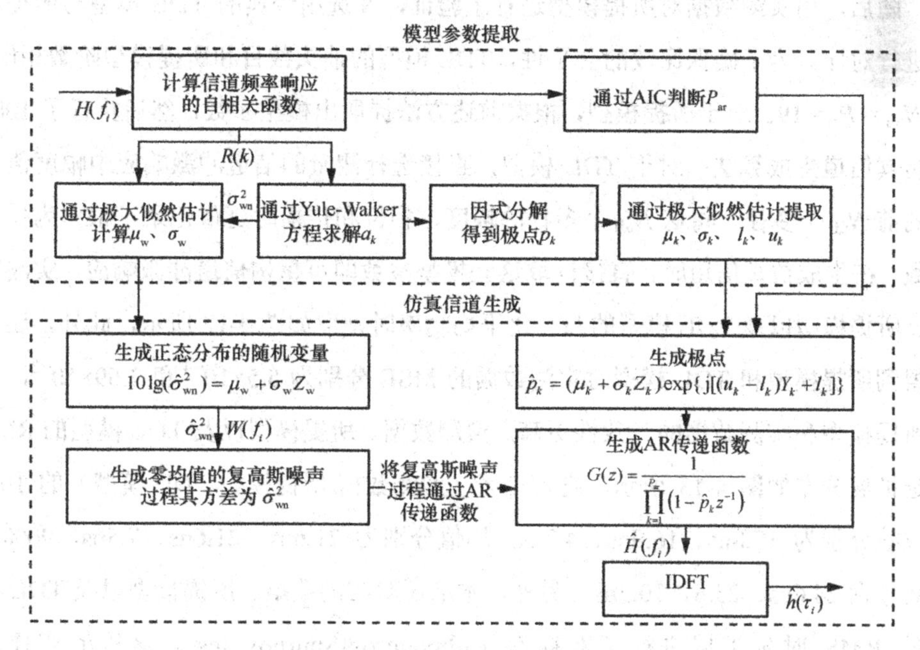

图 4-11　AR 信道冲激响应模型的参数提取方法以及仿真信道生成算法流程

4.1.4 仿真信道生成算法与模型验证

图 4-11 中的下半部分给出了 AR 信道冲激响应模型的仿真信道生成算法流程，具体步骤如下。

步骤 1：生成一个均值为 0、标准差为 1 的标准正态分布，然后根据模型参数 $\mu_{\rm w}$ 和 $\sigma_{\rm w}$ 以及式（4-8）计算出方差值 $\hat{\sigma}_{\rm wn}^2$；

步骤 2：生成 $P_{\rm ar}$ 个均值为 0、标准差为 1 的标准正态分布，生成 $P_{\rm ar}$ 个下界为 0、上界为 1 的标准均匀分布，然后根据模型参数 μ_k、σ_k、l_k、u_k 以及式（4-6）计算出 $P_{\rm ar}$ 个极点 $\hat{p}_k$，$k=1,2,\cdots,P_{\rm ar}$；

步骤 3：生成一个零均值的复高斯噪声过程，其方差为步骤 1 中生成的 $\hat{\sigma}_{\rm wn}^2$；

步骤 4：根据式（4-2）生成一个 AR 传递函数，其极点为步骤 2 中生成的 $\hat{p}_k$；

步骤 5：将步骤 3 中生成的复高斯噪声过程通过步骤 4 中生成的 AR 传递函数，可以得到信道的频率响应；

步骤 6：最后，将步骤 5 中得到的信道频率响应做 IDFT，得到仿真的信道冲激响应。

随后，用实测数据对所提模型进行了验证，并选用经典的 TDL 模型与所提模型进行对比。为了确保比较的公平性，TDL 模型的抽头数目和所提模型阶数相同，即 $N_{\rm tdl}=P_{\rm ar}=19$。对于所提模型，根据前述方法提取出模型参数，然后执行了 1000 次仿真信道生成算法；对于 TDL 模型，直接选择测量的信道冲激响应中幅度值最大的前 $N_{\rm tdl}$ 个多径，将这 $N_{\rm tdl}$ 个多径的幅度、相位和传播时延值记录下来作为模型参数，在生成仿真信道时，直接读取这些模型参数即可重构信道冲激响应。实测数据、所提模型以及 TDL 模型的归一化平均功率时延谱如图 4-12 所示，此外，还计算得到所提模型和 TDL 模型对实测数据的 MSE 分别为 5.5×10^{-4} 和 3.69×10^{-2}，可知所提模型和实测数据的一致性更高。实测数据、所提模型以及 TDL 模型的 RMS 时延扩展分布如图 4-13 所示，它们三者（实测数据/所提模型/TDL 模型）的 10% 分位数分别为 17.8ns、16.9ns、4.7ns，均值分别为 21.6ns、21.6ns、7.5ns，90%分位数分别 24.6ns、25.6、10.5ns。另外，本节还对实测数据、所提模型以及 TDL 模型的 RMS 时延扩展进行了双样本 Kolmogorov-Smirnov test。这里的双样本

Kolmogorov- Smirnov test 的零假设为两组被检测的样本的 RMS 时延扩展分布是相同的。双样本 Kolmogorov-Smirnov test 的过程在文献[18-20]中有详细描述。实测数据、所提模型以及 TDL 模型的 RMS 时延扩展的双样本 Kolmogorov-Smirnov test 结果见表 4-7，其中 D 表示检验统计量，p 表示渐进值，α 表示显著性水平，h 表示检验结果（$h=1$ 表示拒绝零假设，$h=0$ 表示拒绝零假设失败），可以看出实测数据和 TDL 模型的 RMS 时延扩展分布在 1%的显著性水平上拒绝了零假设，说明它们的分布是不同的，相反地，实测数据和所提模型的 RMS 时延扩展分布在 1%的显著性水平上拒绝零假设失败，说明两者可能来自同分布。上述定性以及定量计算的结果均显示了所提模型相较于 TDL 模型能够更好地表征实测数据，因此，所提模型有更高的精确度。

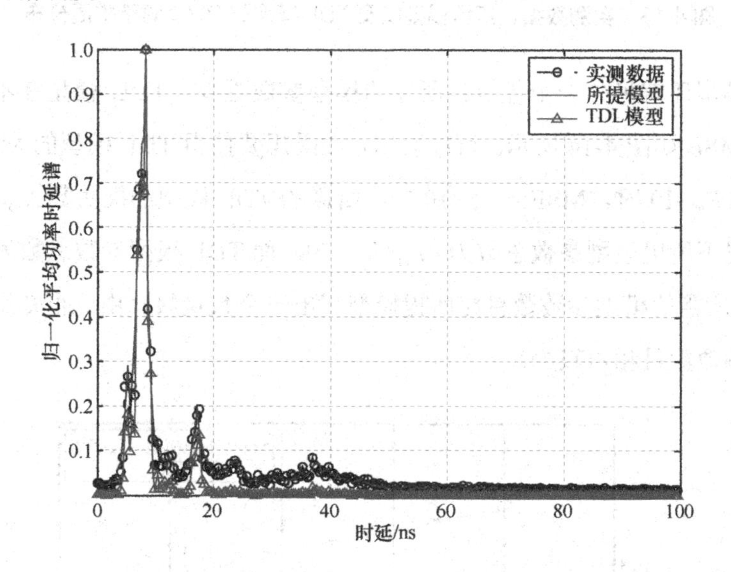

图 4-12　实测数据、所提模型以及 TDL 模型的归一化平均功率时延谱

表 4-7　实测数据、所提模型以及 TDL 模型的 RMS 时延扩展的双样本 Kolmogorov-Smirnov test 结果

比较样本	D	p	α	h
实测数据和所提模型	0.1	0.4	1%	0
实测数据和 TDL 模型	1.0	1×10^{-36}	1%	1

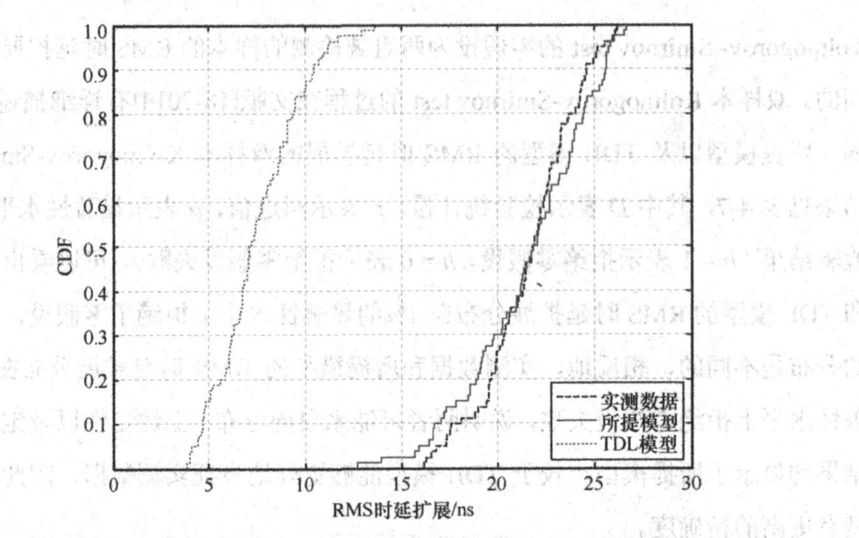

图 4-13 实测数据、所提模型以及 TDL 模型的 RMS 时延扩展分布

所提模型还有另外一个优点：所需的模型参数更少。TDL 模型在不同抽头数情况下的 MSE 如图 4-14 所示。可以看出，如果想要使得 TDL 模型的 MSE 与所提模型相同（P_{ar}=19 时，MSE = 5.5×10^{-4}），所需的 TDL 模型的抽头数 N_{tdl} 多达 247，在这种情况下所提模型参数总数为 $4P_{ar}+3 = 79$，而 TDL 模型参数总数为 $3N_{tdl}+1 = 991$，TDL 所需的模型参数数目比所提模型高出一个数量级，由此可知所提模型所需的模型参数数目相对较少。

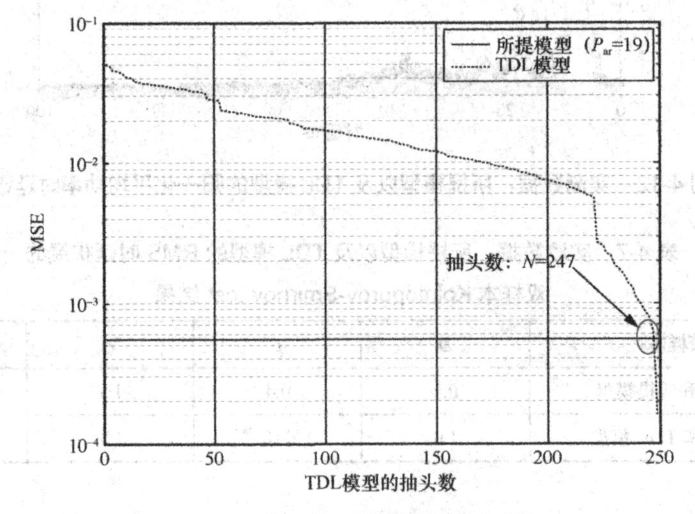

图 4-14 TDL 模型在不同抽头数情况下的 MSE

4.2 物联网室内无线体域网传播环境遮挡-身高双因子路径损耗模型

4.2.1 复杂体域环境信道建模特点

现有智慧医疗环境中的信道模型，尤其是路径损耗模型仍采用传统的对数距离模型。当前在离体通信中，虽然 IEEE 802.15.6 标准（体域网信道模型 8.2.10.B.A 节）将收发器高度影响列为对离体传播最重要的影响因素之一[21]，但是接入点（Access Point，AP）高度对路径损耗尤其是路径损耗因子（Path Loss Exponent，PLE）影响的评估还鲜有报道，对于不同身体穿戴部位和身体姿态特征均有大量一、二阶参量的统计特性专门研究。然而，这些丰富的统计特性很少被用于大尺度建模之中，用于提高场景适应性或预测精度。因此，对于无线体域网通信，利用大量统计信息（如关于身体穿戴位置、部署的影响）建立一个基于测量的离体信道的路径损耗预测模型是非常有必要的。这些基于测量的多样性统计数据对于描述和揭示小尺度特性如时延扩展、多径分布、相关带宽等也非常有利[22-23]。因此，本节提出物联网室内无线体域网传播环境遮挡-身高双因子路径损耗模型（以下简称双因子路径损耗模型）。当前，这是第一个系统性的同时描述天线高度和身体穿戴位置的路径损耗预测模型。与现有的模型相比，所提双因子路径损耗模型提供了较为明显的预测精度提升和较好的物理意义诠释，同时具备较容易扩展的能力和场景适应性，可以为离体传播理论探索或工程应用提供参考。

4.2.2 测量设置和方案

典型的医院病房场景以及所测量的点位（远端 AP 标记为 Tx）如图 4-15 所示。实际测量场景和天线辐射方向图如图 4-16 所示，图 4-16（a）显示一个全向单极子天线和一个可穿戴环-振子组合天线。所示全向天线用于模拟 AP，穿戴在人体任何位置的组合振子天线用于模拟接收端。图 4-16（b）和图 4-16（c）显示了穿戴天线的辐射方向图。在数据预处理过程中，天线增益都被归一化了。本次测量核心设备是一台网络分析仪（VNA Agilent 8720），主要用于产生 0dBm 的发射功率，每次在 6～8.5GHz 的宽频带上均匀采样 801 点的扫频信号。实测数据采用通用接口总线（GPIB）从 VNA 实时传输并存储于笔记本计算机上，测量系统的参数配置见表 4-8。

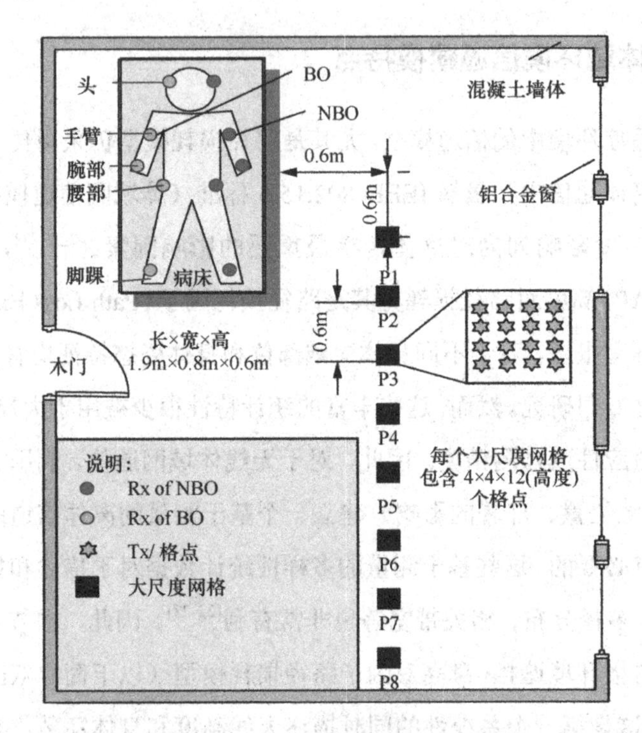

图 4-15 典型的医院病房场景以及所测量的点位（远端 AP 标记为 Tx）

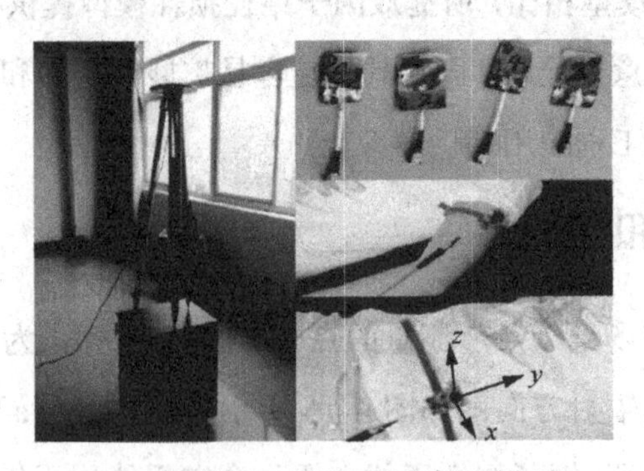

（a）模拟的AP、穿戴天线和穿戴部位展示

图 4-16 实际测量场景和天线辐射方向图

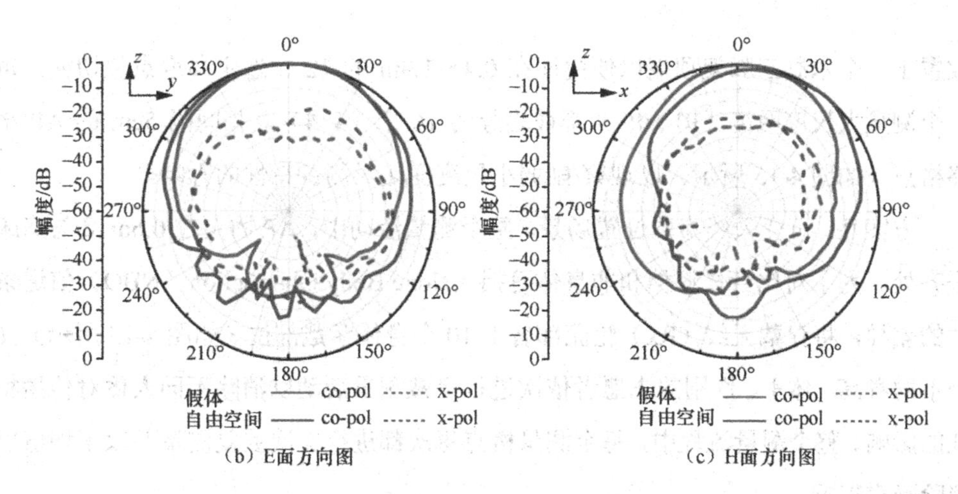

图 4-16　实际测量场景和天线辐射方向图（续）

表 4-8　测量系统的参数配置

参量名称	参量值
中心频率	7.25GHz
带宽	2500MHz
频率间隔	3.125MHz
扫频时间	400ms
发射功率	0dBm
低噪声放大器增益	20dB
功率放大器增益	20dB

为了研究 AP 高度和穿戴位置对离体信道的影响，本节设计了两个方案：方案Ⅰ，远端 AP 部署于 12 个不同的高度位置而 Rx 不变以研究大尺度衰落和不同 AP 高度的关系。方案Ⅱ，可穿戴天线部署于 10 个最常用的人体佩戴位置而 AP 部署位置不变以探索改变人体穿戴位置所引发的衰减状况。10 个主要的佩戴位置是头部、手臂、手腕、腰部和足踝部（左右侧各一次），如图 4-15 所示。进一步地，10 个部位的小尺度特性，如时间弥散和显著多径数目参量也被提取出来以研究身体遮挡效应（Body Obstruction Effect）。整个测量过程中，志愿者都保持静止，所测信道可以视为非时变的。其时间扩展特性可以由 VNA 精确捕捉到。

方案Ⅰ：可变 AP 高度场景。可穿戴天线固定于被测试者左手手腕部位。AP

放置于一个木制三脚架顶端以便捷地在 0.4～1.9m 的 12 个选定高度点位切换。每一个测量大尺度网格（P1～P8）都被均分为 16 个（4×4）互相间隔 5cm 的 AP 平移格点（如图 4-15 所示）以观察/削弱小尺度变化对测量特性的影响。

方案Ⅱ：可变天线穿戴位置场景。整个测量活动中，AP 固定在 0.6m 高与病床平齐处。为了对比身体遮挡和非身体遮挡（None Body Obstruction，NBO）信道条件的差异，将穿戴天线（Rx）轮流部署于 10 个身体穿戴部位（如图 4-15 所示）。6 个不同身高、体重、性别的志愿者依次进行穿戴测量活动以消除不同人体对传播特性的影响。整个测量流程中，每个测量格点每次都进行 5 次重复测量并取平均值以消除噪声影响。

4.2.3 双因子路径损耗模型建立和验证

1. 双因子路径损耗模型

平均路径损耗是收发天线间距离的对数，是一个单调增函数。为了描述 AP 高度和身体穿戴位置变化带来的影响，构建两个因子来评估 AP 高度和穿戴位置引发的额外衰落，基于此提出双因子路径损耗模型。其中利用一个高度依赖的路径损耗因子（PLE）来表述 AP 部署高度变化引发的影响，而采用一个身体遮挡因子以表述不同穿戴位置造成的影响。所提新型双因子路径损耗模型表述为：

$$\mathrm{PL}(d)=\mathrm{PL}(d_0)+10N(h)\times\lg\left(\frac{d}{d_0}\right)+\mathrm{BOF}+X_\delta \tag{4-13}$$

其中，PL(d)是收发天线间距离在 d 处的离体路径损耗值，PL(d_0)是在 d_0 处的测量得到的参考路径损耗值，$N(h)$是 AP 高度依赖的 PLE。BOF 是额外身体遮挡损耗因子，取决于特定的身体穿戴部位。X_δ 是零均值高斯分布的随机变量，用于表述阴影效应。

2. AP 高度依赖的 PLE 模型

AP 高度依赖的 PLE 建模为一个二次函数：

$$N(h)=a\times h^2+b\times h+c \tag{4-14}$$

其中，h 表示 AP 高度，a、b 和 c 是二次函数的特征参量，取决于特定的测量环境。

3. 身体遮挡因子描述

对方案Ⅱ不同穿戴位置的实测数据进行统计可以得到身体遮挡因子的路径损耗衰减值。因为观察到的10个常用部位的路径损耗值均服从对数正态分布，BOF因此表达为10个位置对数正态分布的线性化统计平均值（因为对数正态分布的均值是真实均值的对数表达，故此处“线性化”是指正态对数分布的均值的自然指数次幂）。病房环境下基于测量的BOF参量见表4-9。这些参量值均以非遮挡腕部作为参照基准。

表4-9 病房环境下基于测量的BOF参量

对比项	不同穿戴位置的BOF/dB				
	脚踝	腕部	腰部	手臂	头部
NBO场景	−2.4	0.0	−4.9	−0.4	1.5
BO场景	5.4	0.1	3.4	5.1	5.3

这里采用列表索引而非函数拟合的原因有两个：一是保持路径损耗预测表达式的简洁性，不增加额外的参量，更不用为NBO和BO场景分列两个计算式。二是基于离体信道场景的复杂性和易变特征，修正项中所拟合的函数式不利于场景的泛化。尤其是注意到离体信道包括收发器可穿戴于人体、动物等不同生物体，也可植入衣物、植入皮下等，还可用于跑动状态、骑行状态等复杂场景。所以采用列表索引既可以保持预测模型的简单易部署，也利于预测模型泛化到多种复杂场景（只需要扩展BOF列表即可）。

4. 建模和验证

这一部分将着重进行PLE和BOF的推导和验证。

通过平均复数的频率响应数据，各位点路径损耗计算为：

$$\mathrm{PL}(d)=\frac{1}{MN}\sum_{i=1}^{M}\sum_{j=1}^{N}|H(f_i,t_j;d,h)|^2-g_{\mathrm{ant}}(\theta,\varphi) \tag{4-15}$$

其中，$H(f_i,t_j;d,h)$是在Tx-Rx 距离为d的复数信号值，h是AP高度，$f_i(i=1,2,\cdots,M)$是观察到的M离散频率采样点，$t_j(j=1,2,\cdots,N)$表示N个快照。$g_{\mathrm{ant}}(\theta,\varphi)$是天线增益在俯仰角$\theta$和水平角$\varphi$的值，可以从图4-16（b）和图4-16（c）的天线辐射方向

图中获取。由于 AP 不同格点处的方位不同，角度可以按照式（4-16）映射：

$$
\theta = 2\pi - \arcsin\left(\frac{d_{\text{Bias}}}{d_{\text{ground}}}\right)
$$
$$
\varphi = 2\pi - \arcsin\left(\frac{h}{d_{\text{ground}}}\right) \tag{4-16}
$$

其中，d_{ground} 表示木制三脚架和穿戴天线的水平距离，d_{Bias} 表示测量路径和穿戴天线最短的水平距离。

路径损耗参考值 PL(d_0)是在参考距离 d_0 = 1m 处测得的平均初始功率值。PLE 函数 $N(h)$开始视为常量 n 以评估整个离体信道场景的路径损耗衰落速率。

对全部的 7433280 个复信号值按照式（4-13）进行最小二乘法拟合以得到这个场景的路径损耗情况。测量路径损耗值的散点图和拟合曲线如图 4-17 所示。整体 PLE 为 n = 2.361，与通常室内的测量和拟合的经验 PLE 相差不大。阴影效应的分布及身体遮挡效应展示如图 4-18 所示。阴影偏差 X_δ 服从零均值高斯分布，其标准偏差值为 2.42dB，接近典型室内场景[24-25]。病房环境下全场景路径损耗拟合参量见表 4-10。

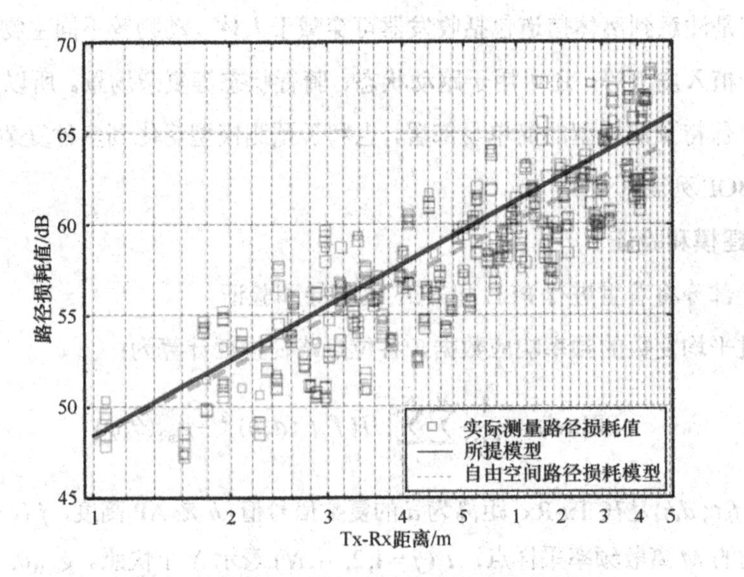

图 4-17　测量路径损耗值的散点图和拟合曲线

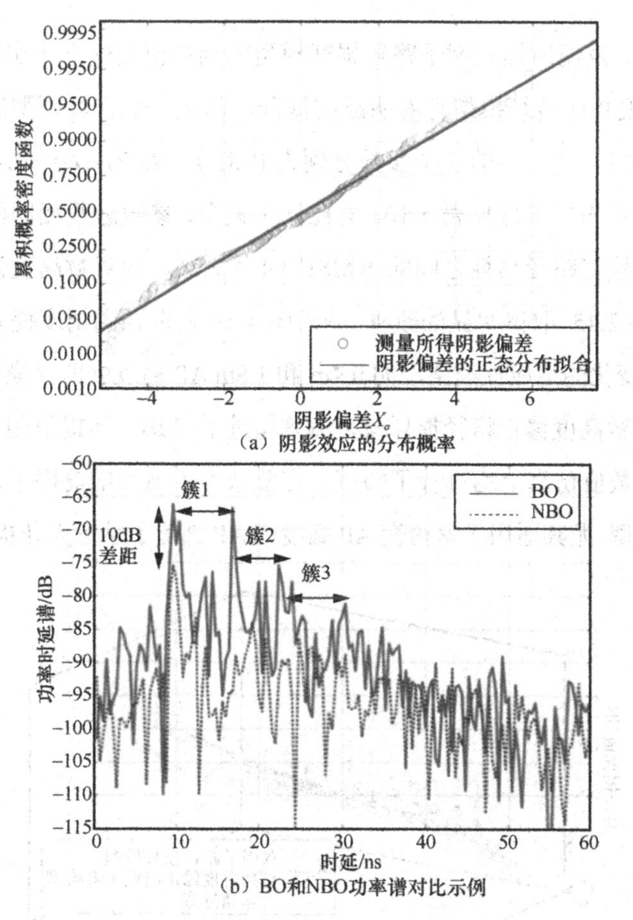

（a）阴影效应的分布概率

（b）BO和NBO功率谱对比示例

图 4-18　阴影效应的分布及身体遮挡效应展示

表 4-10　病房环境下全场景路径损耗拟合参量

参量类型	基本参量			路径损耗因子函数参量		
	$PL(d_0)$ / dB	整体 PLE	X_δ / dB	a	b	c
参量值	48.6	2.36	2.4	1.33	−2.64	3.52

分析以上结果发现，离体信道下路径损耗整体拟合性与复杂多径下的室内场景类似，其视距遮挡概率大，功率衰减也要快得多，在进行链路预算时必须格外注意。同时，由于离体通信应用的多样化需求以及一些如健康监测等方面的安全考量，无线通信连接可靠性和预测精度都有待提高。

路径损耗实际测量值及对数高度修正路径损耗模型、双因子路径损耗模型的 3D 曲面图如图 4-19 所示。对比提出的双因子路径损耗模型和传统的对数高度修正路径损耗模型，发现所提双因子路径损耗模型的预测值更贴近于实际测量值，其拟合 RMSE 精度相比传统模型有着明显的提升。两类路径损耗模型的数学表达式和 RMSE 见表 4-11，其对应的 3 个参数分别为 PLE $n = 2.42$，$a = -2.48$ 和 $b = 4.47$。所提双因子路径损耗参量见表 4-10。对比两个模型，参数总数相同而所提模型的预测值与实际测量值路径损耗之间的 RMSE 约为 2.26，而对数高度修正路径损耗模型 RMSE 约为 2.45，取得明显的改善。分析图 4-19 发现预测精度提升主要源自 PLE 随着 AP 高度变化的适应性调整，如 0.4m 和 1.8m AP 高度处所提模型的预测偏差在 2dB 之内而对数高度修正路径损耗模型偏差超过了 7dB。所提双因子路径损耗模型在理论推断和数值仿真上均进行了验证，在复杂度不增加的前提下，其预测精度明显高于传统模型。尤其适用于室内变 AP 高度或 AP 部署于贴近天花板或地面的应用。

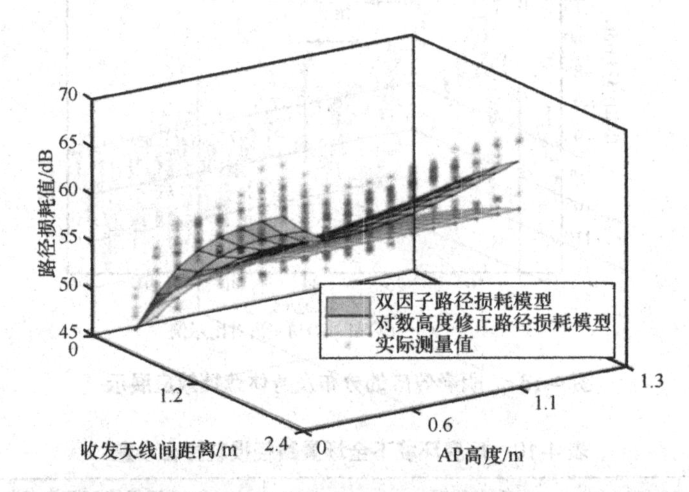

图 4-19 路径损耗实际测量值及对数高度修正路径损耗模型、双因子路径损耗模型的 3D 曲面图（穿戴于手腕的 NBO 场景）

表 4-11 两类路径损耗模型的数学表达式和 RMSE

模型大类	模型细分	数学表达式	RMSE
2D 模型（高度分离模型）	AP 高度 0.4m	$PL_0 + 10 \times n \times \lg(d / d_0)$	1.63
	AP 高度 0.6m		1.79
	AP 高度 1.4m		1.62
	AP 高度 1.6m		1.08
	AP 高度 1.8m		1.44
	混合高度		2.72

续表

模型大类	模型细分	数学表达	RMSE
3D 模型（高度依赖模型）	对数高度修正路径损耗模型	$PL_0+10\times n\times\lg(d/d_0)+a\times\lg(h/b)$	2.45
	所提双因子路径损耗模型	$PL_0+10(a\times h^2+b\times h+c)\lg(d/d_0)$	2.26

为了衡量建模的优良性，两类路径损耗模型的数学表达式和 RMSE 见表 4-11。其中，PL_0 表示参考路径损耗。RMSE 为实际测量值和预测值之间误差的累积平方平均并开方：

$$\text{RMSE}=\sqrt{\frac{\sum_{i=1}^{n}(X_{\text{obs},i}-X_{\text{model},i})^2}{n}} \tag{4-17}$$

其中，$X_{\text{obs},i}$ 和 $X_{\text{model},i}$ 分别是实际测量值和预测值，两个数据集的大小相同。混合高度的拟合模型有着最大的 RMSE 而不适应离体通信的高功率损耗预测要求，而高度分离模型有着最小的 RMSE（虽然场景应用比较局限）。然而，这里高度分离的拟合模型显然存在着局限性。例如，穿戴设备必须根据 AP 高度不同而切换路径损耗模型。因此，综合预测精度和场景部署灵活性，3D 模型更加适合。引入的高度修正值显然提高了预测精度而未增加建模难度。两个 3D 模型，对数高度修正和所提双因子路径损耗模型均比混合高度模型取得了更好的预测精度。其中所提模型综合预测精度更佳。

所提双因子路径损耗模型比传统的对数高度修正路径损耗模型有 3 个方面的优势。首先，因为前述理论和实测都发现 AP 处于不同高度，PLE 是有显著变化的，所以保持 PLE 全高度不变必然严重影响模型的预测精度。因此，房间中部和近邻地面或天花板处设置不同的 PLE 有助于提高路径损耗预测能力。其次，在无线体域网中，PLE 随高度变化除了可用于提高路径损耗预测精度，更重要的是可用于探索 AP 不同高度场景的理论分析、信道特性研究以及有助于构建更适合的系统模型。对于众多 AP 共存的当下，同一或相邻区域数十个 AP 根据 PLE 特性部署于不同高度并针对性地进行覆盖规划显然可以降低互相干扰并有效提高功率预测能力。最后，在离体信道中，路径损耗模型一般需要增加诸如身体阴影衰落或路径遮挡衰落的众多修正因子。因而将高度依赖等特性用于修正 PLE 可以凸显高度依赖的预测影响，减小高度修正对其他因素修正值的交叉影响，提升建模合理性和有效性。

上述理论分析和数值仿真共同佐证了离体信道中 PLE 随高度变化特性可以由所提二次 PLE 函数非常合理地表征出来。

4.3 物联网室内无线体域网传播环境分集信道模型

4.3.1 体域分集信道建模特点

传统离体信道模型大部分采用抽头延迟线模型或 Saleh-Valenzuela 模型，实际上，在离体通信系统中，人体介入引发的深衰落广泛存在。尽管穿戴式离体信道的信道冲激响应因包含了人体反射、衍射等多种影响以及来自环境的阴影、遮挡效应使得其多径分量特别丰富，其簇特性随着人体姿态、运动、环境变化而呈现结构复杂、簇数目多变的特点。这些因素给可靠离体信道的分析和重构带来了两方面的难题：一方面是分析困难。离体信道的任何典型场景的测量都会累积巨大量的数据集。随着离体分集、离体超宽带和离体 MIMO 技术的发展，维度扩张问题会进一步凸显。这使得基于传统的大小尺度统计分析任务繁重且容易错失关键特征。另一方面是离体信道冲激响应的建模比较困难。典型的基于抽头延迟线模型会造成太多拟合参数且和场景特性高度耦合。对于簇的建模，常用的 Saleh-Valenzuela 模型受统计类型局限，直接建模离体信道会造成统计困扰、精度低和统计参数变更频繁的缺陷。鉴于这两方面的困扰，传统模型难以适用于该场景。无线通信中常用来对抗深衰落的方法是空间分集技术[26]。然而，离体通信场景下的多径传播环境复杂以及日常活动中身体倾斜、扭转和人体–天线复杂作用引发了极化失配衰落，传统线极化分集方式对此收效甚微[27]。而采用圆极化方案是一种较有潜力的抗衰落方式，它被证明可以有效对抗复杂极化环境下的多种衰落方式[28-29]。因此，本节提出一种新型的采用圆极化空间分集的方案来对抗上述身体高度相关的衰落和极化失配引发的衰落。

此方案的特征是采用两个穿戴式圆极化天线[30]。所采用圆极化天线特征是在俯仰面的辐射扇面很宽，可以适应离体场景下大多数到达波束的俯仰角较小且较宽的情况。目前在离体通信领域还没有采用圆极化空间分集方案测量、评估的研究报道。由于复杂的天线–人体效应[31]，传统方案的信道特性和圆极化空间分集方案下的信道特性区别较大[32]。为解决上述问题，本节提出了一个新型低复杂度圆极化分集接收方案来减小所提高度依赖的衰落。相比于传统的线极化方案，所提方案的多径数目、均方根时延扩展以及它们在不同测量位置和不同穿戴者情况下的方差都被大幅度地减小了。进一步地，圆极化和线极化方案的信号强度都被表达为分集增益、圆极化交叉极化鉴别（XPD）增益因子和线极化极化失配损耗（PML）因子相关的函数。

4.3.2　测量方案

测量配置和新型俯仰面均匀宽波束特性如图 4-20 所示，一套典型的频域信道测量系统和所用的 3 组天线如图 4-20(a)所示。核心设备是矢量网络分析仪(VNA)，用来产生功率为 0dBm 的每次等间隔扫频 401 个点的发射信号。其频率范围为 5.5～6.0GHz。一个全向单极子天线固定在 1m 高度，用来模拟发射天线（Tx）。两个穿戴天线置于人体的双肩位置来模拟接收天线（Rx）。一个等增益合并器用来合并两个接收天线为一路信号。共 3 组天线依次放置于 6 个实验人员身上重复进行实验。测量中，穿戴接收天线的人员并非静止不动而是在不同的姿态（如坐、站、蹲）之间随机切换。目的在于模拟日常生活的各种姿态扰动以检验所测试的几种方案在实际应用环境下的抗衰落性能。

为了实现所提方案，接收天线应当具备两个特性：俯仰面上宽波束保证主要多径分量的接收；圆极化特性确保任意极化方向的信号接收以及减少均方根时延扩展。图 4-20（b）清楚地显示左边人体上所用俯仰面均匀的超宽波束天线在高度任意改变下都可以提供强而稳定的信号。对比之下，因为内在的俯仰面非均匀的宽波束，右边人体穿戴的天线所接收的信号强度会剧烈变动（如站立比蹲的时候接收信号显著增强）。因此，有着俯仰面宽波束特性的平面端射型圆极化天线（如图 4-20（c）所示）被选为主要方案。此外，精选了两组典型的线极化天线作为对比组：贴片线极化天线组（标记为 LP_Patch，俯仰面宽波束和圆极化两个特性都不具备，其辐射方向图见图 4-20（d））；平面倒 F（PIFA）全向线极化天线（标记为 LP_PIFA。与圆极化方案类似，其具备宽俯仰面特性）外观见图 4-20（a）。

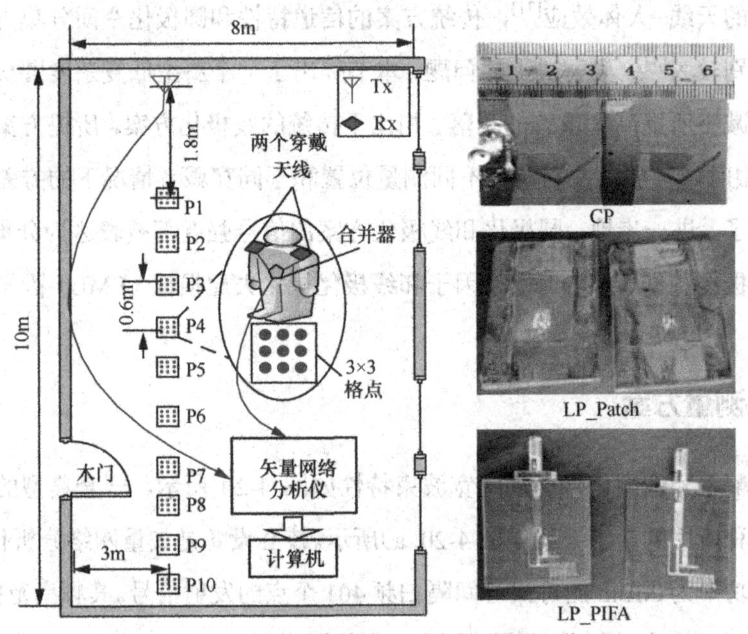

（a）频域信道测量系统和所用的3组天线

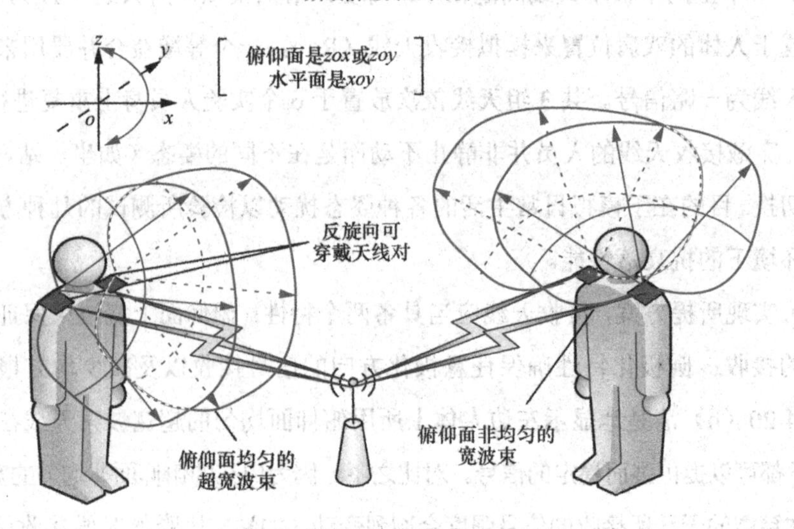

（b）俯仰面上均匀和非均匀宽波束的对比

图 4-20　测量配置和新型俯仰面均匀宽波束特性

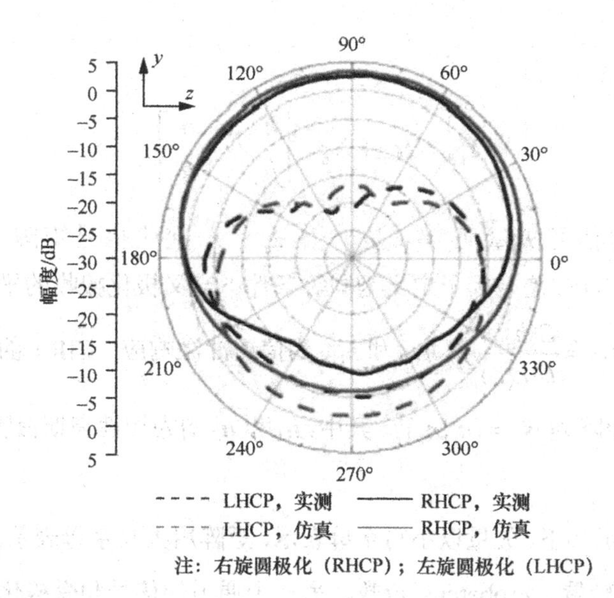

（c）圆极化方向图

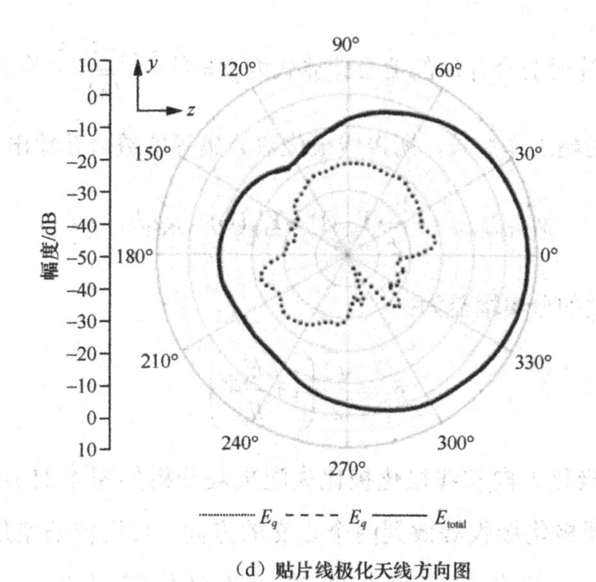

（d）贴片线极化天线方向图

图 4-20　测量配置和新型俯仰面均匀宽波束特性（续）

4.3.3　分集信道模型建立

1．信号模型

对任何线极化发射和线极化接收的点对点无线通信，其离散时间输入输出关系可表示为：

$$\boldsymbol{Y}_{\mathrm{LP}} = \boldsymbol{H}_{\mathrm{x}} + \boldsymbol{N}_{\mathrm{d}} = \begin{bmatrix} h_{\mathrm{VV}}\boldsymbol{x} + \boldsymbol{n}_1 \\ h_{\mathrm{HV}}\boldsymbol{x} + \boldsymbol{n}_2 \end{bmatrix} \tag{4-18}$$

其中，$\boldsymbol{x}$ 是发射信号矢量而 $\boldsymbol{Y}_{\mathrm{LP}}$ 是一个 $2 \times n$ 接收信号矩阵。信道矩阵是 $\boldsymbol{H} = [h_{\mathrm{VV}}, h_{\mathrm{HV}}]^{\mathrm{T}}$，XPD 增益因子定义为同等条件下交叉极化接收的平均功率与同极化接收功率之比($\alpha \triangleq \dfrac{E(h_{\mathrm{HV}}^2)}{E(h_{\mathrm{VV}}^2)}$)。$h_{\mathrm{VV}}$ 和 h_{HV} 为信道冲激响应（CIR）的垂直和水平方向的分量。噪声矩阵为 $\boldsymbol{N}_{\mathrm{d}} = [\boldsymbol{n}_1, \boldsymbol{n}_2]^{\mathrm{T}}$。其中，$\boldsymbol{n}_1$ 和 $\boldsymbol{n}_2$ 均为加性高斯白噪声（AWGN），方差均为 σ^2。

本节符号表示如下，矢量以小写字母表示，矩阵用大写字母表示。标志$(\cdot)^{\mathrm{T}}$、$\|\cdot\|$、$(\cdot)'$、$(\tilde{\ })$分别表示转置、Frobenius 范数、另一个通道的信号和受极化失配效应影响的信号。

因为 M 分支等增益合并后的信号计算式为 $y = \dfrac{y_1 + y_2 + \cdots + y_M}{\sqrt{M}}$ 且本实验的两个穿戴天线的距离远超工作波长，所以线极化双分集等增益合并输出为：

$$y_{\text{LP-Diversity}} = \frac{1}{\sqrt{2}}(\boldsymbol{Y}_{\mathrm{LP}}(1) + \boldsymbol{Y}'_{\mathrm{LP}}(1)) = \boldsymbol{x} g_1 h_{\mathrm{VV}} + \boldsymbol{n} \tag{4-19}$$

其中，线极化接收的分集增益为：

$$g_1 = \frac{\sqrt{2}}{2}\left(1 + \frac{h'_{\mathrm{VV}}}{h_{\mathrm{VV}}}\right) \tag{4-20}$$

圆极化等效极化方向和线极化极化失配损耗分析如图 4-21 所示，类比上述线极化接收，将圆极化接收等效到两个正交的方向，其旋转偏差角表示为 Ψ（见图 4-21（a））。圆极化接收信号等效于线极化信号左乘一个旋转矩阵 $\boldsymbol{R}_{\mathrm{CP}} = \boldsymbol{R}(\Psi) = \begin{bmatrix} \cos\Psi & -\sin\Psi \\ \sin\Psi & \cos\Psi \end{bmatrix}$。因为本实验中线极化发射和圆极化接收的失配，圆极化接收信号幅度会衰减 $\sqrt{2}$，表示为[28]：

$$\boldsymbol{Y}_{\mathrm{CP}} = \frac{\sqrt{2}}{2}\boldsymbol{R}_{\mathrm{CP}}(\boldsymbol{H}_{\mathrm{x}} + \boldsymbol{N}_{\mathrm{d}}) \tag{4-21}$$

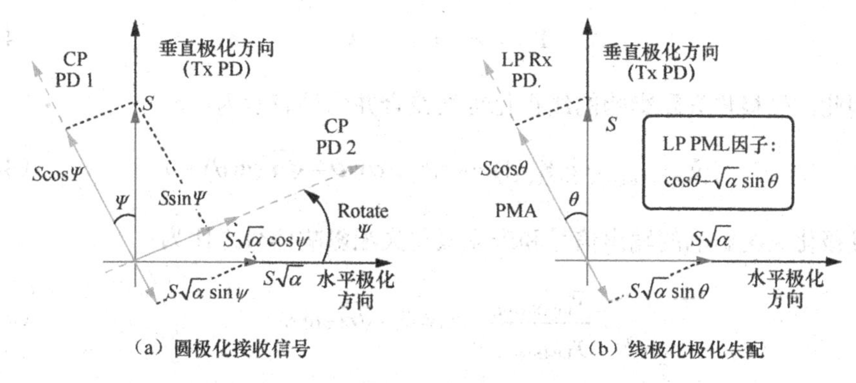

（a）圆极化接收信号　　　（b）线极化极化失配

图 4-21　圆极化等效极化方向和线极化极化失配损耗分析

类似地，圆极化等增益合并输出为：

$$y_{\text{CP-Diversity}} = \frac{1}{\sqrt{2}}(\|\boldsymbol{Y}_{\text{CP}}\| + \|\boldsymbol{Y}'_{\text{CP}}\|) = \frac{\sqrt{2}}{2}(\boldsymbol{x} g_{\text{c}} h_{\text{VV}} \sqrt{1+\alpha} + \boldsymbol{n}) \tag{4-22}$$

其中，双分支圆极化分集增益为：

$$g_{\text{c}} = \frac{1}{\sqrt{2}}\left(1 + \frac{\|\boldsymbol{Y}'_{\text{CP}}\|}{\|\boldsymbol{Y}_{\text{CP}}\|}\right) = \frac{\sqrt{2}}{2}\left(1 + \frac{h'_{\text{VV}}}{h_{\text{VV}}}\frac{\sqrt{1+\alpha'}}{\sqrt{1+\alpha}}\right) \tag{4-23}$$

图 4-21 中 PD 表示极化方向（Polarized Direction），而 $S = \boldsymbol{x} h_{\text{VV}}$。

对比式（4-25）和式（4-28），可以发现圆极化接收的合并输出与极化旋转角无关。比起线极化分集合并信号（式（4-19）），根据式（4-22）圆极化合并信号被交叉极化鉴别（XPD）增益因子提高了 $\sqrt{1+\alpha}$ 倍。其物理意义是线极化只收集了垂直方向的信号分量而丢弃了水平方向的信号分量。相反圆极化接收收集了任意方向的信号因而可以提高接收信号的稳定性。

2．极化失配效应

由于收发天线极化方向的不对准（如人体倾斜导致的天线方向倾斜、穿戴天线的褶皱和收发天线方向本身角度偏差）对接收结果有重要影响，评估分析极化失配效应一直是研究热点[27]。

图 4-21（b）显示线极化接收方案的极化失配评估方式的示意图。类似于式（4-21），受极化失配影响的单根线极化接收到的信号等效于原始接收信号左乘矩阵 $\boldsymbol{R}_{\text{PM}} = \boldsymbol{R}(\theta)$，表示为：

$$\tilde{\boldsymbol{Y}}_{\mathrm{LP}} = \boldsymbol{R}_{\mathrm{PM}}(\boldsymbol{H}_{\mathrm{x}} + \boldsymbol{N}_{\mathrm{d}}) \tag{4-24}$$

因此，受极化失配影响的线极化等增益合并信号表示为：

$$\tilde{y}_{\text{LP-Diversity}} = g_1\tilde{\boldsymbol{Y}}_{\mathrm{LP}}(1) = xg_1h_{\mathrm{VV}}(\cos\theta - \sqrt{\alpha}\sin\theta) + n \tag{4-25}$$

受极化失配影响的输出信号和未受极化失配影响信号之比为：

$$\frac{\tilde{y}_{\text{LP-Diversity}}}{y_{\text{LP-Diversity}}} = \cos\theta - \sqrt{\alpha}\sin\theta \tag{4-26}$$

极化失配角在−90°～90°的线极化接收方案的极化失配损耗如图 4-22 所示，展示了根据式（4-26）所得到的典型的 4 个 XPD 因子取值时候的线极化方案的极化失配损耗。除了 XPD = 0（总是功率衰减），其他 XPD 值下的极化失配损耗均是以大的损耗为主而所得增益则很有限。任意 XPD 值下的极化失配损耗取值范围均介于−∞～3dB。例如，当 XPD = 0.2 且极化失配角为 15°时候，极化失配损耗为−1.42dB 而增益仅为 0.68。

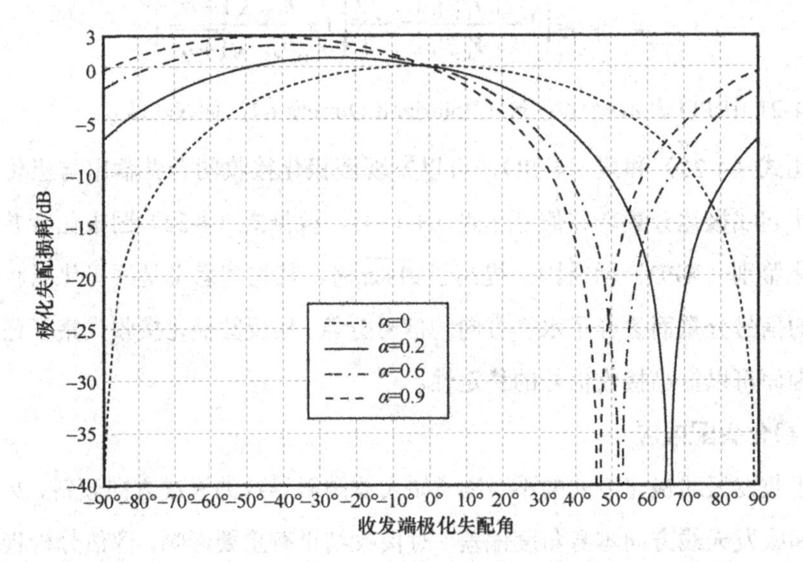

图 4-22 极化失配角在−90°～90°的线极化接收方案的极化失配损耗

相似地，单根圆极化接收天线在极化失配角为 θ 时的信号强度为：

$$\tilde{\boldsymbol{Y}}_{\mathrm{CP}} = \frac{\sqrt{2}}{2}\boldsymbol{R}_{\mathrm{PM}}\boldsymbol{R}_{\mathrm{CP}}(\boldsymbol{H}_{\mathrm{x}} + \boldsymbol{N}_{\mathrm{d}}) \tag{4-27}$$

受极化失配影响的圆极化合并输出为：

$$\tilde{y}_{\text{CP-Diversity}}=\frac{\sqrt{2}}{2}(\|\tilde{\boldsymbol{Y}}_{\text{CP}}\|+\|\tilde{\boldsymbol{Y}}'_{\text{CP}}\|)=y_{\text{CP-Diversity}} \tag{4-28}$$

式（4-28）表明极化失配对圆极化的信号接收强度没有明显的影响。对比线极化极化失配损耗值的深度衰减和极大波动，圆极化极化失配几乎无任何影响。这揭示了圆极化极大降低小尺度参量波动的一个重要原因。

为了更清晰地对比圆极化和线极化合并输出的差异，将线极化–圆极化（LP-CP）信号强度比值表示为（忽略噪声）：

$$\frac{\tilde{y}_{\text{LP-Diversity}}}{\tilde{y}_{\text{CP-Diversity}}}=\frac{g_1}{g_c}\frac{\sqrt{2}(\cos\theta-\sqrt{\alpha}\sin\theta)}{\sqrt{1+\alpha}} \tag{4-29}$$

可见线极化和圆极化接收信号的差异主要分为 3 个部分，分集增益、极化失配因子和 XPD 增益因子。由前面计算式推导可知，极化失配对线极化有明显的负面影响，而 XPD 增益因子往往增大圆极化方案的增益，下面将重点仿真验证其差异。

3．圆极化和线极化方案的信号强度仿真

根据式（4-23）、式（4-26）和式（4-29），对圆极化和线极化及其比值信号强度共进行了 2000 次 Monte Carlo 仿真。基于实验测量任何离体通信单链路信号建模为一个 Rayleigh 随机变量，其标准差 σ=4.21×10^{-4}。同样 XPD 增益因子也建模为一个随机变量，其均值 $\mu=6.5$dB 而标准差 $\sigma=1.5$。极化失配角随机在−18°～18°中选择。

圆极化和线极化分集增益的累积分布函数（CDF）显示，其 90%可靠性增益取值为 2.3 dB，与典型室内分集增益测量值一致[33]。除了圆极化分集增益的高分集增益值比例略大以外，两者并无明显的差异。根据式（4-23）可知 CP 较大的增益值比例主要受 XPD 增益因子影响，促进了圆极化分集增益取值的稳定性。线极化–圆极化（LP-CP）接收信号强度和分集增益仿真结果对比（均服从正态分布）如图 4-23 所示。LP-CP 信号值的测量和仿真结果均显示了约为 0.8dB 的均值。这似乎表明线极化合并信号似乎略强于圆极化接收信号。然而，若移除圆极化中由发射接收不同类型极化方式引发的 3dB 损耗，圆极化接收信号实际要比线极化方式大 2.1dB。这部分总增益值可以分为两部分，正态分布的交叉极化鉴别（XPD）增益因子($\mu=0.92$、$\sigma=0.28$)增加了圆极化信号强度 0.9dB 而交叉极化 PML 因子（均值约为 1.2dB）削弱了线极化信号强度。线极化 PML 因子最佳建模为 t 分布且其上界为 1.7dB (μ =0.05、σ =1.51、ν =1.26)其下界无穷大。最终 PML 分布曲线表现为一个负功率的长尾，这揭示了线极化分集接收下深衰落的一个重要原因[34]。仿真显示 XPD 增益因子和线极化 PML 因子可以为所提圆极化分集方案极大改善抗衰落性能和小尺度统计量（如信号强度、均方根误差、多径数目）提供一个良好的解释。

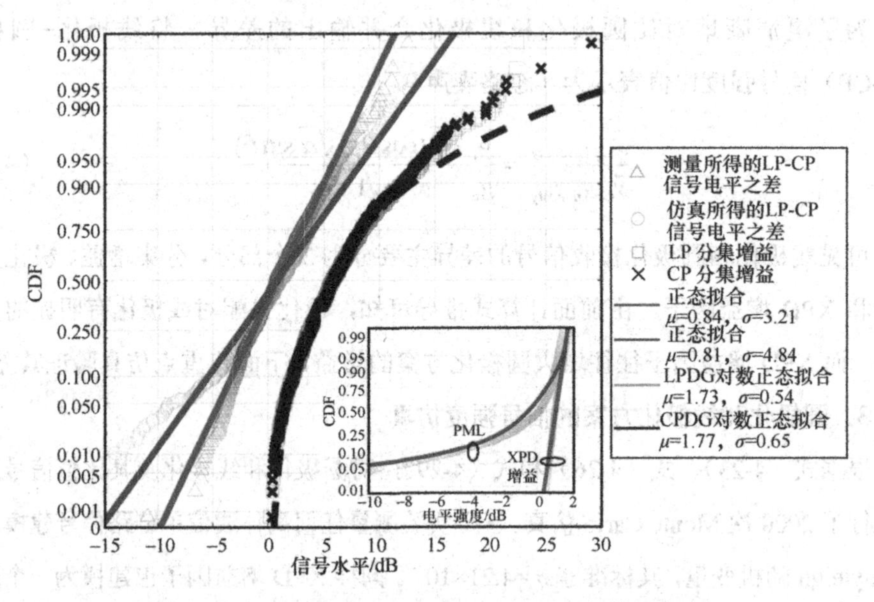

图 4-23 LP-CP 接收信号强度和分集增益仿真结果对比

4.4 本章小结

本章围绕物联网边缘无线环境中的离体无线信道建模问题，以健康医疗场景为背景，建立了 AR 模型[35-36]、双因子路径损耗模型[37-38]，以及离体分集信道模型[37,39]，所提模型从机理层面分析了离体信道传播的特点和机制，从数学模型层面提出更加简单、高效的表征方式来简化复杂的离体信道传播特性建模问题，从而为物联网边缘无线环境中体域网无线系统的研究奠定基础。

参考文献

[1] SCANLON W G, BURNS J B, EVANS N E. Radiowave propagation from a tissue-implanted source at 418 MHz and 916.5 MHz[J]. IEEE Transactions on Bio-Medical Engineering, 2000, 47(4): 527-534.

[2] ALOMAINY A, HAO Y. Modeling and characterization of biotelemetric radio channel from ingested implants considering organ contents[J]. IEEE Transactions on Antennas and Propagation, 2009, 57(4): 999-1005.

[3] HALL P S, RICCI M, HEE T M. Measurements of on-body propagation characteristics[C]//Proceedings of IEEE Antennas and Propagation Society International Symposium (IEEE Cat. No.02CH37313). Piscataway: IEEE Press, 2002: 310-313.

[4] ALOMAINY A, HAO Y, HU X, et al. UWB on-body radio propagation and system modelling for wireless body-centric networks[J]. IEE Proceedings - Communications, 2006, 153(1): 107.

[5] FORT A, DESSET C, RYCKAERT J, et al. Characterization of the ultra wideband body area propagation channel[C]//Proceedings of 2005 IEEE International Conference on Ultra-Wideband. Piscataway: IEEE Press, 2006.

[6] FORT A, DESSET C, DE DONCKER P, et al. An ultra-wideband body area propagation channel Model-from statistics to implementation[J]. IEEE Transactions on Microwave Theory and Techniques, 2006, 54(4): 1820-1826.

[7] HU Z H, NECHAYEV Y I, HALL P S, et al. Measurements and statistical analysis of on-body channel fading at 2.45 GHz[J]. IEEE Antennas and Wireless Propagation Letters, 2007(6): 612-615.

[8] ZHEN B, KIM M, TAKADA J I, et al. Characterization and modeling of dynamic on-body propagation[C]//Proceedings of 2009 3rd International Conference on Pervasive Computing Technologies for Healthcare. Piscataway: IEEE Press, 2009: 1-6.

[9] WANG J Q, KIMURA I, WANG Q. UWB on-body channel measurement and BER performance in an indoor environment[C]//Proceedings of 3rd European Wireless Technology Conference. Piscataway: IEEE Press, 2010: 57-60.

[10] RAPPAPORT T S. Wireless communications: principles and practice[M]. Second Edition. Upper Saddle River: Prentice Hall PTR, 2001.

[11] STEINBOCK G, PEDERSEN T, FLEURY B H, et al. Model for the path loss of In-room reverberant channels[C]//Proceedings of 2011 IEEE 73rd Vehicular Technology Conference (VTC Spring). Piscataway: IEEE Press, 2011: 1-5.

[12] ZHAO X W, KIVINEN J, VAINNIKAINEN P. Tapped delay line channel models at 5.3 GHz in indoor environments[C]//Proceedings of Vehicular Technology Conference Fall 2000. IEEE VTS Fall VTC2000.52nd Vehicular Technology Conference (Cat. No.00CH37152). Piscataway: IEEE Press, 2002: 1-5.

[13] AWAD M K, WONG K T, LI Z B. An integrated overview of the open literature's empirical data

on the indoor radiowave channel's delay properties[J]. IEEE Transactions on Antennas and Propagation, 2008, 56(5): 1451-1468.

[14] ZHANG D Y, ZHANG Q N, LU W J, et al. Study of a complementary antenna for wearable applications[C]//Proceedings of 2015 Asia-Pacific Microwave Conference (APMC). Piscataway: IEEE Press, 2016: 1-3.

[15] AKAIKE H. Information theory and an extension of the maximum likelihood principle[C]//Second International Symposium on Information. [S.l.:s.n.], 1973: 267-281.

[16] RANGAN S, RAPPAPORT T S, ERKIP E. Millimeter-wave cellular wireless networks: potentials and challenges[J]. Proceedings of the IEEE, 2014, 102(3): 366-385.

[17] HAYES M H. Statistical digital signal processing and modeling[M]. New York: John Wiley & Sons, 2009.

[18] MASSEY J F J. The Kolmogorov-Smirnov test for goodness of fit[J]. Journal of the American Statistical Association, 1951, 46(253): 68-78.

[19] MILLER L H. Table of percentage points of Kolmogorov statistics[J]. Journal of the American Statistical Association, 1956, 51(273): 111-121.

[20] MARSAGLIA G, TSANG W W, WANG J B. Evaluating Kolmogorov's distribution[J]. Journal of Statistical Software, 2003, 8(18): 1-4.

[21] FOERSTER J. IEEE P802. 15 working group for wireless personal area networks (WPANs), channel modeling subcommittee report-final[EB]. 2003.

[22] CUI P F, YU Y, LIU Y, et al. Body obstruction characteristics for off-body channel under hospital environment at 6~8.5 GHz[C]//Proceedings of 2016 IEEE International Conference on Ubiquitous Wireless Broadband (ICUWB). Piscataway: IEEE Press, 2016: 1-4.

[23] COTTON S L, SCANLON W G. Channel characterization for single- and multiple-antenna wearable systems used for indoor body-to-body communications[J]. IEEE Transactions on Antennas and Propagation, 2009, 57(4): 980-990.

[24] HASHEMI H. The indoor radio propagation channel[J]. Proceedings of the IEEE, 1993, 81(7): 943-968.

[25] DURGIN G, RAPPAPORT T S, XU H. Measurements and models for radio path loss and penetration loss in and around homes and trees at 5.85 GHz[J]. IEEE Transactions on Communications, 1998, 46(11): 1484-1496.

[26] YU Y, LIU Y, LU W J, et al. Path loss model with antenna height dependency under indoor stair environment[J]. International Journal of Antennas and Propagation, 2014: 1-6.

[27] COTTON S L, SCANLON W G. Measurements, modeling and simulation of the off-body radio channel for the implementation of bodyworn antenna diversity at 868 MHz[J]. IEEE Transactions on Antennas and Propagation, 2009, 57(12): 3951-3961.

[28] GEORGIOU O. Polarized rician fading models for performance analysis in cellular networks[J]. IEEE Communications Letters, 2016, 20(6): 1255-1258.

[29] RAPPAPORT T S, HAWBAKER D A. Wide-band microwave propagation parameters using circular and linear polarized antennas for indoor wireless channels[J]. IEEE Transactions on Com-

munications, 1992, 40(2): 240-245.
[30] PANAGOPOULOS A D, CHATZARAKIS G E. Outage performance of single/dual polarized fixed wireless access links in heavy rain climatic regions[J]. Journal of Electromagnetic Waves and Applications, 2007, 21(3): 283-297.
[31] LU W J, SHI J W, TONG K F, et al. Planar endfire circularly polarized antenna using combined magnetic dipoles[J]. IEEE Antennas and Wireless Propagation Letters, 2015(14): 1263-1266.
[32] MÄKINEN R M, KELLOMÄKI T. Body effects on thin single-layer slot, self-complementary, and wire antennas[J]. IEEE Transactions on Antennas and Propagation, 2014, 62(1): 385-392.
[33] GU J F, WU K. Quaternion modulation for dual-polarized antennas[J]. IEEE Communications Letters, 2017, 21(2): 286-289.
[34] CHEN Y F, TEO J, LAI J C Y, et al. Cooperative communications in ultra-wideband wireless body area networks: channel modeling and system diversity analysis[J]. IEEE Journal on Selected Areas in Communications, 2009, 27(1): 5-16.
[35] 余雨. 小蜂窝场景中室内短距离无线信道传播特性研究[D]. 南京: 南京邮电大学, 2017.
[36] YU Y, CUI P F, LU W J, et al. Off-body radio channel impulse response model under hospital environment: measurement and modeling[J]. IEEE Communications Letters, 2016, 20(11): 2332-2335.
[37] 崔鹏飞. 无线离体信道传播特性和稀疏化建模的研究[D]. 南京: 南京邮电大学, 2019.
[38] CUI P F, LU W J, YU Y, et al. Off-body spatial diversity reception using circular and linear polarization: measurement and modeling[J]. IEEE Communications Letters, 2018, 22(1): 209-212.
[39] CUI P F, YU Y, LU W J, et al. Measurement and modeling of wireless off-body propagation characteristics under hospital environment at 6-8.5 GHz[J]. IEEE Access, 2017(5): 10915-10923.

第 5 章 物联网智慧办公场景 MIMO 信道模型

第 3～4 章分别介绍了物联网边缘无线环境中的室内和离体无线传播及信道模型，然而这些模型均应用于单天线收发场景。随着物联网技术的发展，用户对数据传输速率以及物联网设备接入数的要求不断增加，采用传统单天线或单点对单点的无线体域网已经无法满足该领域日益增长的需求，需要引入多天线技术以支持更高的通信速率和更大的设备连接数，为了保证多天线通信系统的稳定性和可靠性，准确的多天线 MIMO 信道模型是必不可少的。传统多天线 MIMO 信道模型包括 Kronecker 模型[1]、Weichselberger 模型[2]和 VCR 模型[3]，上述 3 类理论性模型缺乏经验数据的支撑，也没有考虑物联网边缘无线环境中的多个接入设备数目、用户手持等复杂因素，难以直接用于描述物联网边缘无线环境中的多天线信道特性。本章将重点围绕物联网边缘无线环境中的多天线衰落信道特性建模问题，研究智慧办公场景下的多天线信道模型。

5.1 智慧办公场景 MIMO 信道模型

5.1.1 物联网边缘无线环境 MIMO 信道建模的特点

从本质上说，上述模型有一个共同的特点，即这些模型都是通过对 MIMO 信道空间协方差矩阵的分解来建立的，对于物联网 MIMO 信道来说，环境中传感节点众多，其信道相关性会极大地提升，这与传统 MIMO 信道模型有很大区别，导致了实际的 MIMO 信道矩阵与建模的 MIMO 信道矩阵之间的二次差[4-7]。

5.1.2 MIMO 信道矩阵模型

本节信道假设为静态并且是频率非选择性。对于一个 N 根发射天线，M 根接收天线的静态、频率非选择性信道，接收端的信号向量 $\boldsymbol{y}$ 可以表示为：

$$\boldsymbol{y} = \boldsymbol{Hx} \cdot s \tag{5-1}$$

其中，$\boldsymbol{x}$ 是空间发送滤波器，s 是要发送的字符。$\boldsymbol{H}$ 是一个 $M \times N$ 的信道矩阵，其元素 h_{mn} 表示的是第 n 根发射天线和第 m 根接收天线之间的复信道增益。

$$\boldsymbol{H} = \begin{pmatrix} h_{11} & h_{12} & \cdots & h_{1N} \\ h_{21} & h_{22} & \cdots & h_{2N} \\ \vdots & \vdots & \ddots & \vdots \\ h_{M1} & h_{M2} & \cdots & h_{MN} \end{pmatrix} \tag{5-2}$$

对于一个 Rician 信道，信道矩阵可以建模为：

$$\boldsymbol{H} = \sqrt{\frac{K}{K+1}}\boldsymbol{H}_{\text{LOS}} + \sqrt{\frac{1}{K+1}}\boldsymbol{H}_{\text{res}} \tag{5-3}$$

其中，K 为 Rician 因子。$\boldsymbol{H}_{\text{LOS}}$ 反映的是估算的信道矩阵固定的 LOS 成分；而 $\boldsymbol{H}_{\text{res}}$ 为信道矩阵余下的随机成分。本节主要考虑的是 NLOS 情形，即 $K=0$，并且：

$$\boldsymbol{H} = \boldsymbol{H}_{\text{res}} \tag{5-4}$$

根据矩阵的奇异值分解理论，$M \times N$ 的信道矩阵可以分解为：

$$\boldsymbol{H} = \sum_{k=1}^{r} \sigma_k u_k v_k^{\text{T}} \tag{5-5}$$

其中，$r(r \leqslant \min(M,N))$ 是信道矩阵的秩，奇异值 $\sigma_1, \sigma_2, \cdots, \sigma_r$ 是正实数；左奇异值向量 $\boldsymbol{u}_k (k=1,2,\cdots,r)$ 是相互正交的，右奇异值向量 $\boldsymbol{v}_k (k=1,2,\cdots,r)$ 也是相互正交的。所有的奇异值向量的模都为 1，即：

$$\boldsymbol{u}_j^{\text{H}} \boldsymbol{u}_k = \begin{cases} 1, & j = k \\ 0, & j \neq k \end{cases} \tag{5-6}$$

$$\boldsymbol{v}_j^{\mathrm{H}}\boldsymbol{v}_k=\begin{cases}1, & j=k\\0, & j\neq k\end{cases} \tag{5-7}$$

每一个左奇异值向量可以建模为一个标量和一个矢量的乘积，即：

$$\boldsymbol{u}_k=g_{1k}\times\boldsymbol{u}_{\mathrm{d}k} \tag{5-8}$$

类似地，每一个右奇异值向量也可以建模为一个标量和一个矢量的乘积，即：

$$\boldsymbol{v}_k=g_{2k}\times\boldsymbol{v}_{\mathrm{d}k} \tag{5-9}$$

单位向量 $\boldsymbol{u}_{\mathrm{d}k}$ 定义为接收端的本征模，而单位向量 $\boldsymbol{v}_{\mathrm{d}k}$ 定义为发射端的本征模。这些本征模取决于信道的传播环境（如散射体的数目、强度和位置）。它们可以通过算法从实际测量的信道数据中提取。标量 g_{1k} 和 g_{2k} 是两个模值为 1 的复随机变量。

将式（5-8）和式（5-9）代入（5-5）式可以得到一个新的随机 MIMO 信道矩阵模型：

$$\boldsymbol{H}=\sum_{k=1}^{r}\sigma_k\times(g_{1k}\times\boldsymbol{u}_{\mathrm{d}k})\times(g_{2k}\times\boldsymbol{v}_{\mathrm{d}k})^{\mathrm{T}} \tag{5-10}$$

5.1.3 模型参数提取

本节将详细介绍提取这些模型参数，$\boldsymbol{u}_{\mathrm{d}k},\boldsymbol{v}_{\mathrm{d}k},g_{1k},g_{2k}$ 和奇异值 $\sigma_1,\sigma_2,\cdots,\sigma_r$ 的算法步骤。

步骤 1：提取 g_{1k} 和 g_{2k}。

一个单位模值的复随机变量可以表示为：

$$g_{1k}=\mathrm{e}^{\mathrm{i}\theta_{1k}} \tag{5-11}$$

其中，θ_{1k} 为复随机变量的辅角，单位为弧度。假设 θ_{1k} 是在[0,2π]上均匀分布的随机变量，则复随机变量 g_{1k} 可以提取。

复随机变量 g_{2k} 的提取类似 g_{1k}。

步骤 2：$\boldsymbol{u}_{\mathrm{d}k}$ 和 $\boldsymbol{v}_{\mathrm{d}k}$ 的提取。

从式（5-10），可以得出：

$$\boldsymbol{E}(\boldsymbol{H}\boldsymbol{H}^{\mathrm{H}})=\sum_{k=1}^{r}E(\sigma_k^2)\times\boldsymbol{u}_{\mathrm{d}k}\times\boldsymbol{u}_{\mathrm{d}k}^{\mathrm{H}} \tag{5-12}$$

$$E(\boldsymbol{H}^{\mathrm{H}}\boldsymbol{H})=\sum_{k=1}^{r}E(\sigma_k^2)\times\boldsymbol{v}_{\mathrm{d}k}\times\boldsymbol{v}_{\mathrm{d}k}^{\mathrm{H}} \tag{5-13}$$

其中，$E(\cdot)$定义的是期望算子，$E(\boldsymbol{H}\boldsymbol{H}^{\mathrm{H}})$ 定义为接收端单边相关矩阵，$E(\boldsymbol{H}^{\mathrm{H}}\boldsymbol{H})$ 定义为发射端的单边相关矩阵。

从式（5-12）可以看出，接收端的本征模 $\boldsymbol{u}_{\mathrm{d}k}$ 是接收端单边相关矩阵的特征向量。因此，$\boldsymbol{u}_{\mathrm{d}k}$ 可以通过接收端单边相关矩阵的特征分解得到。类似地，$\boldsymbol{v}_{\mathrm{d}k}$ 可以通过发射端单边相关矩阵的特征分解得到。

步骤 3：奇异值 $\sigma_1,\sigma_2,\cdots,\sigma_r$ 的提取。

根据奇异值分解理论，信道矩阵 $\boldsymbol{H}$ 的奇异值 $\sigma_1,\sigma_2,\cdots,\sigma_r$，是矩阵 $\boldsymbol{H}\boldsymbol{H}^{\mathrm{H}}$ 的特征值平方根。

矩阵 $\boldsymbol{H}\boldsymbol{H}^{\mathrm{H}}$ 的特征值是服从 Gamma 分布的。为了确定 Gamma 分布，首先要计算特征值的均值和方差，然后，特征值可以通过服从该均值和方差的 Gamma 分布生成，最后奇异值 $\sigma_1,\sigma_2,\cdots,\sigma_r$ 可以通过特征值取根号得到。

5.1.4　模型参数含义

如果 MIMO 信道要传输一个标量字符 s，则在接收端的信号向量 $\boldsymbol{\xi}$ 可以表示为：

$$\boldsymbol{\xi}=\boldsymbol{H}\boldsymbol{x}\cdot s \tag{5-14}$$

其中，$\boldsymbol{x}$ 为空间发射端滤波器向量。

设空间接收端滤波器向量为 $\boldsymbol{y}$，则接收字符 z 为

$$\begin{aligned} z&=\boldsymbol{y}^{\mathrm{T}}\boldsymbol{\xi}\\ &=\boldsymbol{y}^{\mathrm{T}}\boldsymbol{H}\boldsymbol{x}\cdot s \end{aligned} \tag{5-15}$$

进一步地，如果在 MIMO 信道要并行传输 r 个字符（$s_1,s_2,\cdots,s_r$），利用发射端本征模的相互正交性，发射端的 r 个本征模（$\boldsymbol{v}_{\mathrm{d}1},\boldsymbol{v}_{\mathrm{d}2},\cdots,\boldsymbol{v}_{\mathrm{d}r}$）可以分别作为 r 个字符对应的发射滤波器，则在接收天线处的信号向量 $\boldsymbol{\xi}$ 可以表示为：

$$\boldsymbol{\xi}=H\sum_{k=1}^{r}\boldsymbol{v}_{\mathrm{d}k}s_k \tag{5-16}$$

同理，对于 r 个要传输的字符 $s_1,s_2,\cdots,s_r$，利用接收端本征模的相互正交性，

接收端的 r 个本征模 $\boldsymbol{u}_{d1},\boldsymbol{u}_{d2},\cdots,\boldsymbol{u}_{dr}$ 可以分别作为对应字符的空间接收端滤波器。

如此，将式（5-16）代入式（5-15），将 $\boldsymbol{u}_{dk}$ 作为 s_k 的空间接收端滤波器，则经过滤波器后得到的字符为：

$$y_k = s_k \cdot \sigma_k g_{1k} g_{2k} \tag{5-17}$$

式（5-17）表明，经过滤波器 $\boldsymbol{u}_{dk}$ 后得到的字符仅包含字符 s_k 的信息，而不含其他并行传输字符的干扰。这说明每一对发射端和接收端的本征模（$\boldsymbol{u}_{dk},\boldsymbol{v}_{dk}$），可以用于空间复用。

于是可以很清楚地解释模型参数的含义。MIMO 信道矩阵的秩 r 决定了 MIMO 信道可以空间复用的数目。对于每一个复用的字符 s_k，发射端的本征模 $\boldsymbol{v}_{dk}$ 可以作为发射滤波器，而接收端的本征模 $\boldsymbol{u}_{dk}$ 可以作为接收滤波器。

5.1.5 MIMO 信道矩阵模型的实测验证

为了验证本节提出的 MIMO 信道矩阵模型，在多个不同的室内环境中进行了 MIMO 信道测量。采用信道容量作为评价提出的随机 MIMO 信道矩阵模型性能的一个指标。

1. 测试环境

同样地，选择办公室、会议室、走廊、楼梯环境进行 MIMO 信道测试。实验环境与第 3 章、第 4 章相同，在此就不再描述。

2. 测试系统

MIMO 信道测试系统原理如图 5-1 所示。该系统的核心设备为 Agilent 8753ES VNA。与前面单天线测试系统不同，MIMO 信道测试系统中还使用了高切换速率的开关矩阵，用来选择不同的接收和发射天线。开关矩阵的型号为 Agilent 34980A。VNA 生成了一组 2590～2610MHz 的扫频信号，扫频点为 201 点，功率为 10dBm。扫频信号馈电给开关矩阵所选择的发射天线。接收天线同样连接着另一个开关矩阵。接收天线接收到信号后，再经过开关矩阵以及一根 15m 长、9dB 损耗的同轴电缆回送到 VNA。发射和接收天线都是同样 5dB 增益的全向天线。笔记本计算机通过局域网（LAN）控制开关矩阵的切换，并且存储通过 GPIB 传输过来的 VNA 测得的 MIMO 信道数据。

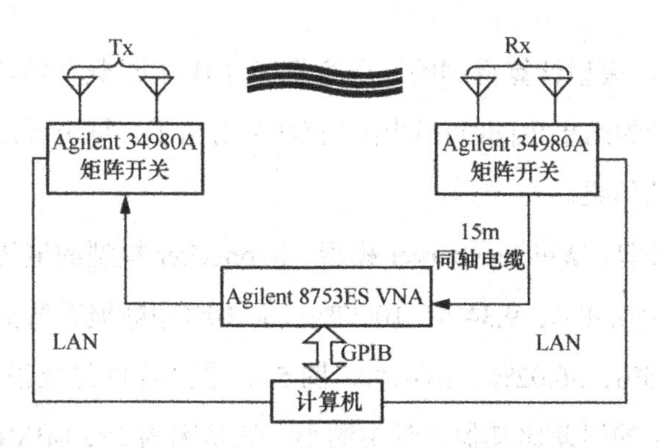

图 5-1　MIMO 信道测试系统原理

3．测试步骤

在以上任何一个环境进行信道测试时，发射天线都是固定的。接收天线设计了多个测试点，以及 3 种不同的极化方式和 3 种不同的天线间距。收发天线之间不存在 LOS 路径。共测试了 96 种场景，包括接收天线不同的位置、极化和天线间距。在每一组场景中，MIMO 信道测试重复了 10 组。

整个测试过程中没有任何人员的移动，以保证信道的静态特性。

4．MIMO 信道矩阵模型的性能

本节对 MIMO 信道矩阵模型计算得到的信道容量和实际测量的信道容量进行了比较，以验证 MIMO 信道矩阵模型的准确性。

每根天线平均分配功率情况下，MIMO 信道的信道容量为：

$$C_{\boldsymbol{H}} = \mathrm{lbdet}\left(\mathbf{I} + \frac{\mathrm{SNR}}{N}\boldsymbol{H}\boldsymbol{H}^{\mathrm{H}}\right) \tag{5-18}$$

其中，SNR 定义的是接收性噪比。值得注意的是，因为 $\boldsymbol{H}$ 是一个随机矩阵，信道容量 $C_{\boldsymbol{H}}$ 也是一个随机变量。

信道的遍历容量 $\overline{C}$，是对各态历经的信道容量求期望得到的。

$$\overline{C} = E_{\boldsymbol{H}}(C_{\boldsymbol{H}}) \tag{5-19}$$

MIMO 信道的 10%中断概率容量 C_{out} 为：

$$P(C_{\boldsymbol{H}} \leqslant C_{\mathrm{out}}) = 10\% \tag{5-20}$$

所提模型和实测的遍历容量、10%中断概率容量对比分别如图 5-2、图 5-3 所

示。96 种场景下，模型计算得到的遍历容量和 10%中断概率容量以散点图的方式描绘出，实际测量的结果也同时在图中（直线）给出了。每个散点对应其中一种场景下的一个模型的结果。

其中，所提模型、Weichselberger 模型、Kronecker 模型的遍历容量与实测结果的平均误差分别为 0.38%、9.34%、10.22%；而 10%中断概率容量与实测结果的平均误差分别为 3.95%、30.02%、28.41%。图 5-2、图 5-3 的结果说明，Kronecker 模型和实际测量结果的误差比其他文献中的小，这是因为 2×2 MIMO 信道的秩很小。同时，所提模型结果比另外两种模型更加接近实际测量结果。

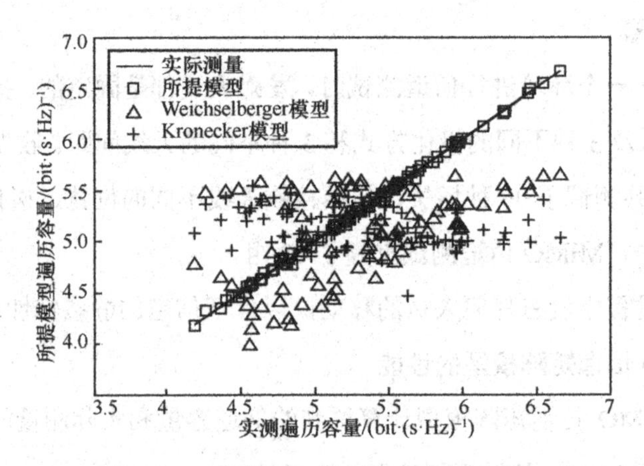

图 5-2　所提模型和实测的遍历容量对比

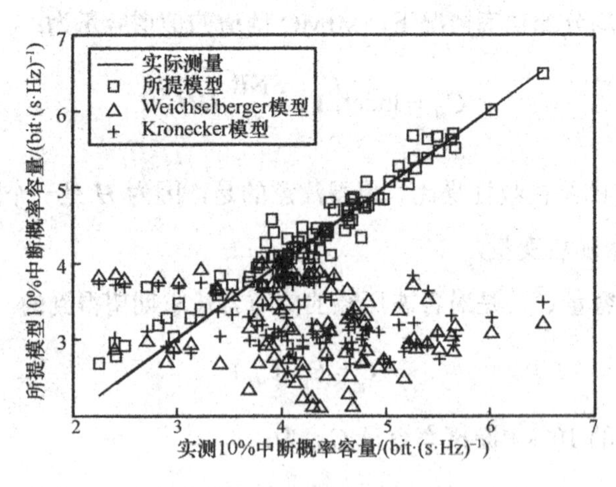

图 5-3　所提模型和实测的 10%中断概率容量对比

5.2　不同天线数的大规模 MIMO 信道传播特性分析

5.2.1　物联网边缘无线环境大规模 MIMO 信道建模的特点

与传统多天线信道模型相比，物联网边缘无线环境大规模 MIMO 信道模型存在很多方面不同[8]。首先，天线数目的大幅增多，本身会导致信道模型的复杂程度进一步增加；其次，大规模 MIMO 天线属于密集排列，物联网边缘无线环境中亦存在众多感知节点，因此信道模型中的相关矩阵特点与一般多天线信道区别较大；同时，大规模 MIMO 天线由于整体尺寸较大，信道存在非广义稳态现象，在短距离物联网边缘无线环境中建模还要考虑近场效应问题[9-10]；此外，物联网边缘无线环境还存在场景结构和遮挡情形复杂、人体–天线效应显著等特点，电波传播机制复杂，对于信道模型的场景适应性提出较高要求。传统的大规模 MIMO 信道统计性模型主要分为两类，基于相关的随机信道模型（Correlation-Based Stochastic Channel Model，CBSM）和基于几何的随机信道模型（Geometry-Based Stochastic Channel Model，GBSM）[8,11-12]。CBSM 又可以分为独立同分布 Rayleigh 衰落信道模型、Kronecker 模型、Weichselberger 模型等，其模型简单，但精确性不足；GBSM 包括 2D、3D 模型等，其算法复杂度高。总体而言，现有各类模型缺少实际物联网边缘无线环境测量作为支持，部分研究使用了虚拟阵列天线，难以全面反映实际信道的物理机制。在这样的背景下，基于信道实测以建立更为精确、清晰且具备良好扩展性和场景适应能力的物联网边缘无线环境大规模 MIMO 信道模型是十分必要的，可以为复杂物联网边缘无线环境下的系统性能评估、电波传播机制研究提供帮助。

5.2.2　大规模 MIMO 信道测试平台

该平台支持多用户大规模 MIMO 系统的上下行传输，采用了类 LTE 帧格式和 OFDM 传输技术，子载波之间的频率间隔为 15kHz，数据采样率为 30.72MS/s，支持多用户多路视频流的实时传输。图 5-4 中展示了大规模 MIMO 信道测量多维度信道性能分析界面，通过该界面不仅可以进行信道频率响应等海量基础数据的采集，还可以得到星座图、多维度参数分析等实时、直观的性能展示。测量的中心频率是3.5GHz。本次测量使用了 32 根天线的阵列作为基站侧天线，每根天线隔离度均大于17dB，天线增益高于 7dBi。天线阵列和后方的测试平台通过超柔馈线连接，平台中与天线直接相连的是基于软件定义无线电技术，具有中频处理、数模转换等功能的集成模块 USRP 2943R，每个 USRP 2943R 连接 2 根天线。PXIe−7976R 模块进行 MIMO 的相关计算，功能与基于 VNA 的信道测量中的开关矩阵相似。PXIe−8135E 模块负责系统的控制和配置。

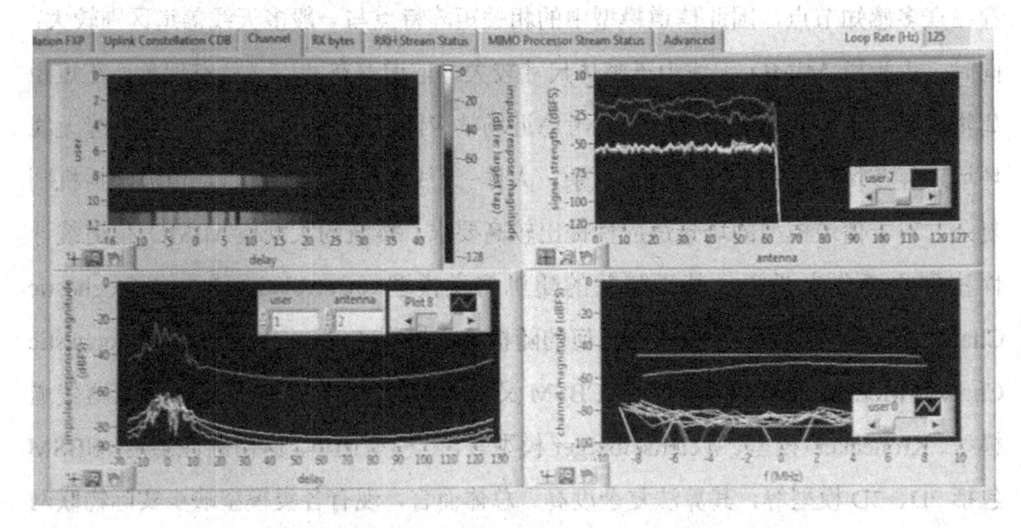

图 5-4　大规模 MIMO 信道测量多维度信道性能分析界面

大规模平面天线阵列和 8 天线手持机实物图如图 5-5 所示，测量时，实时信道数据经过上述模块的采集和处理，拖曳并存储至控制器指定的存储设备中。上述模块均安装在 PXIe−1085 机柜内，不同模块之间连接和通信由机柜中集成模块实现。每个机柜最多支持 16 个 USRP 单元，即 32 根天线，超过该数目需要新增机柜并经由 PXIe−8384 模块实现机柜间通信。

8 天线手持机由 8 个平面倒 F 天线（Planar Inverted-F Antenna，PIFA）组成，并采用了 T 型短截线等技术[13-14]，具有优越性能，可以满足在本节所研究频段上的信道测量。它的尺寸约为长 15cm、宽 7.5cm，与主流智能手机尺寸相当。该手持机还可以满足全金属边框的需要，并在阻抗匹配、隔离度和辐射效率方面具有优越性能。为验证该手持机的性能，同时分析天线数量变化对信道性能的影响，本节还使用了一组尺寸类似的 2 天线手持机进行信道测量，以作为对比实验。大规模平面天线阵列和 8 天线手持机实物图如图 5-5 所示。可以看出，本节所用的大规模平面天线阵列、测量平台和手持机，都与实际应用十分贴近，可以充分模拟手持机与基站通信场景下的无线信道，其测量结果及模型也具备广泛的应用前景和良好的扩展性。

（a）大规模平面天线阵列

（b）8天线手持机

图 5-5　大规模平面天线阵列和 8 天线手持机实物图

5.2.3　模型参数提取

测量工作在一个典型的室内办公室环境中进行。该办公室除一个侧面为落地式玻璃墙外，天花板和其余侧面墙壁主要为混凝土材质，地板和桌子是木制的。落地式玻璃墙的玻璃门在测量时关闭。测量时由手持机作为发射端，阵列天线作为接收端，在 LOS 条件下进行。测量点位如图 5-6 所示，每个点位按“田”字型均选取了 9 个网格点进行测量，收发距离均为 5.5～6m。通过计算可得出，所有测量均在远场条件下进行。在每个网格点上，测量分为两种情形。第一种情形下，手持机被固定在三脚架上，用户身体的遮挡和手部握持对信道不会产生影响。第二种情形下，由用户握持该终端，其他条件与第一种情形相同。测量过程中，房间内椅子的朝向和位置有微小的变动，其余物体均不曾移动。每个网格点在每种情形下分别进行 300 次扫频，采集无线信道的频率响应数据。

由于天线数目的激增，大规模 MIMO 的传播特性研究和建模涉及海量数据的收集、组织和分析的问题。例如，在本次测量中，网格点位的数量级为10^2～10^3，天线对的数量级为10^3～10^4，考虑测量次数、频点数等，将形成可观的数据集。一方面，由于涉及跨硬件中多个分析工具的应用，平台接口或存储的问题可能产生少量无效值、缺失值等问题；另一方面，由于操作的复杂程度高，可能出现人工失误造成数据编号错乱、顺序的颠倒等，为了处理复杂的数据，有必要借鉴数据工程的方法对整个过程进行把控。大规模 MIMO 测量和数据分析、建模流程如图 5-7 所示。

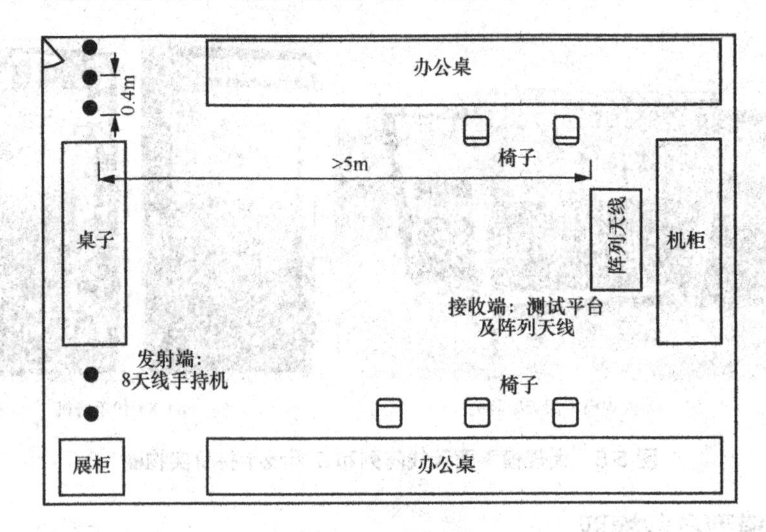

图 5-6　测量点位

经初步采集和处理后，首先得到如下信道矩阵：

$$
\boldsymbol{H}_l = \begin{bmatrix} h_{11} & h_{12} & \cdots & h_{1(N-1)} & h_{1N} \\ h_{21} & & & & h_{2N} \\ \cdots & & \cdots & & \cdots \\ h_{(M-1)1} & & & & h_{(M-1)N} \\ h_{M1} & h_{M2} & \cdots & h_{M(N-1)} & h_{MN} \end{bmatrix}_l \tag{5-21}
$$

其中，M 和 N 分别是接收天线和发射天线的数量($M = 32, N = 8$)，l 则是 20MHz 测量带宽内的频点数，共 144 个（l=144）。然后根据文献[15-16]中的方法进行频率选择性的计算分析。根据分析结果，可以得出以下结论，即在 20MHz 的测量带宽范围内，频率对信道参数的影响很小，与其他因素相比可以忽略。因此不同频点的 $\boldsymbol{H}_l$ 可以近似看作 l 组 $\boldsymbol{H}$。在采集数据、检查一致性、处理无效值和缺失值后，分析评估数据的正确性，首先将收集到的结构化矩阵数据进行整理编号。然后，由于不同测量组中天线数目的矩阵维度存在较大差异，应使用分析工具将其转换为维度一致的数据，接着采用最大似然估计（Maximum Likelihood Estimation，MLE）方法判断频率响应矩阵元素的分布类型，进而计算分布特性参数。一般而言，可能服从的分布包括正态分布、对数正态分布、广义极值分布或 Nakagami-m 分布等。根据最大似然估计反映的匹配结果，各组测量中频率响应矩阵元素的幅度服从 Nakagami-m 分布，相位均服从$(-\pi, \pi)$上的均匀分布。Nakagami-m 分布的概率密度函数表示为：

$$f(x;m,\sigma)=\frac{2m^m}{\Gamma(m)\Omega^m}x^{2m-1}\exp\left(-\frac{\sigma}{m}x^2\right) \tag{5-22}$$

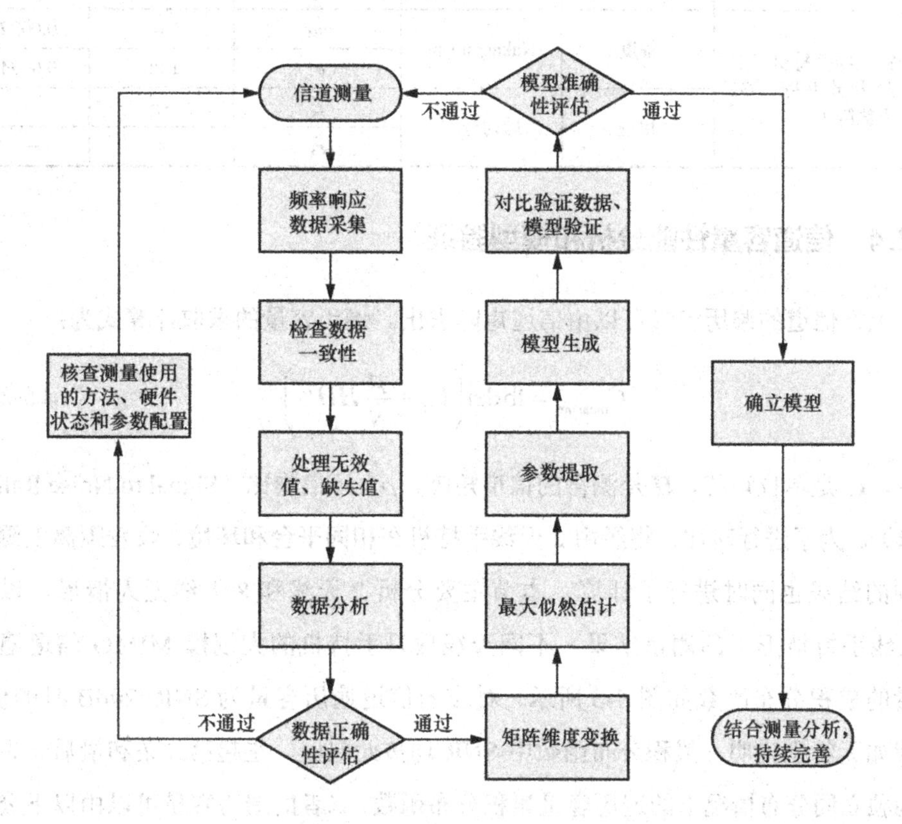

图 5-7　大规模 MIMO 测量和数据分析、建模流程

其中，Γ 为 gamma 函数符号。频率响应矩阵元素的分布特性参数见表 5-1。为直观

体现分布特性参数的特点，分析使用的数据进行了归一化处理。可以看出，2 天线手持机的分布特性参数与 8 天线有显著区别。

表 5-1　频率响应矩阵元素的分布特性参数

测量分组		相位/幅度	分布类型	分布特性参数	参数平均值	参数方差
1	2 天线手持机/32 天线阵列	幅度	Nakagami-m	m_1	0.38	0.0048
				σ_1	3.93	0.070
		相位	均匀分布	l_1	−π	—
				ε_1	π	—
2	8 天线手持机/32 天线阵列	幅度	Nakagami-m	m_3	0.62	0.0020
				σ_3	1.00	0.0035
		相位	均匀分布	l_3	−π	—
				ε_3	π	—
3	8 天线手持机（实验人员手持）/32 天线阵列	幅度	Nakagami-m	m_4	0.65	0.0022
				σ_4	1.00	0.0034
		相位	均匀分布	l_4	−π	—
				ε_4	π	—

5.2.4　信道容量性能分析和模型验证

上行信道的遍历容量可以由信道矩阵求出。遍历容量的求取计算式为：

$$C_{\text{measure}} = \text{lb}\det\left(\mathbf{I}_M + \frac{\rho}{N}\boldsymbol{HH}^{\text{H}}\right) \tag{5-23}$$

其中，$\mathbf{I}_M$是单位矩阵，$\boldsymbol{H}$是测得的信道矩阵，ρ表示信噪比（Signal to Noise Ratio，SNR）。为了进行对比，将经由 2 天线手持机在相同平台和环境、收发距离上测量得到的结果也同时进行了计算。本节主要分析 2 天线和 8 天线无人情形，以及 8 天线手持情形下的测量结果。不同天线数目手持机的大规模 MIMO 信道遍历容量的累积分布函数如图 5-8 所示，对应的信道遍历容量为 SNR=20dB 时的值，后续如无特别说明，累积分布函数中 SNR 均按此取值。左起第二条和最后一条线均为独立同分布情况下的遍历容量累积分布函数，二者的遍历容量可以由以下公式计算得到：

$$C_{\text{i.i.d.}} = \text{lb}\det\left(\mathbf{I}_M + \frac{\rho}{N}\boldsymbol{H}_{\text{iid}}\boldsymbol{H}_{\text{iid}}^{\text{H}}\right) \tag{5-24}$$

其中，$\boldsymbol{H}_{\text{iid}}$ 是由复高斯随机变量组成的矩阵，其余参数含义与式（5-23）相同，这里不再赘述。不同天线数目手持机的大规模 MIMO 信道遍历容量随 SNR 变化情况如图 5-9 所示，其中 SNR 为线性值。

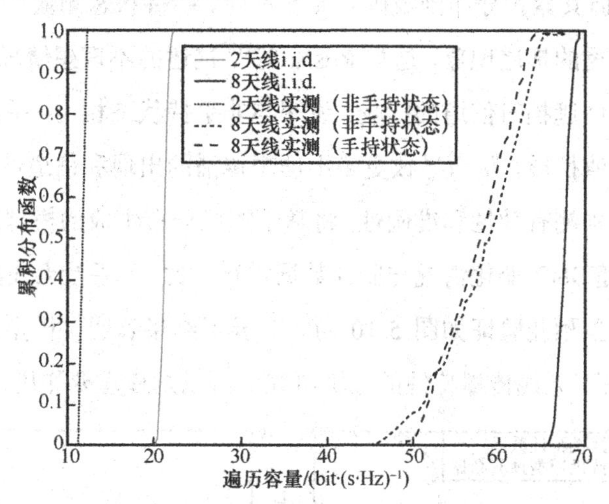

图 5-8　不同天线数目手持机的大规模 MIMO 信道遍历容量累积分布函数

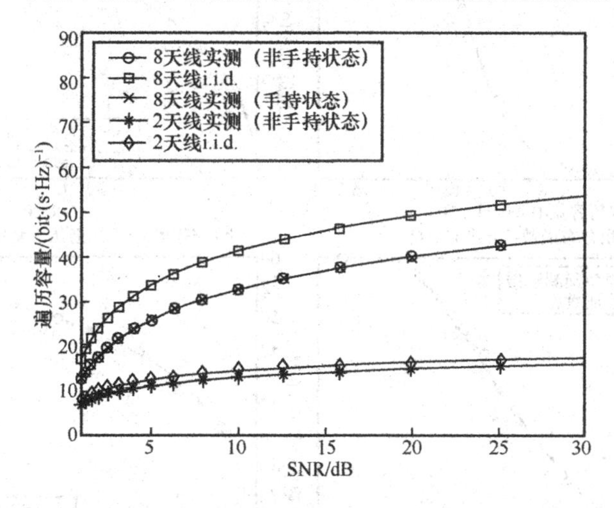

图 5-9　不同天线数目手持机的大规模 MIMO 信道遍历容量随 SNR 变化情况

从图 5-9 中可以看出，随手持机天线数量的增加，信道可以拥有更高的遍历容量值。当 SNR 较小时，测得 8 天线信道遍历容量与 8 天线 i.i.d.情形有 3～6dB 的差距；当 SNR 较大时，差距约为 10dB。这样的遍历容量差值主要是实际信道情况与 i.i.d.情形下的理想传播条件[17]之间的差距所致，即实际信道中，遍历容量无法达到理想值。在这一点上，8 天线与 2 天线并无显著差异。

观察图 5-8 和图 5-9 可知，8 天线非手持和手持状态下的遍历容量随 SNR 变化曲线基本一致，但其累积分布函数确有显著不同。手持状态测量结果得到的累积分布函数呈现了严重的拖尾现象，这与 Rusek 等[18]描述的不理想情况很相似，也揭示了手部握持和人体遮挡对信道的影响，说明与非手持状态相比，手持状态的信道矩阵具有更高特征值扩展，从而导致更多不理想传播的出现和信道性能的劣化。为了直观地验证模型预测有效性和准确性，将基于随机分布生成的模型预测的遍历容量累积分布函数、随 SNR 变化情况与验证数据进行对比。各手持天线的大规模 MIMO 信道遍历容量模型预测验证如图 5-10 所示。验证结果表明，模型预测准确，在大规模 MIMO 场景下无线传播特性的分析研究中可以发挥重要作用。

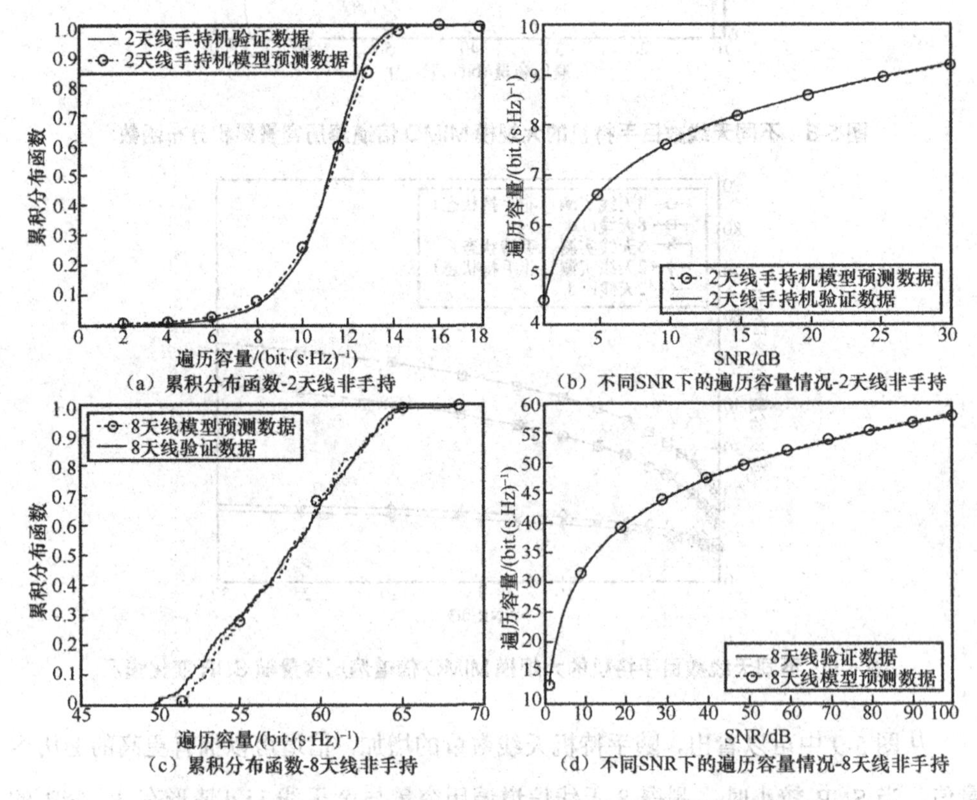

图 5-10 各手持天线的大规模 MIMO 信道遍历容量模型预测验证

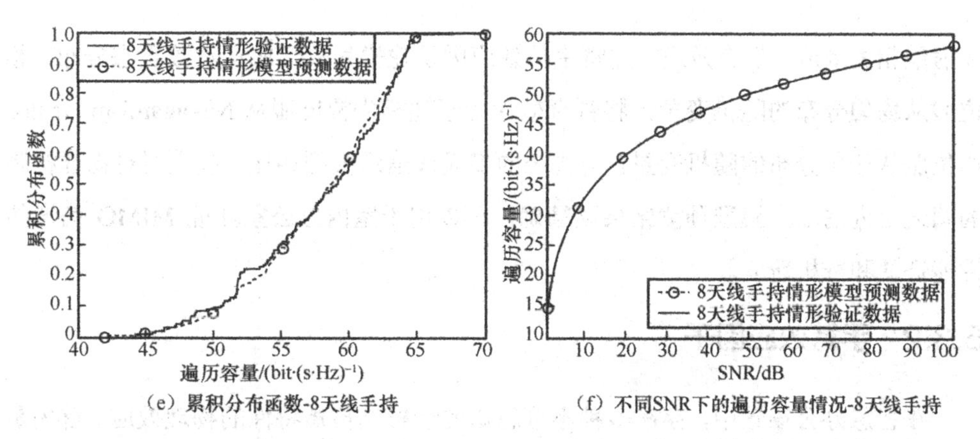

（e）累积分布函数-8天线手持

（f）不同SNR下的遍历容量情况-8天线手持

图 5-10　各手持天线的大规模 MIMO 信道遍历容量模型预测验证（续）

5.3　包含用户手持效应因子的智慧办公场景 MIMO 信道模型

5.3.1　智慧办公场景 MIMO 信道建模的特点

与一般的多天线信道相比，室内办公室环境的 MIMO 信道由于受到天线的相关性、用户遮挡、场景复杂等多重因素的影响，存在着用户手持效应、天线相关效应、耦合效应等一系列对电波传播产生重要影响的物理机制。需要有合适的信道模型评估信道的性能以及这些物理机制带来的影响。在已有研究中，常使用基于相关的随机信道模型（CBSM）进行多天线信道的建模分析。其中，i.i.d.瑞利衰落信道模型是一种理想 CBSM，其优势在于可以应用中心极限定理、随机矩阵理论工具直接进行分析[19]，但未考虑天线之间的相关性，与实际情况差距较大。同时，在实际应用最广泛的 Kronecker 模型中，信道特性依赖于接收端、发射端相关矩阵[20-21]，它算法简单，但被证明精确性不足，这主要是忽略了接收端和发射端之间的耦合效应；Weichselberger 模型针对 Kronecker 模型的上述缺陷进行了改进[2,16,22]；此外，还有虚拟信道表示（Virtual Channel Representation，VCR）模型[3]等。然而，传统的 Kronecker 或 Weichselberger 等模型均无法描述更复杂的效应，例如，用户手持效应对信道特性的影响。本节提出了一种包含用户手持效应因子的智慧办公场景 MIMO 信道模型，该模型的特点是充分考虑了用户的手持效应、接收端相关效应、发射端相关效应、耦合效应，并将手持效应因子建模为幅度服从对数正态分布、相位服从均匀分布的随机变量，将耦合效应因子建模为幅度服从 Nakagami-m 分布、相位服从均匀分布的随机变量。与传统的多天线信道模型相比，该模型对物理机制的阐述更为清晰，模型预测结果更精确，可以用于室内办公室环境 MIMO 信道的性能评估和分析研究。

5.3.2 手持效应因子

在智慧办公场景中，存在多种不可忽略的会影响传播特性的物理效应。首先是接收端和发射端之间的耦合效应，它主要取决于环境中的散射体等情况。对于 MIMO 信道，不仅存在收发端之间的耦合效应，还包括接收端和发射端自身的效应。相应地，应当将上述效应纳入信道矩阵模型中。这些效应构成的矩阵的元素具有特定分布的随机变量，后者可以通过信道测量的方式采集大量数据样本，并对其统计特性进行分析。在手持场景中，信道不仅存在上述耦合及相关效应，还存在手持效应。手持场景的信道矩阵如下：

$$\begin{cases} \boldsymbol{H} = \boldsymbol{H}_{\text{fix}} + \boldsymbol{H}_{\text{random}} \\ \boldsymbol{H}_{\text{random}} = \sum_{m=1}^{M}\sum_{n=1}^{N} \underbrace{g_{mn}\omega_{mn}}_{\substack{\text{收发端之间} \\ \text{的耦合效应}}} \underbrace{\theta_{\text{Rx},m}\theta_{\text{Tx},n}}_{\substack{\text{接收端、发射端} \\ \text{自身的效应}}} \end{cases} \tag{5-25}$$

其中，

$$\omega_{mn} = \omega_{\text{h},mn} + \omega_{\text{o},mn} \tag{5-26}$$

$\boldsymbol{H}_{\text{fix}}$ 和 $\boldsymbol{H}_{\text{random}}$ 分别是信道矩阵的直射分量部分和随机部分，信道的随机分布特性取决于后者。后文中如无特别说明，信道矩阵均指随机部分。接收端和发射端的天线数分别用 M 和 N 来表示。$m=[1,2,\cdots,M]$ 和 $n=[1,2,\cdots,N]$ 是两个正整数数列。g_{mn} 是一组 i.i.d.系数，服从零均值高斯分布，ω_{mn} 是耦合效应矩阵特征值的平方根。特征值 $\theta_{\text{Rx},m}$ 和 $\theta_{\text{Tx},n}$ 分别构成接收端和发射端相关矩阵的特征向量。手持效应使用 $\omega_{\text{h},mn}$ 描述，其他效应则用 $\omega_{\text{o},mn}$ 表示。关于各个参数的意义，可以总结归纳为：接收端、发射端自身的效应用 $\theta_{\text{Rx},m}$ 和 $\theta_{\text{Tx},n}$ 阐述，收发端之间的耦合效应用 g_{mn} 和 ω_{mn} 表示。

ω_{mn} 可以变换为以下矩阵形式，以便更简易地进行计算：

$$\boldsymbol{\Omega}=\begin{bmatrix} \omega_{11} & \omega_{12} & \cdots & \omega_{1(N-1)} & \omega_{1N} \\ \omega_{21} & & & & \omega_{2N} \\ \cdots & & \cdots & & \cdots \\ \omega_{(M-1)1} & & & & \omega_{(M-1)N} \\ \omega_{M1} & \omega_{M2} & \cdots & \omega_{M(N-1)} & \omega_{MN} \end{bmatrix} \tag{5-27}$$

其他参数也可以转换为类似的矩阵形式，这里不再赘述。最后，式（5-27）可改写为：

$$\boldsymbol{H}_{\text{random}}=\Theta_{\text{Rx}}(\boldsymbol{\Omega}\circ\boldsymbol{G})(\Theta_{\text{Tx}})^{\text{T}} \tag{5-28}$$

其中，$\circ$ 表示 Schur-Hadamard 乘积，$\boldsymbol{G}$ 是独立同分布的零均值复高斯随机矩阵，$(\cdot)^{\text{T}}$ 表示矩阵的转置。如前文所述，特征值 $\theta_{\text{Rx},m}$ 和 $\theta_{\text{Tx},n}$ 分别构成接收端和发射端相关矩阵的特征向量。因此，它们可以通过下列特征值分解方法得到：

$$\boldsymbol{R}_{\text{Rx}}=\Theta_{\text{Rx}}\boldsymbol{\Lambda}_{\text{Rx}}\Theta_{\text{Rx}}^{\text{H}} \tag{5-29}$$

且

$$\boldsymbol{R}_{\text{Tx}}=\Theta_{\text{Tx}}\boldsymbol{\Lambda}_{\text{Tx}}\Theta_{\text{Tx}}^{\text{H}} \tag{5-30}$$

其中，$\boldsymbol{R}_{\text{Rx}}$ 和 $\boldsymbol{R}_{\text{Tx}}$ 分别是接收端、发射端的相关矩阵。$\boldsymbol{\Lambda}_{\text{Rx}}$ 和 $\boldsymbol{\Lambda}_{\text{Tx}}$ 是由相应的特征值组成的对角矩阵。如此可以得到基于用户手持效应的室内无线信道矩阵模型。

5.3.3　模型参数提取

接下来，将给出模型参数的提取过程。在式（5-26）中可以看到有两个参数 $\omega_{h,mn}$ 与 $\omega_{o,mn}$ 需要被建模。然而在手持场景下，它们实际上很难从信道实测数据中区分和提取出来。因此，首先分析常规情形下的测量结果，由于此时并不存在手持效应，可以分离出收发端之间的耦合效应。首先，根据第一种情形下的测量结果，求出接收端相关、发射端相关矩阵：

$$\boldsymbol{R}_{\text{Rx}}=\boldsymbol{E}(\boldsymbol{H}_{\text{o}}\boldsymbol{H}_{\text{o}}^{\text{H}}) \tag{5-31}$$

$$\boldsymbol{R}_{\text{Tx}}=\boldsymbol{E}(\boldsymbol{H}_{\text{o}}^{\text{H}}\boldsymbol{H}_{\text{o}}) \tag{5-32}$$

其中，$\boldsymbol{H}_{\mathrm{o}}$ 是第一种情形下的信道矩阵测量结果。据此即可求出两个相关矩阵的特征值。

接着，求此情形下的收发端之间的效应：

$$\boldsymbol{\Omega}_{\mathrm{o}}=\begin{bmatrix} \omega_{\mathrm{o},11} & \omega_{\mathrm{o},12} & \cdots & \omega_{\mathrm{o},1(N-1)} & \omega_{\mathrm{o},1N} \\ \omega_{\mathrm{o},21} & & & & \omega_{\mathrm{o},2N} \\ \cdots & & \cdots & & \cdots \\ \omega_{\mathrm{o},(M-1)1} & & & & \omega_{\mathrm{o},(M-1)N} \\ \omega_{\mathrm{o},M1} & \omega_{\mathrm{o},M2} & \cdots & \omega_{\mathrm{o},M(N-1)} & \omega_{\mathrm{o},MN} \end{bmatrix} \tag{5-33}$$

而 $\boldsymbol{\Omega}_{\mathrm{o}}$ 则可以通过以下运算求得：

$$\boldsymbol{\Omega}_{\mathrm{o}}=\Theta_{\mathrm{Rx}}^{-1}\boldsymbol{H}_{\mathrm{o}}(\Theta_{\mathrm{Tx}})^{-\mathrm{T}}/\boldsymbol{G} \tag{5-34}$$

其中，矩阵 $\boldsymbol{G}$ 是由生成的高斯分布随机变量构成的。

至此，对第一种情形下的实测数据处理已经完成，接下来，为了得到手持效应对信道传播特性的影响，需要对第二种情形，即用户手持场景下的信道测量结果进行分析。由于除了用户手持外，其他测量配置和环境均与第一种情形一致，可以认为除 $\omega_{\mathrm{h},mn}$ 外的参数均保持不变。因而，$\omega_{\mathrm{h},mn}$ 可以由式（5-35）推导求出：

$$\begin{aligned} \boldsymbol{\Omega}_{\omega} &=\Theta_{\mathrm{Rx}}^{-1}\boldsymbol{H}_{\mathrm{random}}(\Theta_{\mathrm{Tx}})^{-\mathrm{T}}/\boldsymbol{G}-\boldsymbol{\Omega}_{\mathrm{o}} \\ &=\Theta_{\mathrm{Rx}}^{-1}(\boldsymbol{H}_{\mathrm{random}}-\boldsymbol{H}_{\mathrm{o}})(\Theta_{\mathrm{Tx}})^{-\mathrm{T}}/\boldsymbol{G} \end{aligned} \tag{5-35}$$

同时有

$$\boldsymbol{\Omega}_{\omega}=\begin{bmatrix} \omega_{\mathrm{h},11} & \omega_{\mathrm{h},12} & \cdots & \omega_{\mathrm{h},1(N-1)} & \omega_{\mathrm{h},1N} \\ \omega_{\mathrm{h},21} & & & & \omega_{\mathrm{h},2N} \\ \cdots & & \cdots & & \cdots \\ \omega_{\mathrm{h},(M-1)1} & & & & \omega_{\mathrm{h},(M-1)N} \\ \omega_{\mathrm{h},M1} & \omega_{\mathrm{h},M2} & \cdots & \omega_{\mathrm{h},M(N-1)} & \omega_{\mathrm{h},MN} \end{bmatrix} \tag{5-36}$$

其中，$\boldsymbol{H}_{\mathrm{random}}$ 是手持场景下的信道矩阵。

这些矩阵元素的统计特性是生成模型的基础。通过实验数据的分析可以观察到，这些矩阵均由复元素组成，因此，可以针对它们的幅度和相位的分布进行特性分析。首先，利用最大似然估计（MLE）方法得到各个元素幅度和相位的分布类型，然后进行拟合和分布因子的提取。基于上述步骤可以得到 $\boldsymbol{\Omega}_{\text{o}}$ 和 $\boldsymbol{\Omega}_{\omega}$ 元素服从以下分布：

$$\boldsymbol{\Omega}_{\text{o}}\begin{cases}|\omega_{\text{o}}| \sim \text{Nakagami}(m_1,\sigma_1)\\ \angle\omega_{\text{o}} \sim U(l_1,\varepsilon_1)\end{cases} \tag{5-37}$$

$$\boldsymbol{\Omega}_{\omega}\begin{cases}|\omega_{\text{h}}| \sim \text{LN}(m_2,\sigma_2)\\ \angle\omega_{\text{h}} \sim U(l_2,\varepsilon_2)\end{cases} \tag{5-38}$$

其中，Nakagami(m_1, σ_1)、LN(m_2, σ_2)和 $U(l, \varepsilon)$分别表示 Nakagami-m 分布、对数正态分布和均匀分布。m_1 和 σ_1 是 Nakagami-m 分布因子，m_2 和 σ_2 是对数正态分布因子，l 和 ε 是均匀分布的上下界，模型参数见表 5-2。

表 5-2 模型参数

矩阵元素		分布类型	分布因子	参数值
$\boldsymbol{\Omega}_{\text{o}}$	幅度	Nakagami-m	m_1	0.721
			σ_1	0.002
	相位	均匀分布	l_1	$-\pi/2$
			ε_1	$\pi/2$
$\boldsymbol{\Omega}_{\omega}$	幅度	对数正态分布	m_2	−1.498
			σ_2	0.988
	相位	均匀分布	l_2	$-\pi/2$
			ε_2	$\pi/2$
$\boldsymbol{\theta}_{\text{Rx}}$	幅度	Nakagami-m	m_3	0.765
			σ_3	0.032
	相位	均匀分布	l_3	$-\pi$
			ε_3	π
$\boldsymbol{\theta}_{\text{Tx}}$	幅度	Nakagami-m	m_4	0.821
			σ_4	0.125
	相位	均匀分布	l_4	$-\pi$
			ε_4	π

$\boldsymbol{\Omega}_{\text{o}}$ 和 $\boldsymbol{\Omega}_{\omega}$ 元素幅度和相位的分布分别如图 5-11、图 5-12 所示，从分布类型和分布因子的不同，可以直观地看出手持效应与其他效应有显著差异。接着，针对接收

端和发射端自身效应进行特性分析。随后，使用同样方法研究特征向量$\boldsymbol{\theta}_{\mathrm{Rx}}$和$\boldsymbol{\theta}_{\mathrm{Tx}}$的元素分布，其分布类型和分布因子见表 5-2，表中幅度为线性值，相位用弧度表示。

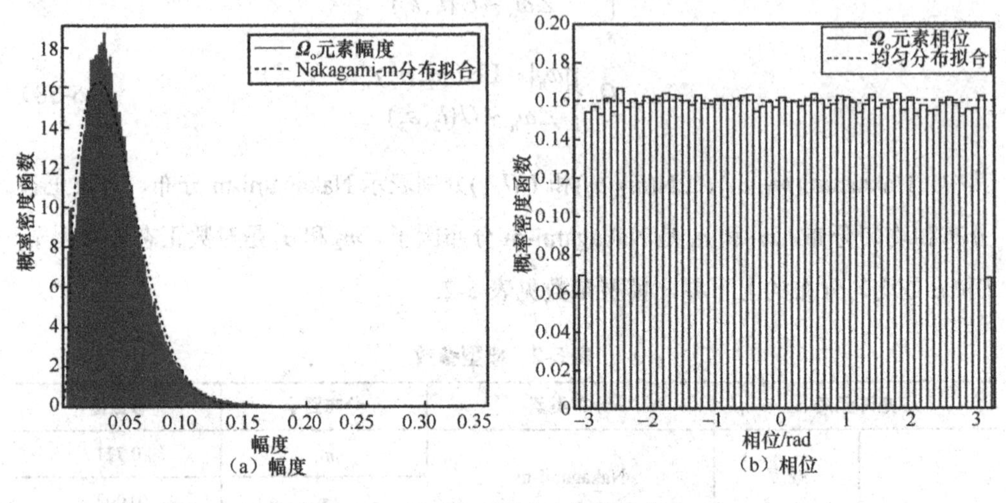

图 5-11 Ω_o元素幅度和相位的分布

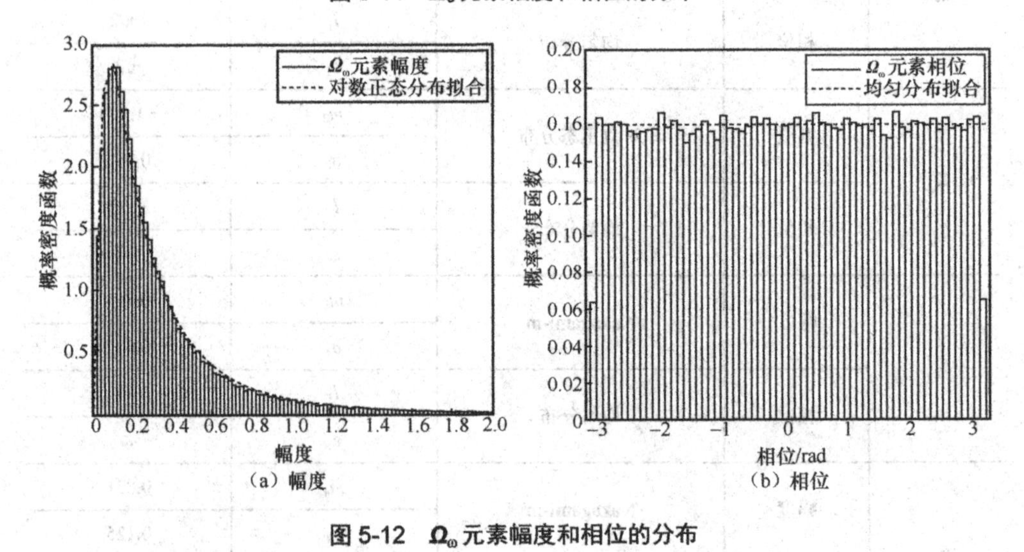

图 5-12 Ω_ω元素幅度和相位的分布

5.3.4 模型生成算法

模型生成算法流程如图 5-13 所示。首先，根据天线数目M和N生成一个复高斯随机矩阵。然后，对于$m=[1,2,\cdots,M]$以及$n=[1,2,\cdots,N]$，根据不同参数的统计特性生成对应的随机变量，最终得到信道矩阵模型。

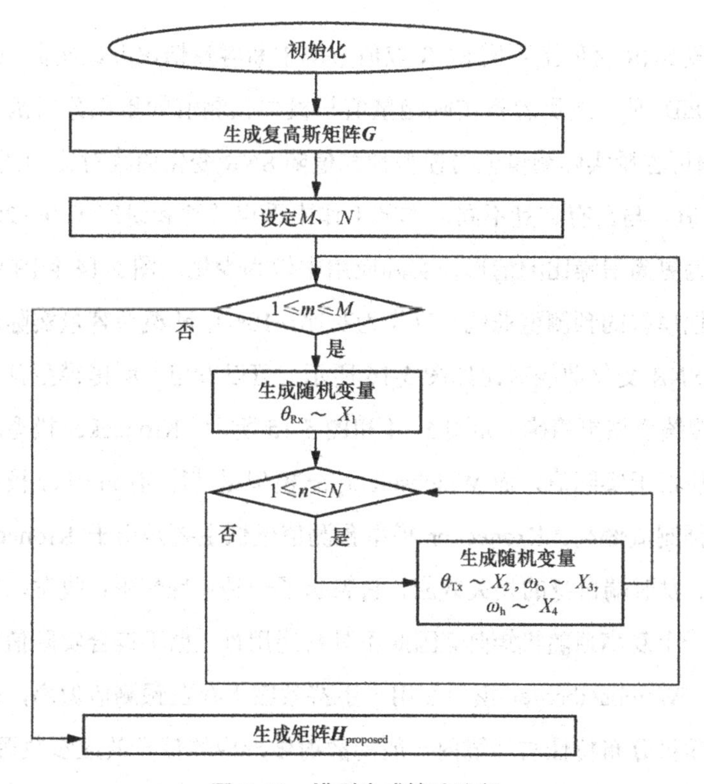

图 5-13　模型生成算法流程

5.3.5　模型验证

本节应用生成的信道矩阵模型进行了信道性能预测，并将预测结果与实测值、传统信道矩阵模型的预测值进行了对比。验证与参数提取使用的是不同的数据，两类数据在测量和采集时，房间内椅子的朝向和位置有少许不同，其余物体均未移动。实测的遍历容量值为：

$$C = \mathrm{lb}\det\left(\mathbf{I} + \frac{\rho}{N}\boldsymbol{H}\boldsymbol{H}^{\mathrm{H}}\right) \tag{5-39}$$

其中，$\mathbf{I}$ 是单位矩阵，$\boldsymbol{H}$ 是模型预测或测量得到的信道矩阵。

为全面对比模型性能，同时进行了信道 10%中断概率容量的验证。10%中断概率容量为：

$$\mathrm{Prob}(C \leqslant C_{\mathrm{outage}}) = b\% \tag{5-40}$$

其中，b=10，C_{outage} 为该条件下的 10%中断概率容量。本节分析该性能指标的方法为，分析一段 SNR 区间上不同 SNR 取值下的中断容量情况并绘制曲线。

SNR=20dB 时，遍历容量实际测量值与模型预测值的累积分布函数对比如图 5-14 所示。遍历容量实际测量值与模型预测值随 SNR 变化曲线对比如图 5-15 所示，SNR 为线性值。与已有文献不同，本节工作中重点关注和研究了 0～20dB 信噪比的变化，因为更高信噪比的情形在实际应用中较为少见。图 5-14 和图 5-15 中同时也绘制了其他模型的预测值曲线，以作为对比。10%中断概率容量实际测量值与模型预测值随 SNR 变化曲线对比如图 5-16 所示。可以看出，所提模型预测值与实测值接近，比传统模型更精确。如图 5-14 和图 5-15 所示，Kronecker 模型对信道的遍历容量预测值低于实际值，而 Weichselberger 模型尽管比 Kronecker 模型准确，但存在明显的预测值偏高。Kronecker 模型预测值偏低主要是由于 Kronecker 模型只考虑接收端、发射端自身的相关效应，它表示了一种特殊情形：收发端的相互耦合可以等效为一个复高斯随机矩阵，因此不具备通用性，也不符合实际信道的传播机制。相反地，Weichselberger 模型在用户手持效应下存在预测值偏离，是由于手持效应参数的随机分布特性与环境内一般的散射体形成的耦合效应参数迥异，此时仍使用同一个矩阵来表示两种效应，会导致模型预测值不准确。

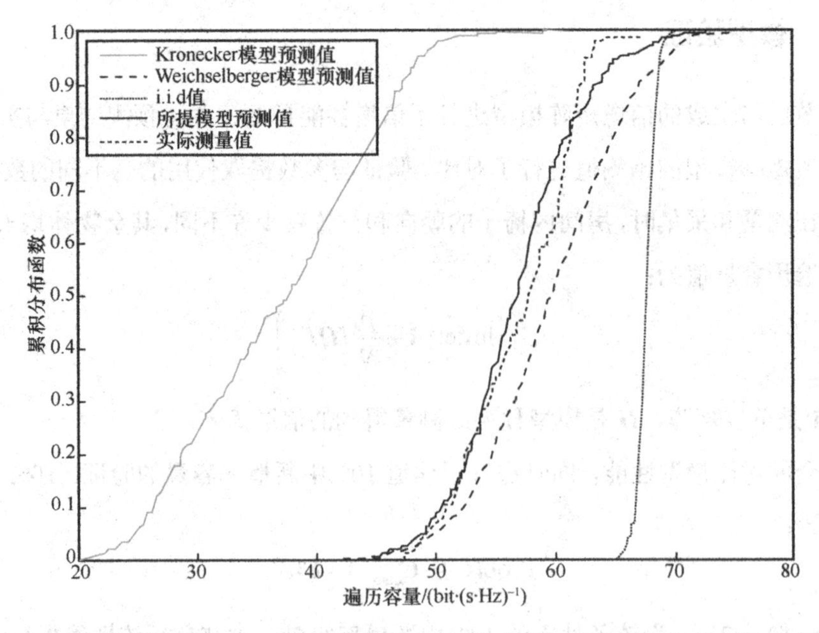

图 5-14　SNR=20dB 时，遍历容量实际测量值与模型预测值的累积分布函数对比

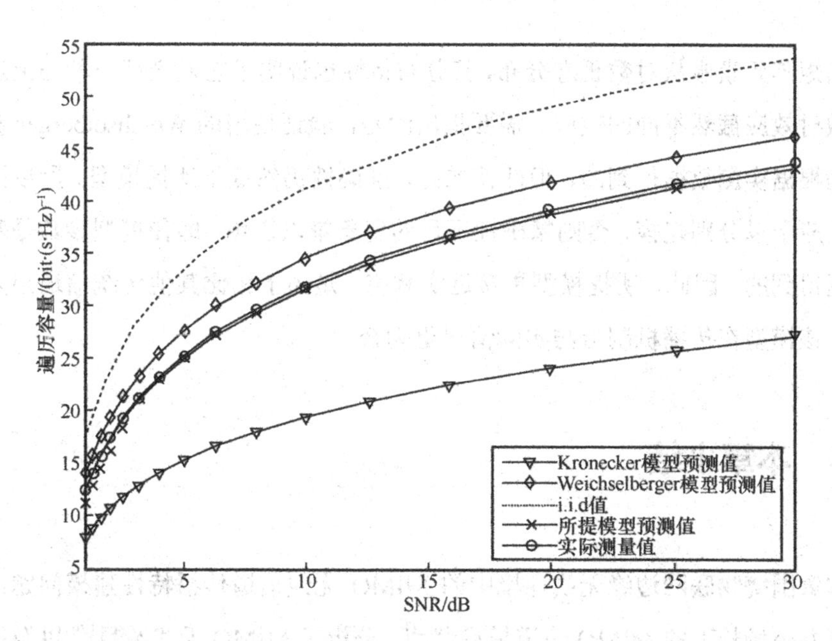

图 5-15　遍历容量实际测量值与模型预测值随 SNR 变化曲线对比

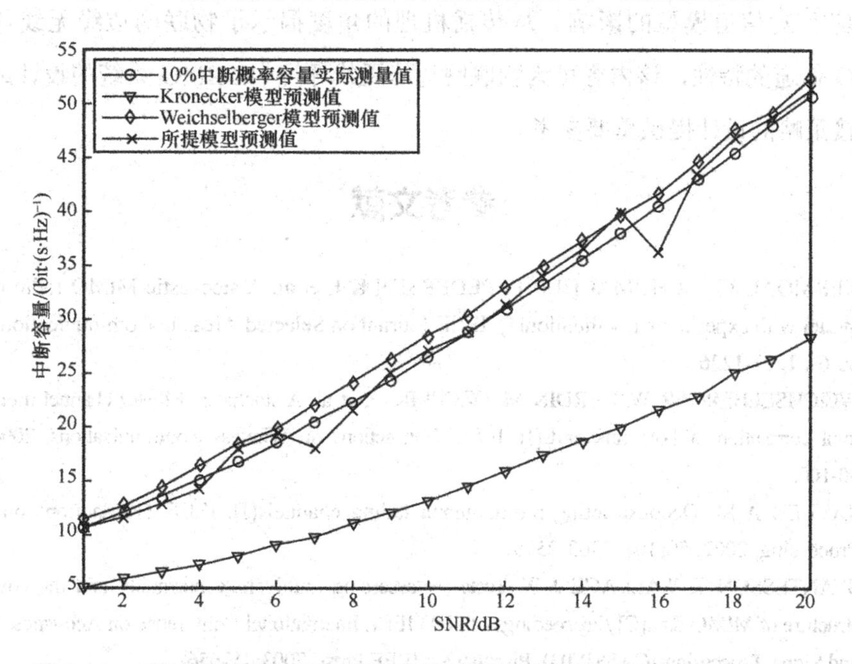

图 5-16　10%中断概率容量实际测量值与模型预测值随 SNR 变化曲线对比

本节工作中，可以得出 $\boldsymbol{\Omega}_0$ 矩阵元素服从 Nakagami-m 分布，这也和一些现有文献中针对无人信道下散射效应的一般分布特性的研究结果一致。相反，表示手持效应的矩阵元素服从对数正态分布，其分布特性也说明了它们表征一种与上述无人信道散射效应截然不同的效应。需要指出的是，验证使用的 Weichselberger 模型参数也是根据实测数据得到的，但即使如此，准确性仍然低于所提模型。所以两种不同的效应予以分别建模，否则精确性不足的现象难以避免，即使模型参数是基于实测数据得到的。因此，所提模型更接近实测值，是由于相比其他传统信道矩阵模型而言，该模型在传播机制上与实际情况更吻合。

5.4 本章小结

本章围绕物联网边缘无线环境中的 MIMO 无线信道传播特性建模问题，建立了智慧办公场景下的 MIMO 信道模型[16,23]，分析了 MIMO 天线数目[24]以及用户手持效应[25]对信道模型的影响。从传播机理的角度揭示了物联网边缘无线环境中 MIMO 信道的特性，该内容可为物联网边缘无线环境中 MIMO 系统的设计或大规模连接策略的设计提供重要参考。

参考文献

[1] KERMOAL J P, SCHUMACHER L, PEDERSEN K I, et al. A stochastic MIMO radio channel model with experimental validation[J]. IEEE Journal on Selected Areas in Communications, 2002, 20(6): 1211-1226.

[2] WEICHSELBERGER W, HERDIN M, OZCELIK H, et al. A stochastic MIMO channel model with joint correlation of both link ends[J]. IEEE Transactions on Wireless Communications, 2006, 5(1): 90-100.

[3] SAYEED A M. Deconstructing multiantenna fading channels[J]. IEEE Transactions on Signal Processing, 2002, 50(10): 2563-2579.

[4] SVANTESSON T, WALLACE J W. Tests for assessing multivariate normality and the covariance structure of MIMO data[C]//Proceedings of 2003 IEEE International Conference on Acoustics, Speech, and Signal Processing(ICASSP '03). Piscataway: IEEE Press, 2003: IV-656.

[5] WALLACE J W, JENSEN M A. Modeling the indoor MIMO wireless channel[J]. IEEE Transactions on Antennas and Propagation, 2002, 50(5): 591-599.

[6] VAUGHAN R, ANDERSEN J B. Channels, antennas, and propagation for mobile communications[J]. IEE Electromagnetic Waves Series, 2003.

[7] WYNE S, MOLISCH A F, ALMERS P, et al. Outdoor-to-indoor office MIMO measurements and analysis at 5.2 GHz[J]. IEEE Transactions on Vehicular Technology, 2008, 57(3): 1374-1386.
[8] WANG C X, WU S B, BAI L, et al. Recent advances and future challenges for massive MIMO channel measurements and models[J]. Science China Information Sciences, 2016, 59(2): 1-16.
[9] ZHANG P, CHEN J Q, YANG X L, et al. Recent research on massive MIMO propagation channels: a survey[J]. IEEE Communications Magazine, 2018, 56(12): 22-29.
[10] PAYAMI S, TUFVESSON F. Channel measurements and analysis for very large array systems at 2.6 GHz[C]//Proceedings of 2012 6th European Conference on Antennas and Propagation (EUCAP). Piscataway: IEEE Press, 2012: 433-437.
[11] RAPPAPORT T S. Wireless communications: principles and practice[M]. Second Edition. Upper Saddle River: Prentice Hall PTR, 2001.
[12] VERDONE R, ZANELLA A. Pervasive mobile and ambient wireless communications: COST action 2100[M]. London: Springer, 2012.
[13] CHENG Y, LU W J, CHENG C H. Printed diversity antenna for ultra-wideband applications[C]// Proceedings of 2010 IEEE International Conference on Ultra-Wideband. Piscataway: IEEE Press, 2010: 1-4.
[14] LU W J, YIN C, ZHU H B. Wideband planar polarization diversity antenna with high element isolation[C]//Proceedings of 2012 4th International High Speed Intelligent Communication Forum. Piscataway: IEEE Press, 2012: 1-4.
[15] BULTITUDE R J C. Estimating frequency correlation functions from propagation measurements on fading radio channels: a critical review[J]. IEEE Journal on Selected Areas in Communications, 2002, 20(6): 1133-1143.
[16] YU Y, CUI P F, SHE J, et al. Measurement and empirical modeling of massive MIMO channel matrix in real indoor environment[C]//Proceedings of 2016 8th International Conference on Wireless Communications & Signal Processing (WCSP). Piscataway: IEEE Press, 2016: 1-5.
[17] MARZETTA T L. Noncooperative cellular wireless with unlimited numbers of base station antennas[J]. IEEE Transactions on Wireless Communications, 2010, 9(11): 3590-3600.
[18] RUSEK F, PERSSON D, LAU B K, et al. Scaling up MIMO: opportunities and challenges with very large arrays[J]. IEEE Signal Processing Magazine, 2013, 30(1): 40-60.
[19] 夏宁宁. 大维随机矩阵特征向量的极限分析[D]. 长春: 东北师范大学, 2013.
[20] CHIZHIK D, LING J, WOLNIANSKY P W, et al. Multiple-input-multiple-output measurements and modeling in Manhattan[J]. IEEE Journal on Selected Areas in Communications, 2003, 21(3): 321-331.
[21] ÖZCELIK H, HERDIN M, WEICHSELBERGER W, et al. Deficiencies of ‘Kronecker’ MIMO radio channel model[J]. Electronics Letters, 2003, 39(16): 1209.
[22] WEICHSELBERGER W. Spatial structure of multiple antenna radio channels[D]. Vienna: Vienna University of Technology, 2003.
[23] 佘骏. 室内人-机-物复杂场景下的无线传播模型研究[D]. 南京: 南京邮电大学, 2020.
[24] SHE J, GAO C, YU Y, et al. Measurements of massive MIMO channel in real environment with 8-antenna handset[C]//Proceedings of 2017 9th International Conference on Wireless Communications and Signal Processing (WCSP). Piscataway: IEEE Press, 2017: 1-4.
[25] SHE J, LU W J, LIU Y, et al. An experimental massive MIMO channel matrix model for hand-held scenarios[J]. IEEE Access, 2019(7): 33881-33887.

第6章 物联网室内环境无线衰落信道仿真与测量系统

第 3~5 章已分别介绍了物联网边缘无线环境中单天线信道模型、离体信道模型以及多天线信道模型。物联网边缘无线环境中的无线传播特性是影响系统性能的关键因素，它对通信信号设计起到了决定性作用。一方面，为了支撑物理层的信号设计等后续开发工作，必须在实测传播及信道模型的基础上研制信道仿真器，支撑信道均衡、RAKE 接收、时间同步、信道估计算法、链路预算、小区规划、干扰预测、通信系统性能分析等后续功能[1-6]；另一方面，软件信道仿真器还能集成到信道测量系统中，通过获取并在线统计衰落信道数据，不仅可以完成无线信道参数的自动在线测量，还能为信道硬件模拟器的研制提供支撑。传统无线衰落信道仿真器主要有两种实现方法[7-10]，一是通过常用理论信道模型直接生成并模拟衰落信道环境，二是通过测量、存储和调用实测数据，对信道进行"回放"。在复杂物联网边缘无线环境中，场景的多样性造成传统理论模型不再普遍适用，基于回放方法构建的信道仿真器占用存储空间大、效率不高且扩展性差。本章将在第 3~5 章工作的基础上，结合两类方法各自的优点，阐述如何开发基于实测数据（传播模型）的效率高且可扩展性强的软件信道仿真器，既支持物联网边缘无线环境信道测量仪器的研制，又支持未来新型无线通信系统的仿真、开发和设计。

6.1 物联网无线衰落信道仿真器架构

本节所开发的室内短距离无线衰落信道仿真器主要有 4 个功能：一是可以根据

实测数据计算并显示信道的固有特性，如路径损耗、RMS时延扩展、功率时延谱、多径传播的幅度分布等；二是可以模拟实际信道环境，生成与实际信道环境吻合度很高的路径损耗、RMS 时延扩展、功率时延谱和信道冲激响应等；三是可以对移动通信的小区进行简单规划，例如，链路预算和查看接收信号强度分布等；四是可以让通信信号在实测或仿真得到的信道中传输，从而直观地观察通信信号在某种室内短距离场景下的信道中传输后的性能，例如，观察星座图和误码率等。

室内短距离无线衰落信道仿真器的软件结构如图6-1所示，它主要包括9个部分，分别为：初始化和结束操作模块、数据分析与数学建模模块、信道特性计算及显示模块、信道参数数据库、仿真信道生成模块、小区规划模块、通信性能仿真模块、其他功能模块以及绘图区域与文字显示区域。它们的具体功能如下。

(1)在初始化和结束操作模块中，用户可以选择测量的场景以及选择测量的数据，复位并清空绘图区域和文字显示区域的内容，还可以退出无线信道仿真器的程序。

(2) 在数据分析与数学建模模块中，可以根据所选择的场景以及实测数据，对实测数据进行整理和分析，然后调用该软件中预存的信道模型，提取对应的信道模型参数，此外，还可以显示所使用的信道模型的计算式以及图形。

(3) 在信道特性计算及显示模块中，可以计算并显示信道的大尺度和小尺度衰落特性，包括路径损耗、阴影分布、功率时延谱等。

(4) 信道参数数据库主要用于存放所提取的信道模型参数，以供后续其他模块使用。

(5) 在仿真信道生成模块中，可以根据对应场景的仿真信道生成算法以及信道参数数据库中存储的信道参数生成仿真信道，此外，该模块还提供查看信道参数表、查看仿真信道，以及查看仿真信道生成算法等功能。

(6) 在小区规划模块中，利用路径损耗模型和阴影效应模型，实现链路预算以及查看接收信号强度分布的功能。

(7) 在通信性能仿真模块中，可以在仿真或者实测的信道上传输不同的通信信号，用户可以自行设置信号的星座图映射阶数、星座图映射方式、信噪比或噪声大小以及传输信号带宽等参数。利用蒙特卡洛仿真方法实现通信性能仿真的原理如图 6-2 所示，首先随机生成一个发射序列，然后将该发射序列进行调制后，在实测或仿真信道中进行传输，在接收端进行解调，得到接收序列。接下来对发射序列以及接收序列进行性能分析和计算，进而可以计算并得到收发星座图以及误码率，此外也可以查看在信道上传输的通信信号的基本参数。

（8）其他功能模块主要负责显示帮助文档以及语言选择功能。

（9）绘图区域与文字显示区域主要用于显示各种模型计算式、模型图形、仿真结果以及帮助文档等。

由于该无线衰落信道仿真器的软件结构是模块化设计的，因此该软件结构有两个优点：一是该无线衰落信道仿真器的实现较容易，本节中所需的无线衰落信道仿真器的 4 个基本功能可以简单地在上述软件结构下进行实现，只需要对这 9 个主要模块中的各个功能进行实现，最后集成即可实现该无线衰落信道仿真器；二是该无线衰落信道仿真器的扩展性较强，可以很容易地对其基本功能进行扩展，强化其适用性，例如，对测试场景进行扩展，进而丰富数据分析与数学建模模块中的信道模型，扩充信道参数数据库，在信道特性计算及显示模块中加入更多的信道传播特性，丰富小区规划的功能，还可以在通信性能仿真模块中对通信信号的类型进行扩展。

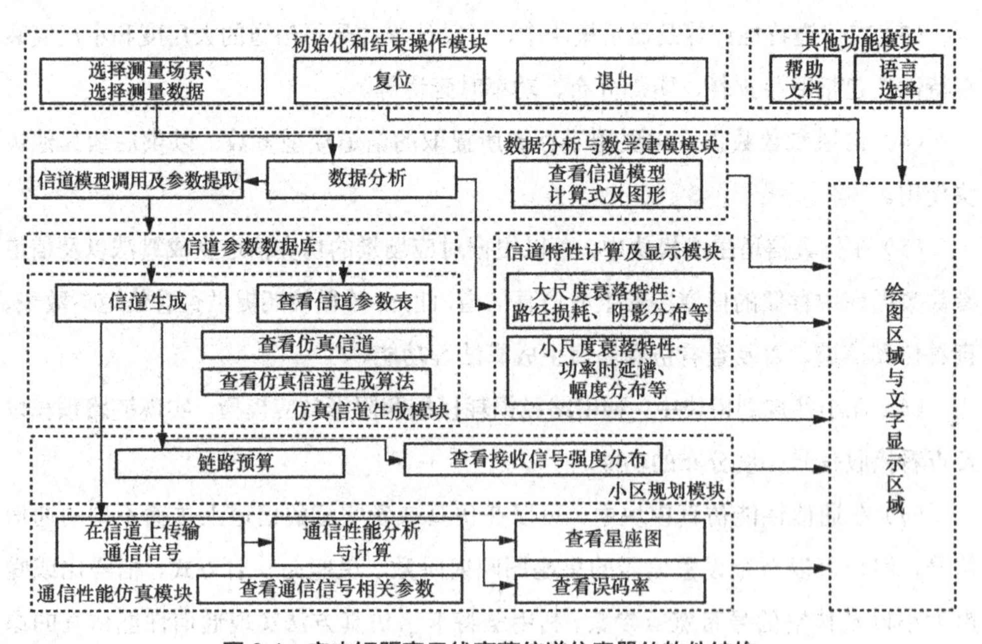

图 6-1　室内短距离无线衰落信道仿真器的软件结构

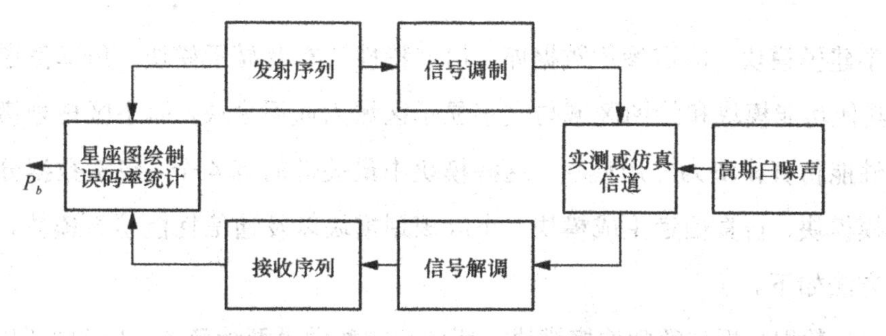

图 6-2　利用蒙特卡洛仿真方法实现通信性能仿真的原理

6.2 短距离物联网边缘无线环境无线衰落信道仿真器

本节将对室内短距离无线衰落信道仿真器实现的方法进行介绍并展示实现效果。此处根据传播模型的作用不同，所开发的室内短距离无线衰落信道仿真器有 4 个子信道仿真器。在搭建模型所对应的子信道仿真器时，所用到的功能模块不同，所提 4 种信道模型对应的子信道仿真器所需使用的功能模块见表 6-1。

表 6-1　所提 4 种模型对应的子信道仿真器所需使用的功能模块

功能模块	基于离散抽头延迟线的功率时延谱模型	接收天线高度相关的路径损耗模型	接收天线高度相关的 RMS 时延扩展模型	无线体域网传播环境中自回归信道冲激响应模型
初始化和结束操作模块	√	√	√	√
数据分析与数学建模模块	√	√	√	√
信道参数数据库	√	√	√	√
信道特性计算及显示模块	√	√	√	√
仿真信道生成模块	√	√	√	√
其他功能模块	√	√	√	√
绘图区域与文字显示区域	√	√	√	√
小区规划模块	—	√	—	—
通信性能仿真模块	√	—	—	√

无线衰落信道仿真器的 9 个功能模块中，初始化和结束操作模块、数据分析

与数学建模模块、信道参数数据库、信道特性计算及显示模块、仿真信道生成模块、其他功能模块和绘图区域与文字显示区域为通用模块，而小区规划模块以及通信性能仿真模块为专用模块。这些模块中最关键的有4个，包括数据分析与数学建模模块、仿真信道生成模块、小区规划模块以及通信性能仿真模块，它们的实现方法如下。

（1）数据分析与数学建模模块：所使用的数学模型为第3～4章中所提出的无线信道传播模型。

（2）仿真信道生成模块：所使用的仿真信道生成算法为第3～4章中所提出的算法。

（3）小区规划模块：由软件用户给出基站发射功率 P_{t}(dBm)、发射天线增益 G_{t}(dBi)、接收天线增益 G_{r}(dBi)、路径长度 d(m)、接收天线高度 h_{r}(m)，以及综合损耗 L_{c}(dB)，即可按照式（6-1）计算出接收信号电平大小 P_{r}(dBm)[1]，然后，在此基础上叠加正态分布的阴影效应，即可得到接收信号强度分布。

$$
\begin{aligned}
P_{r} &= P_{t}+G_{t}+G_{r}-L_{c}-\mathrm{PL}(d,h_{r})= \\
& P_{t}+G_{t}+G_{r}-L_{c}-\left[\mathrm{PL}(d_{0})+10n\lg(d/d_{0})+G(h_{r})+C_{\mathrm{block}}+X_{\sigma}\right]
\end{aligned}
\tag{6-1}
$$

（4）通信性能仿真模块：通信性能的仿真是基于 OFDM 通信过程的，基于 OFDM 的通信性能仿真功能的实现如图6-3所示。

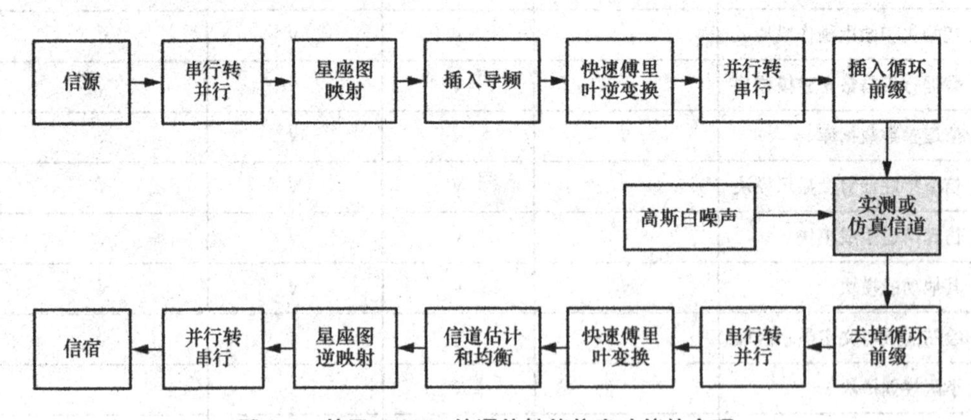

图6-3 基于 OFDM 的通信性能仿真功能的实现

室内短距离无线衰落信道仿真器的主界面如图6-4所示，它有4个按钮，分别对应前文中所提出的 4 种物联网无线信道传播模型，单击某一个按钮就会进入该模型所对应的子信道仿真器操作界面。下面将分别展示这 4 个按钮对应的子信道仿真器的实现效果。

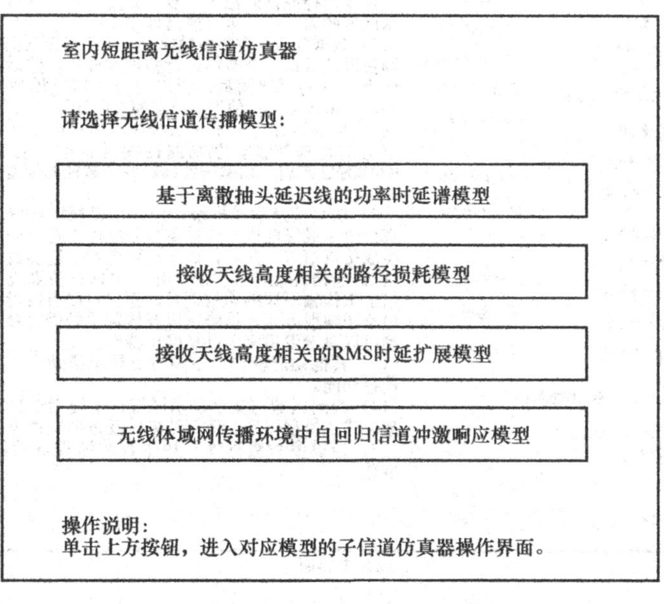

图 6-4　室内短距离无线衰落信道仿真器的主界面

（1）单击“基于离散抽头延迟线的功率时延谱模型”按钮，进入该模型所对应的子信道仿真器操作界面，如图 6-5 所示。图 6-5（a）是软件的主界面，可以看出，该信道仿真器主要包含 6 个可供用户进行选择或调节的模块、1 个图形和文字的显示区域，此外还有 1 个在后台运行并负责读写操作的信道参数数据库模块，它们分别对应表 6-1 中第 1 列的 8 个功能模块。在信道传播特性中，用户可以查看多种信道特性，图 6-5（b）显示的是信道的路径损耗和阴影特性（楼梯场景）。在通信性能仿真功能中，用户可以通过不同的按钮和滑块对星座图的映射方式、信噪比和信号带宽进行调节，图 6-5（c）展示了在 16QAM、信噪比为 20dB、信号带宽为 20MHz 情况下（楼梯场景）的输入、输出星座图以及误码率，可以看出这种情况下经过信道的输出星座图仍有较清晰的边界，误码率约为 4.7×10^{-4}，此时的传输性能较好。

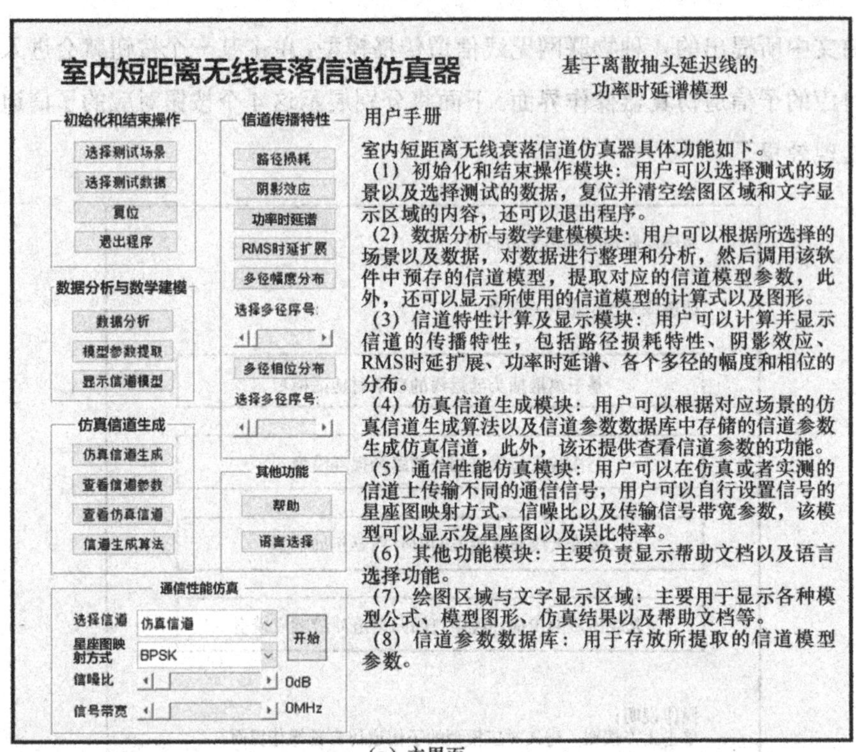

（a）主界面

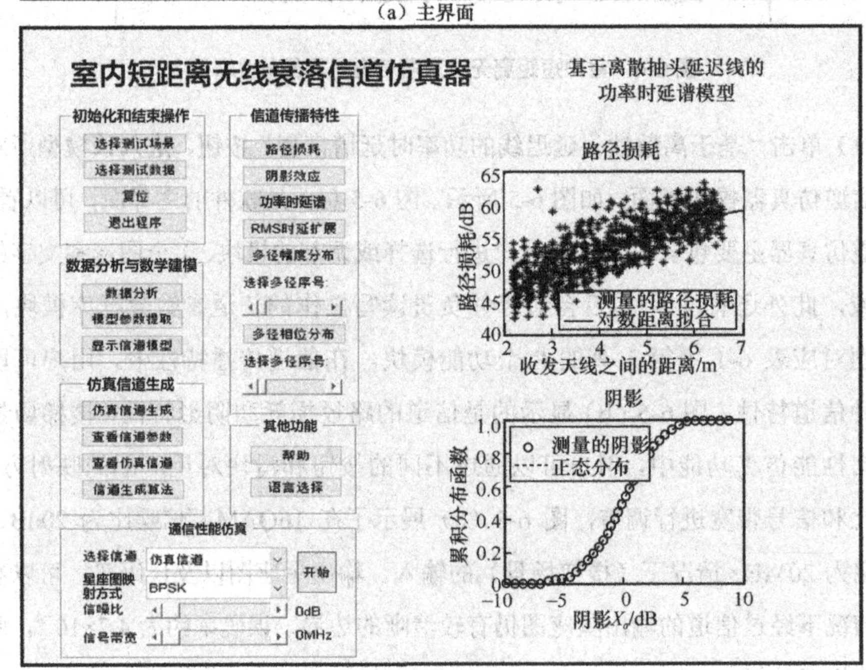

（b）信道传播特性功能

图 6-5　室内短距离无线衰落信道仿真器（基于离散抽头延迟线的功率时延谱模型）

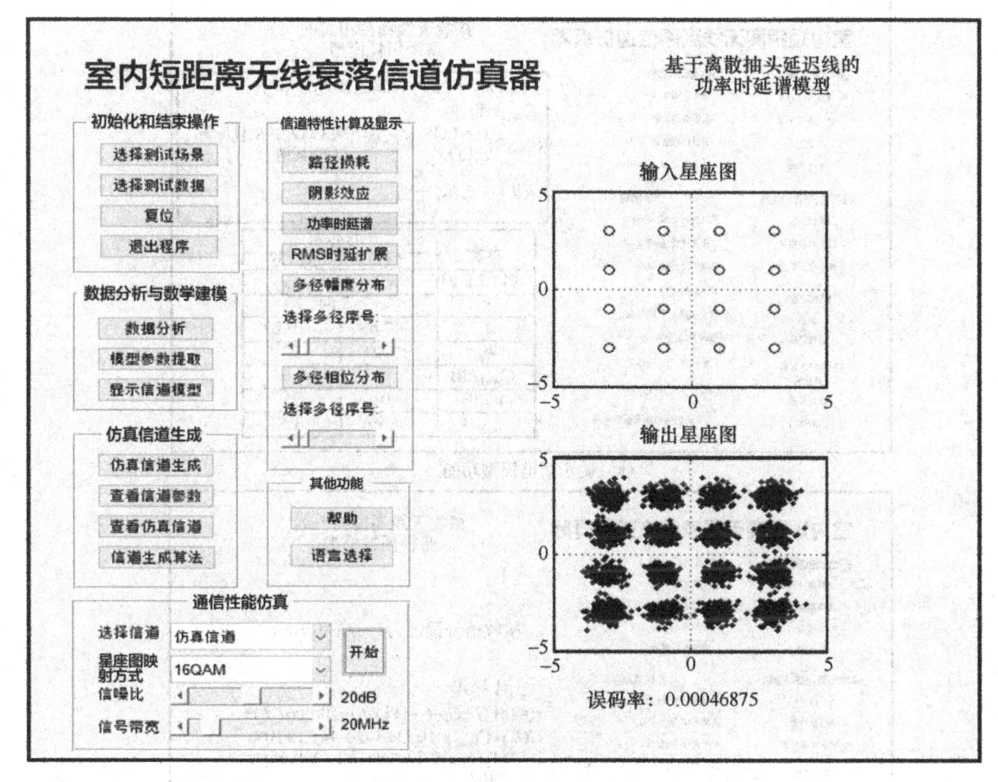

（c）通信性能仿真功能

图 6-5　室内短距离无线衰落信道仿真器
（基于离散抽头延迟线的功率时延谱模型）（续）

（2）单击“接收天线高度相关的路径损耗模型”按钮，进入该模型对应的子信道仿真器操作界面，如图 6-6 所示。可以看出，该信道仿真器中没有通信性能仿真模块，但是有小区规划模块，与表 6-1 中第 2 列的功能模块是对应的。图 6-6（a）展示了显示信道模型的功能，给出了办公室环境中接收天线高度相关的路径损耗模型及其参数。图 6-6（b）展示了链路预算功能，当用户给定 P_t、G_t、G_r、d、h_r、L_c 后，即可计算出接收信号电平大小。图 6-6（c）展示了查看接收信号强度分布功能，当发射天线放置在图中黑点所示的位置时，可以观察到办公室环境的接收信号强度分布（发射天线高度为 2m，接收天线高度为 1.7m）。

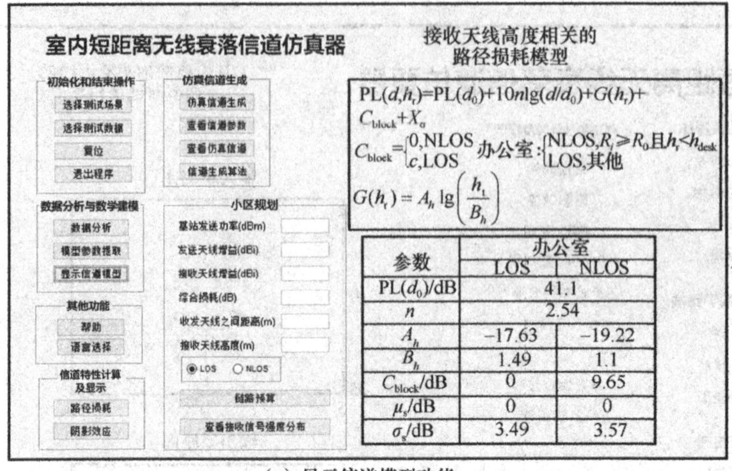

参数	办公室	
	LOS	NLOS
$PL(d_0)$/dB	41.1	
n	2.54	
A_h	−17.63	−19.22
B_h	1.49	1.1
C_{block}/dB	0	9.65
μ_s/dB	0	0
σ_s/dB	3.49	3.57

（a）显示信道模型功能

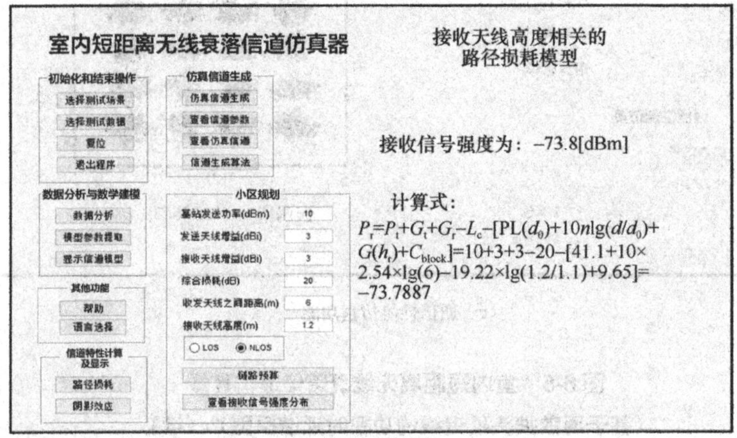

（b）链路预算功能

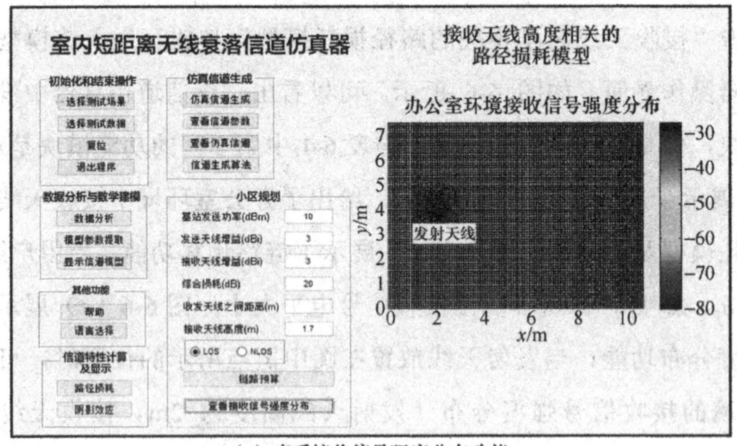

（c）查看接收信号强度分布功能

图 6-6　室内短距离无线衰落信道仿真器（接收天线高度相关的路径损耗模型）

（3）单击“接收天线高度相关的 RMS 时延扩展模型”按钮，进入该模型所对应的子信道仿真器操作界面，如图 6-7 所示，展示了其仿真信道生成功能，使用第 3.4.4 节中的仿真算法 1 生成了走廊环境中的 RMS 时延扩展。

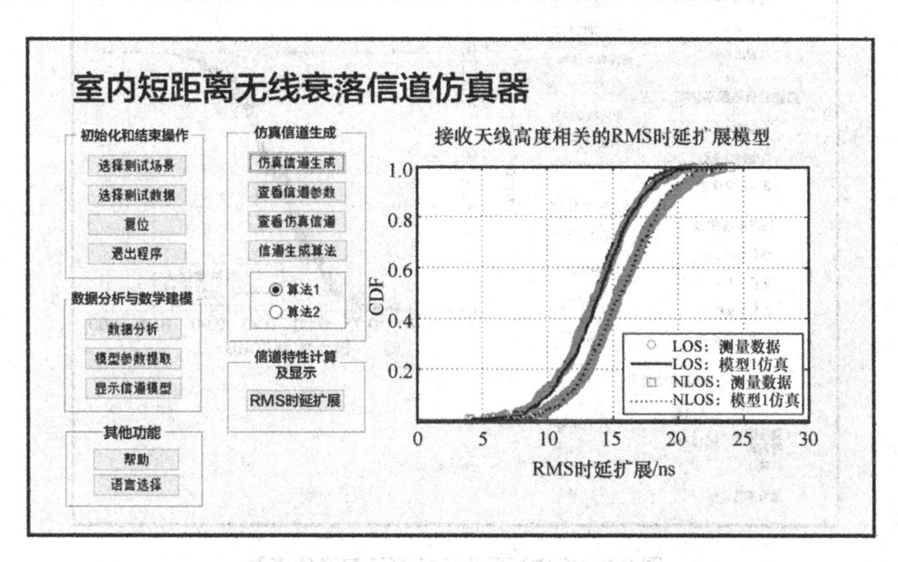

图 6-7　室内短距离无线衰落信道仿真器（接收天线高度相关的 RMS 时延扩展模型）：仿真信道生成功能

（4）单击“无线体域网传播环境中自回归信道冲激响应模型”按钮，进入该模型所对应的子信道仿真器操作界面，如图 6-8 所示，展示了其信道传播特性查看功能，给出了自回归信道冲激响应模型中第 5 个极点的幅度对应的 PDF。

值得注意的是，本节用软件实现了该无线衰落信道仿真器的基本功能用以验证其可行性。基站覆盖率计算和最优基站布设位置确定等功能没有加入小区规划模块中，且信源编码、信道编码、均衡以及其他相关的物理层技术并没有加入通信性能仿真中。随着测量场景不断丰富以及后续开发的不断深入，可在本信道仿真器的基础上，加入更多的小区规划算法、物理层算法和不同的通信过程，其功能也会越来越强大。显然，本节所开发的信道仿真器是基于实测的信道数据或基于实测的信道模型，而不是使用假设或者理论建模得来的信道。因此，该信道仿真器更加接近实际信道环境、更加合理。它可以为用户提供信道的基本信息并且对通信系统的设计有所帮助。

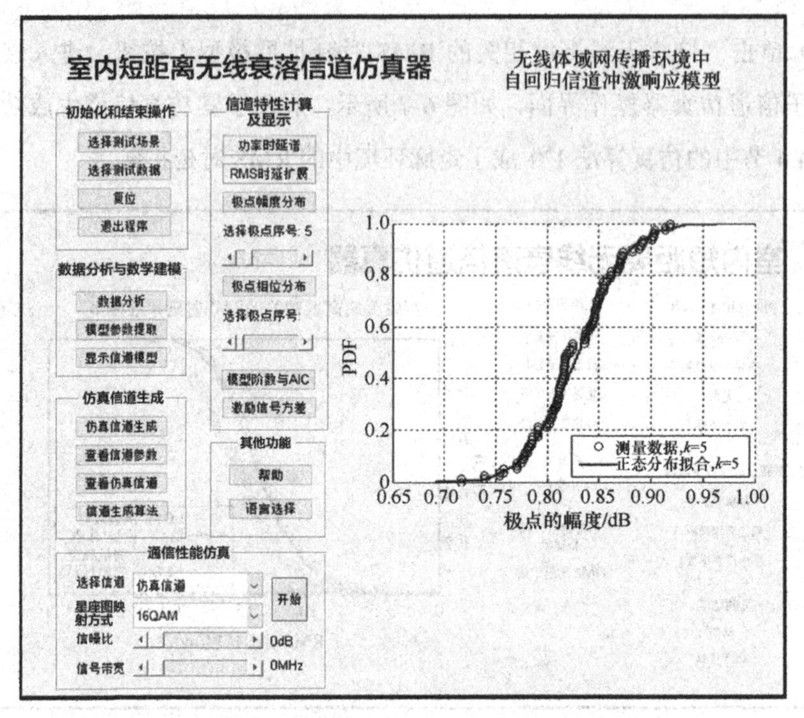

图 6-8　室内短距离无线衰落信道仿真器

（无线体域网传播环境中自回归信道冲激响应模型）：信道传播特性查看功能

6.3　智慧医疗环境离体分集信道仿真系统

本节构建了一个无线体域网（WBAN）的信道仿真器用于离体通信的传播特性展示和综合性能评估。

6.3.1　GUI 设计及运行机理

该仿真器在架构上主要为 3 个部分：数据库、图形用户界面（GUI），以及后台统计分析及仿真算法。数据库主要用于支持信道原始数据的读取、存储和修改以及仿真结果的记录和导出。GUI 界面主要包括 3 种方案在不同条件下的实测信道集选取、传播配置、5 种小尺度参量的分布统计信息和仿真配置及误码率结果；无线体域网信道仿真器的信道仿真模块、传播特性模块 GUI 分别如图 6-9 和图 6-10 所示，可用于 3 种方案的传播分析、性能对比和模型的交叉验证。后台算法包括前述的主要大小尺度参量模型以及 3 种分集合并方案的链路级仿真。统计结果显示线极化 Patch 方案的路径损耗值比圆极化高 2dB 以上，功率损耗因子（参考图 6-10 中 PL 公式的圆极化 1.98 与线极化 2.45）也比圆极化方案要高约 0.5。这说明圆极化方案可以有效降低路径损耗速率，提高传输性能。

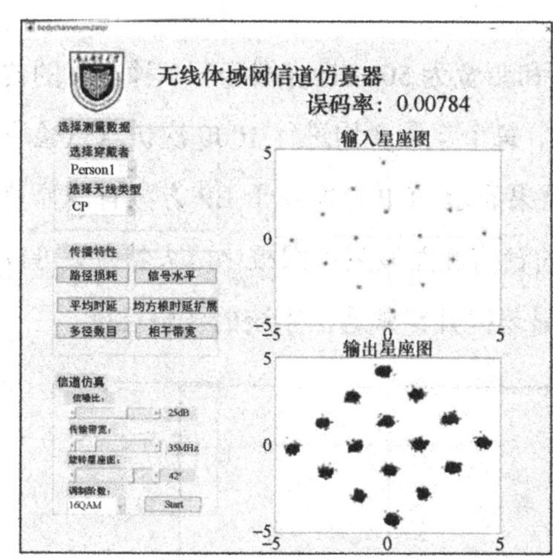

（a）圆极化方案

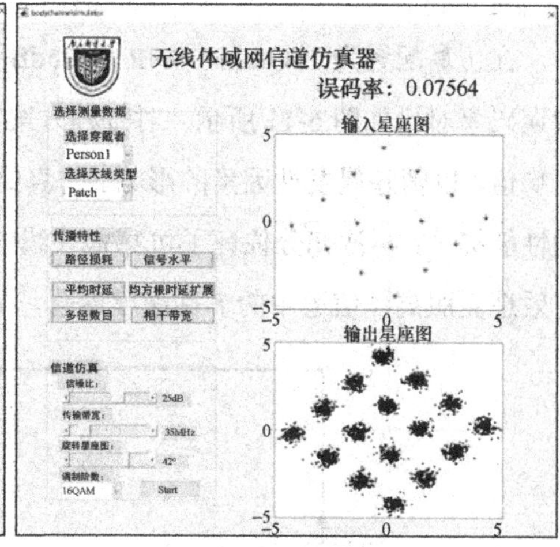

（b）线极化Patch方案

图 6-9　无线体域网信道仿真器的信道仿真模块 GUI

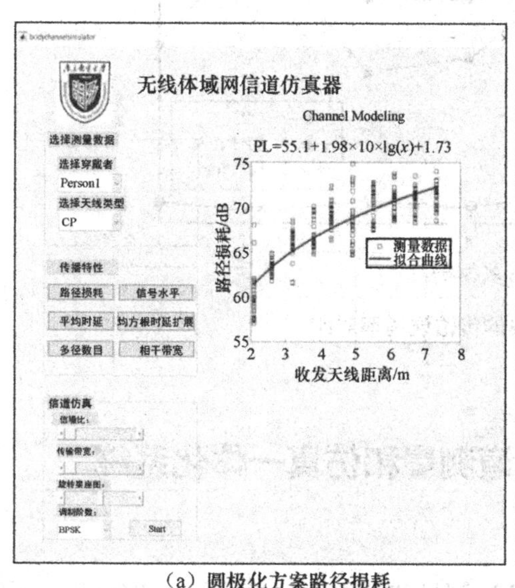

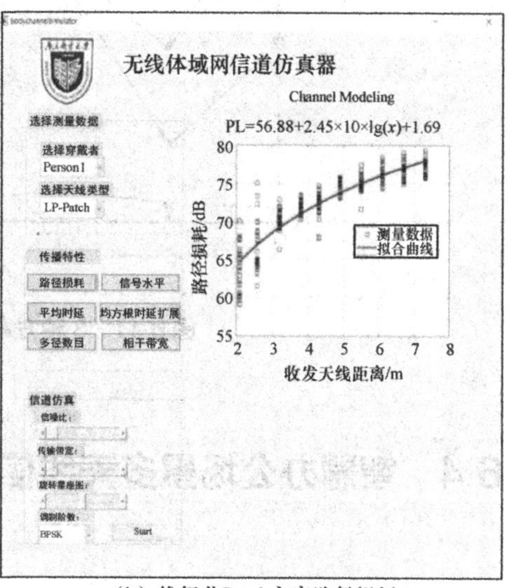

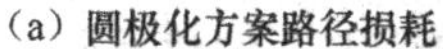
（a）圆极化方案路径损耗　　（b）线极化Patch方案路径损耗

图 6-10　无线体域网信道仿真器的传播特性模块 GUI

值得一提的是，限于篇幅，对所有小尺度特性如平均时延、相干带宽和接收信号强度不能详尽展示。但是通过无线体域网信道仿真器，感兴趣的读者和研究人员可以方便地调阅实测特性，或对比分析不同人体、不同距离对不同传播特性的影响并导出分析结果。

6.3.2 数值仿真结果统计

在仿真配置为16QAM、SNR为25dB和带宽为50MHz条件下，3种方案的传输误码率对比如图6-11所示。对每种方案、每个穿戴者均进行1000次仿真试验取平均值，以消除偶发性因素的影响。仿真结果显示，CP方案对于LP方案有着显著的性能提升，再次充分佐证了可穿戴天线的宽俯仰面波束和圆极化两大特征，可以有效地克服离体信道中的多种深度衰落，显著提升穿戴通信系统的传输性能。

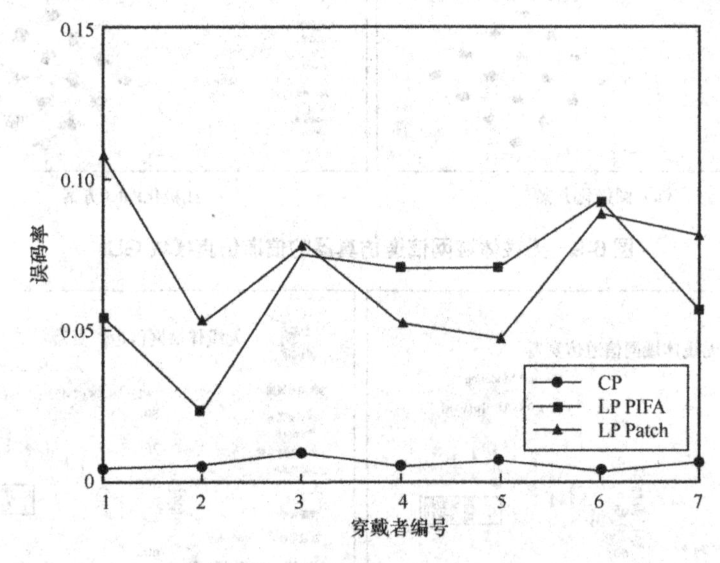

图6-11　3种方案的传输误码率对比

6.4 智慧办公场景多天线信道测量和仿真一体化系统

本节介绍一种智慧办公场景多天线信道测量和仿真一体化系统。它在第6.1节架构的基础上，经过开发 4×4 接口的功能，可以实现接收天线和发射天线的选取，进而实现了多天线信道测量和仿真功能。

该系统可用于分析室内智慧办公场景下的一系列多天线信道特性，如路径损耗、相干带宽、时延扩展、单位脉冲响应、频率响应、信道容量等。系统的信道特性模块界面如图 6-12 所示，信道冲激响应的生成界面如图 6-13 所示。

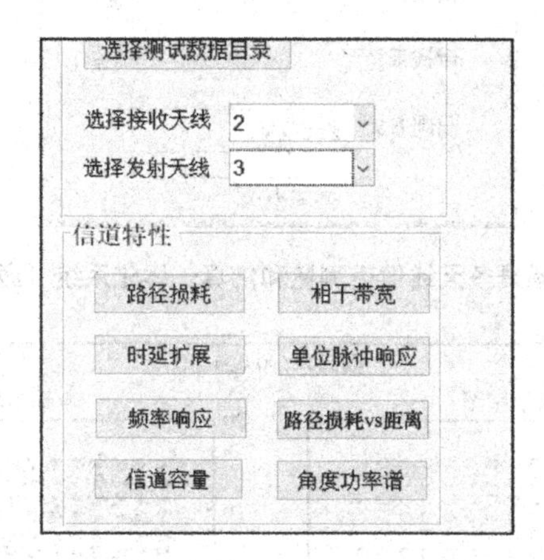

图 6-12　智慧办公场景多天线信道测量和仿真一体化系统（信道特性模块界面）

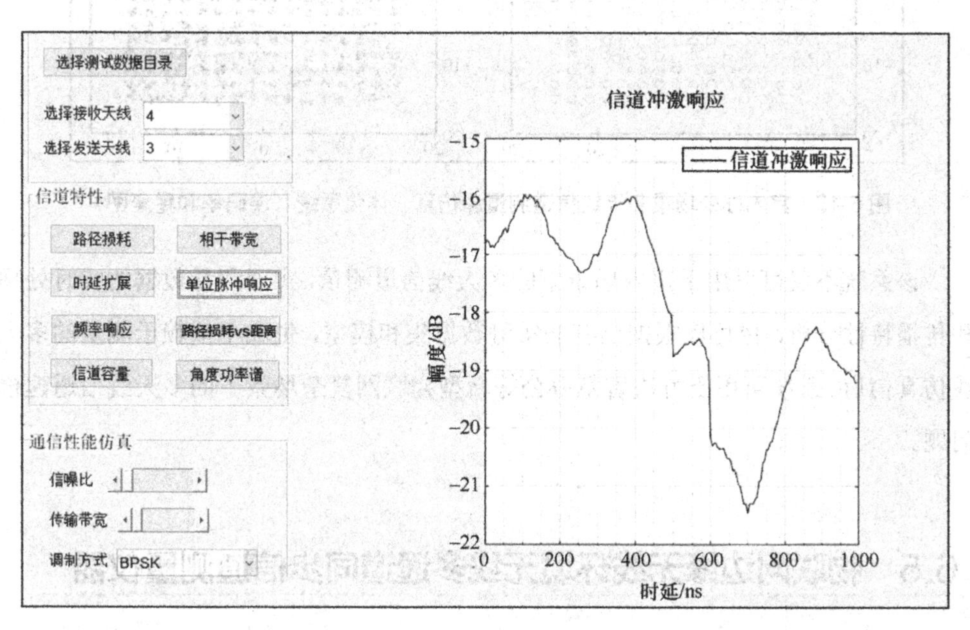

图 6-13　室内办公场景多天线信道测量和仿真一体化系统（信道冲激响应的生成界面）

在信道特性的基础上可以进行 OFDM 通信性能仿真。该功能模块可以自主设置参数，如图 6-14 所示。设置信噪比、传输带宽和调制方式后，系统可实时显示信道的误码率和星座图等，如图 6-15 所示。

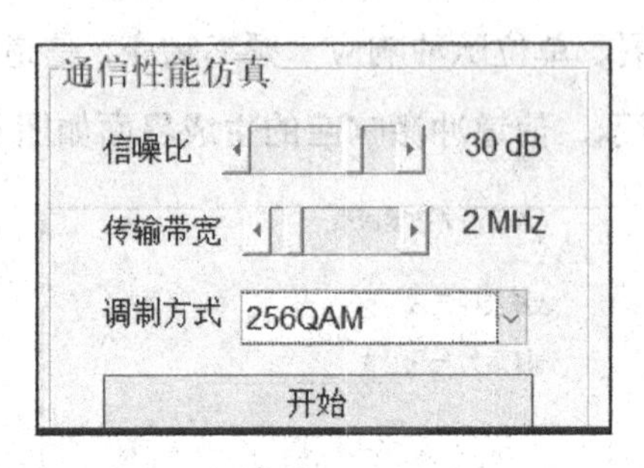

图 6-14　室内办公场景多天线信道测量和仿真一体化系统（通信性能仿真模块）

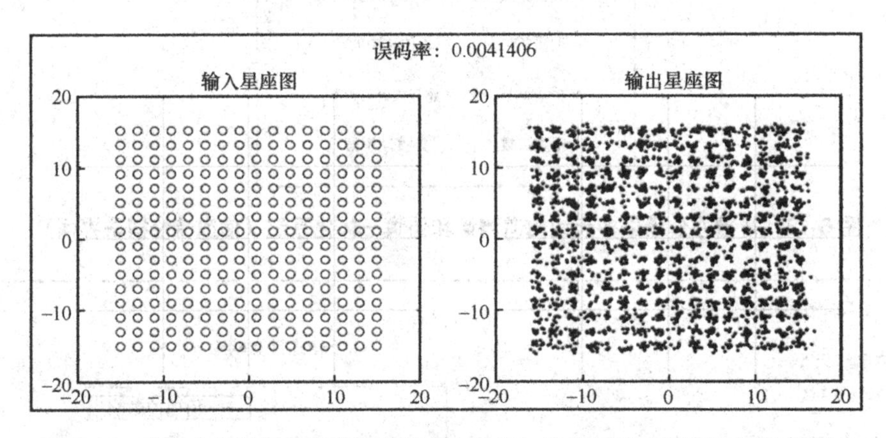

图 6-15　室内办公场景多天线信道测量和仿真一体化系统（误码率和星座图）

该系统不仅可以用于室内场景下的多天线信道测量，实现测量数据的实时处理和传播特性分析，也可以根据已有的实测数据集和模型，生成不依赖于测量的多天线仿真信道。系统可用于解决智慧办公等新型物联网复杂场景下的多天线信道建模问题。

6.5　物联网边缘无线环境无线多通道同步信道测量仪器

在未来物联网边缘无线环境中，海量的人–机–物之间通过无处不在的无线网络按需连接在一起，与医疗、交通、工业等各行各业深度融合，具有低时延、广连接、高传输速率的特点，满足不同行业及用户的多样化需求。为满足这样的业务需求，无线移动通信采用多通道信号传输模式，接收机需要接收来自不同位置的多个通道的信号。

多通道信号的载体是复杂的无线信道，其决定了无线传播环境中网络的资源配置和网络部署方式，因此必须对无线信道传输参数进行测量，以获得精确的无线多通道信号传输的信道特性。这也对无线信道测量系统提出了极高的要求，其要求无线信道测量系统不仅要测量每个通道的幅度和相位等传统的信道参数，还需要测量多通道间信号的相对相位关系；不仅要保证测量初始多通道信号相位是同步的，还需要在测量过程中保持信号相位的一致性，更重要的是要实现收发端信号的自同步高精确测量。如此才能够建立物联网典型场景所需要的信道模型，最终满足物联网产业化应用场景（如智能制造、智能交通、智慧医疗健康等）对高可靠性和超低时延的要求。

现有信道测量仪器仍是基于异步单通道测量体制的，无法实现系统的多通道自同步收发，难以精确地测量非视距（NLOS）传播情况下的多径相位分布，更难以实现广义粒度上的主动同步动态测量功能，不能满足未来物联网智能化按需驱动的重大需求。因此围绕上述重大需求，本团队根据物联网边缘无线环境中不同的信道特性，以及测量参数的不同分类和粒度差异，研制了物联网边缘无线环境无线多通道同步信道测量仪器，旨在完成复杂物联网边缘无线环境中传输参数的测量功能，从而支撑未来物联网的智能动态组网功能。

6.5.1　多通道同步信道测量仪器组成原理

多通道同步信道测量仪器突破多通道相位快速在线检测、多通道相位实时精确补偿、多通道快速本振分配预置、基于串行干扰消除（SIC）的通道隔离、高性能测量天线设计、新型信道测量及建模方法等关键理论与技术，实现 NLOS 传播情况下多通道的电磁信号快速同步同相测量功能，揭示各类复杂人-机-物无线信道的衰落规律，解决未来移动通信及物联网复杂环境中的无线信道传播特性参数测量问题。高精度多通道同步信道测量仪器主要结构模块如图 6-16 所示，其主要包括多通道同步幅相接收机，发射/接收天线，宽带扫频信号发生器，混频、本振和多通道本振分配单元阵列，以及数据采集及控制系统等。

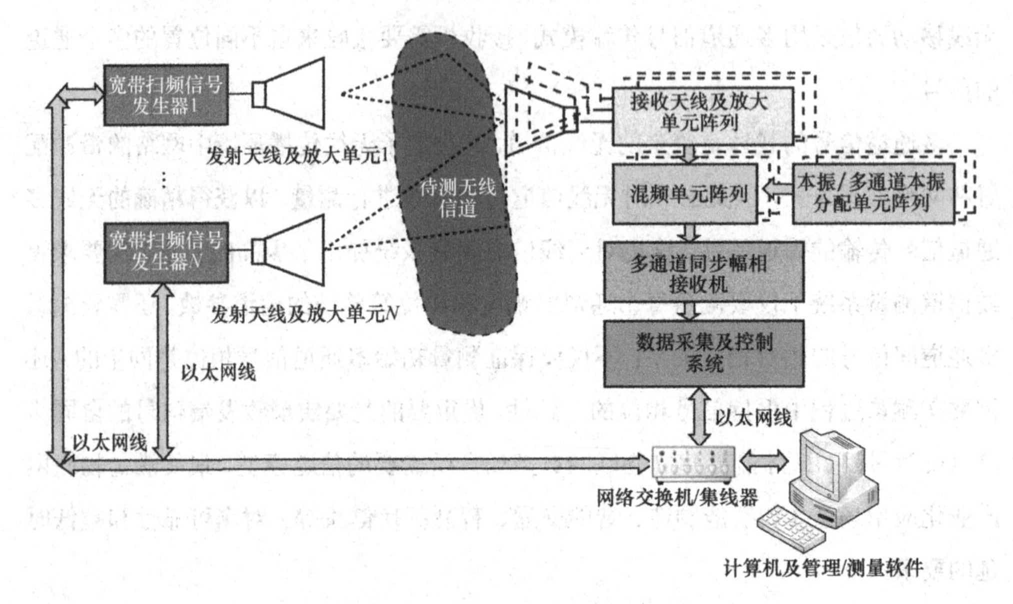

图 6-16　高精度多通道同步信道测量仪器主要结构模块

（1）多通道同步幅相接收机

多通道同步幅相接收机是整个测量系统的关键部件，它的功能是高速、准确、同步地检测出多个通道信号相位和幅度以及通道间信号的相位关系。该接收机采用直接在高中频信号上进行采样的方法，将幅度和相位正交检测环节全部转移到数字域中进行，极大地减小模拟器件特性漂移对实测数据的影响，从而提高测量精确度。另外，其信号处理单元采用高速现场可编程门阵列（FPGA）和数字信号处理器（DSP）为核心搭建，提高了系统的性能。

（2）发射/接收天线

发射/接收天线用于发射/接收电磁波信号，有利于实现多通道同步测量。高精度多通道同步信道测量系统要求测量天线具有相位中心稳定和色散低的特性，然而常规测量天线都基于单模谐振原理设计而来，导致相位中心具有较强的频率色散特性，所以本测量仪器采用了第 2 章的设计方法，采用宽带多谐振天线作为高精度测量天线。

（3）宽带扫频信号发生器

在整个高精度多通道同步信道测量仪器中，宽带扫频信号发生器起着非常关键的作用，发射通道的宽带高线性度特性，确保测试系统具有精确可靠的宽带测量功能。测试系统要求宽带扫频信号发生器的工作频率范围为 2～40GHz，因此如果放大器的频带很窄，将无法在整个工作频带内工作。

（4）混频、本振和多通道本振分配单元阵列

发射部分进行上变频，接收部分完成多路接收信号的低噪声放大混频和滤波功能。该测量仪器的发射和接收部分都需要本振和混频，混频单元有上下变频两种，下变频用于接收链路，上变频用于发射链路。测量仪器工作在 2～18GHz 时，需要进行一次变频；测量系统工作在 18～40GHz 时，需要进行两次变频。在发射部分，混频单元进行上变频；在接收部分，混频单元完成多路接收信号的低噪声放大混频和滤波功能。

多通道本振分配单元除了产生本振信号，还需要将参考/测试混频器的输出中频进行低噪声放大和滤波处理，以便提高测试系统的接收灵敏度。通常，低噪声放大器的线性工作区在-20dBm 输入信号电平以下，因此导致整个测量系统的上动态范围受限。为解决此问题，需要在测量过程中采用人工跳线方法，根据需要选择是否采用中频低噪声放大模块，这也将导致系统的测量时间延长、效率下降。

（5）数据采集及控制系统

数据采集模块使用网络接口将中间处理数据送到计算机，以便作进一步处理。本仪器的数据采集及控制系统在多通道同步幅相接收机中具有重要地位，数据采集及控制系统以高速 FPGA、DSP 为核心搭建，通过高速多通道 ADC 和 DAC 对模拟信号进行数-模变换、缓冲、信号运算、传输等处理。系统的主要功能（如采集速率、同步调整、数据处理算法等）都可以在这个硬件平台上实现并能得到灵活、高效、便捷的验证和改进。

6.5.2　测试与应用

高精度多通道同步信道测量仪器实物图片如图 6-17 所示。利用该测量仪器搭建的测量系统通过对物联网通信系统各种多通道信号传输参数进行测量，在保持全程相位

一致性的前提下，可以实现同步测量，并可以精确地测量出多通道信号的相对相位关系。通过挖掘信道测量设备的输出数据，还可以探索未来物联网无线传播环境中的各类新现象、新规律，为未来物联网的网络接入与资源分配等决策提供充分的理论依据。

图 6-17　高精度多通道同步信道测量仪器实物照片

为了说明多通道同步信道测量仪器的独特性和先进性，这里首先以通道数、测量带宽、工作频段和同步方式等作为基本指标，对比了本信道测量仪器样机及国外主流信道测量仪器的基本特性。为了不失一般性，这里选择了经典的 RUSK、Prosound 两种商用化信道测量仪器，以及近 5 年来由著名高校研制、国际上影响力较大的信道测量系统样机，包括瑞典隆德大学的虚拟大规模 MIMO 信道测量样机、美国纽约大学的 5G/6G 信道测量样机、美国南加州大学的毫米波信道测量样机，共计 5 种典型样机作为对比，见表 6-2。

表 6-2　高精度多通道同步信道测量仪器的功能指标与常规进口信道测量仪器的比较

信道测量仪器	同步方式	是否具有通道间相位测量功能	是否具有信道冲激响应（CIR）测量功能	是否具有信道仿真功能
RUSK	GPS 异步	否	是	否
Prosound	GPS 异步	否	是	否
瑞典隆德大学（LUND）	铷钟+虚拟 MIMO（开关异步切换）	否	是	否
美国纽约大学（NYU）	铷钟+旋转天线（异步）	否	是	否
美国南加州大学（USC）	GPS 训练铷钟+虚拟 MIMO（相控阵、异步）	否	是	否
本信道测量仪器	系统自同步	是	是	是

从表 6-2 各项指标数据对比可见，只有本信道测量仪器具备通道间相位测量功能，

属于真正的多通道同步信道测量仪器，目前国际上常规的信道测量仪器都是单通道的，收发端需要借助 GPS 信号（或铷钟）进行同步，信号弱、抖动大；多通道系统则借助虚拟 MIMO 技术（可滑动天线、波束成形等）实现通道间的切换测量，无法做到定点同时采样，其本质仍然是异步测量（即一个固定时刻，只能采集一个通道的信息，下一个时刻才能采集其他通道的信息）；同等测量带宽情况下，Prosound 仅适用于特定频段的信道测量，LUND 大规模 MIMO 样机只能工作在 2.6GHz；NYU 样机虽然测量带宽高达 4GHz，然而它只能满足特定的少数频段，通道数少且需要借助铷钟和转台来实现 MIMO 测量功能，其本质上与 LUND 样机的可滑动天线并无差异，均属于典型的异步测量仪器；USC 样机只能用于特定的 28GHz 毫米波段，其同步方式是基于相控阵原理的虚拟 MIMO，虽与 LUND 样机原理略有区别，然而在给定时刻上只能通过相控阵形成一个波束（通道），而无法在该时刻上同时获取多个通道的信息，故本质上仍属于单通道异步测量，既不能实现定点同时采样功能，也无法获取 MIMO 多径之间的相位关系。因此，上述 5 种典型信道测量仪器均不具备多通道同步特征和测量功能，大部分只能满足特定频段的测量功能，且不具备信道仿真功能。

对于多通道同步幅相接收机，各个通道的全程相位一致性以及通道之间的隔离对测量精度的影响很大。本测试给出同步脉冲精度和单频点重复测量精度两项核心关键指标的部分测量结果。本信道测量仪器功能指标与 GPS 同步信道测量仪器的性能参数比较见表 6-3，本信道测量仪器提供的射频同步信号功率远远优于 GPS 提供的同步信号功率，产生的均方根抖动（Root Mean Square Jitter，RMSJ）均值比采用 GPS 同步的情况低两个数量级，RMSJ 峰值也远小于 GPS 同步的情况。经过对上述主要功能指标的详细比较可见，本信道测量仪器不仅具备“定点同时采样”的多通道同步特征，测量信号强、抖动小，而且可以实现宽频段测量，还能扩展到毫米波段，实现衰落信道的仿真功能，测量功能、通用性也更强。

表 6-3　本信道测量仪器功能指标与 GPS 同步信道测量仪器的性能参数比较

项目	本信道测量仪器	GPS 同步信道测量仪器
射频同步信号功率	−100dBm	−129dBm
RMSJ 均值	0.2ns	13.6ns
RMSJ 峰值	1.3ns	97.6ns

多通道同步信道测量仪器的显示界面如图 6-18 所示。本信道测量仪器一方面可以图形化显示测得的幅度相位数据（图 6-18（a）），另一方面也可以在 MATLAB 软件统计分析生成大/小尺度传输参数的基础上，生成无线信道传输参数（CIR）并加以显示（图 6-18（b））；进一步地，还可以利用实际生成的 CIR，模拟常用数字信号在真实衰落信道中的传输性能或进行通信系统的传输性能误码率仿真（图 6-18（c））。

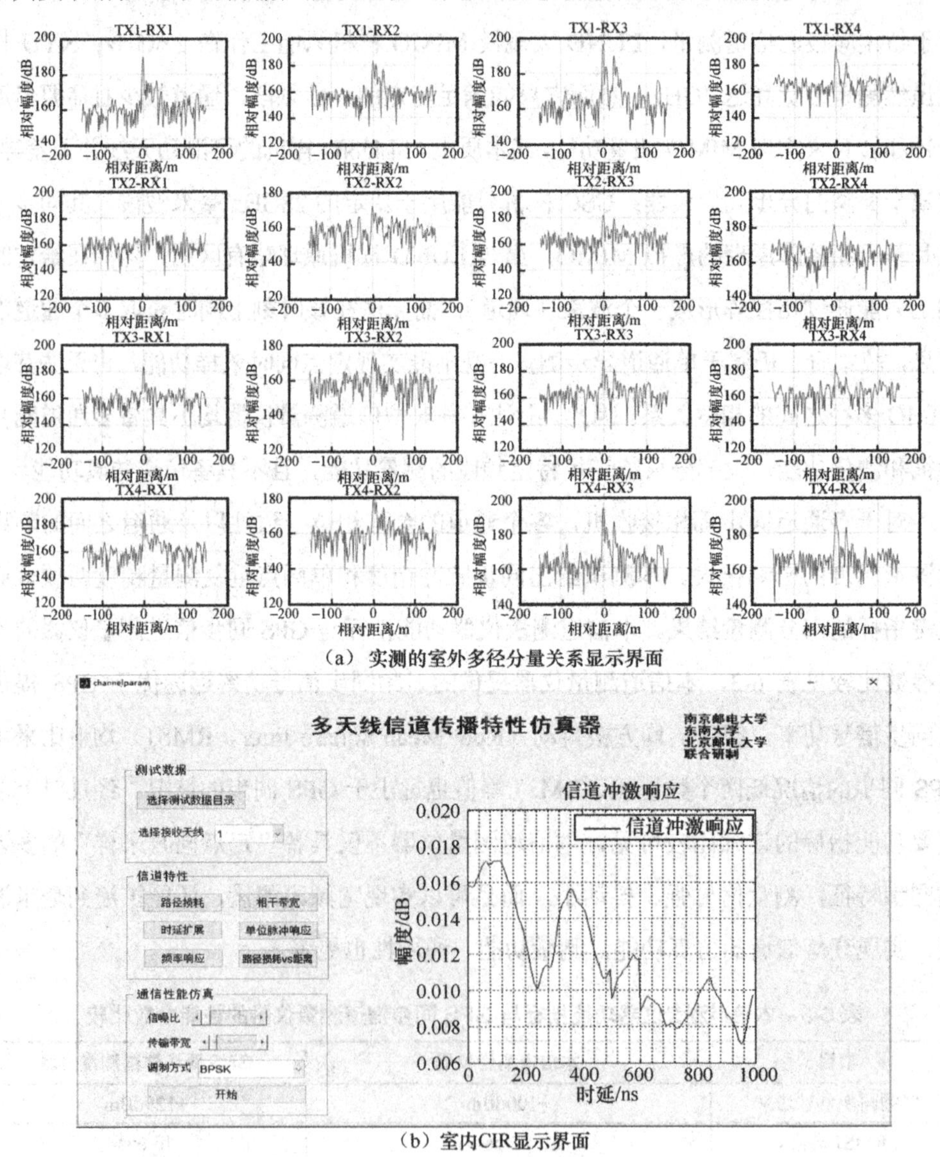

（a）实测的室外多径分量关系显示界面

（b）室内CIR显示界面

图 6-18　多通道同步信道测量仪器的显示界面

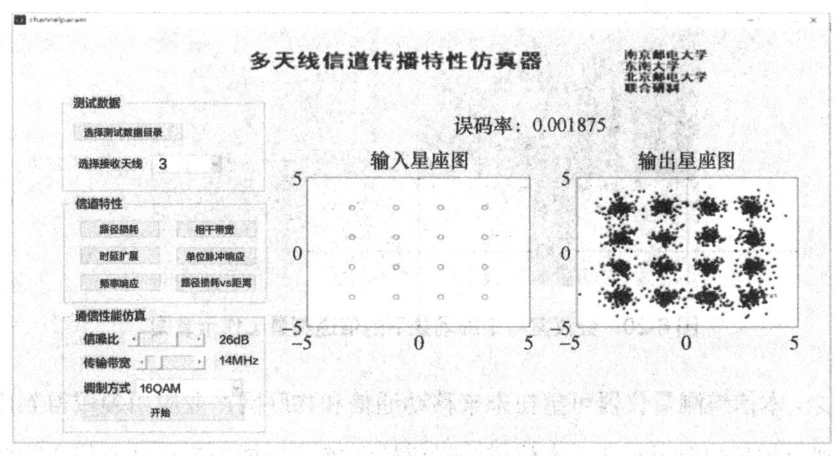

（c）衰落信道仿真器界面

图6-18　多通道同步信道测量仪器的显示界面（续）

目前，本信道测量仪器已经得到了知名通信公司的试用，进行了远程医疗等高可靠性、低时延等物联网应用场景的信道测量，并且完成了测量建模工作，获得的理论成果已经得到行业内的高度认可。移动公司采用本信道测量仪器搭建的高精度多通道同步信道测量系统进行模拟医院场景下的信道测量工作示意图如图6-19所示。

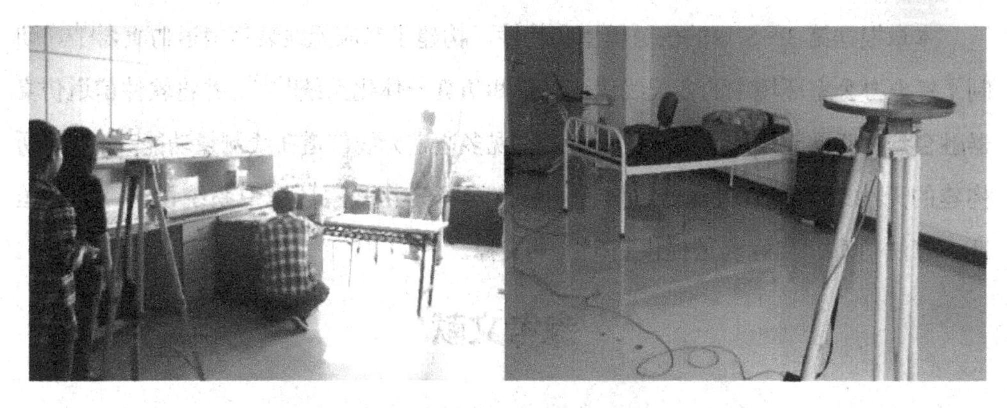

图6-19　模拟医院场景下的信道测量工作示意图

本信道测量仪器在联通公司物联网多天线的通信产品研发中也得到广泛应用，特别是对物联网典型的智慧办公场景信道特性测量工作尤为重要，联通公司利用本信道测量仪器在会议室与走廊场景下进行的信道测量工作示意图如图6-20所示。

图 6-20　会议室与走廊场景下的信道测量工作示意图

总之，本信道测量仪器可望在未来移动通信和物联网产业应用领域得到广泛应用。在现有仪器研制基础上，本信道测量仪器还能够根据未来移动通信和物联网产业应用中各种测试场景的不同需求，进一步升级为软件可定义信道测量仪器，满足多样化的测试需求，应用前景非常广阔。此外高精度多通道同步接收机设计方法还有望被推广应用于雷达目标测量、射电天文、天线远/近场测量等领域。

6.6　本章小结

本章根据第 3～5 章的信道模型和特性，构建了对应无线衰落信道仿真器[11]，研制了室内办公室环境中的多天线信道测量和仿真一体化系统[11-15]，并将软件信道仿真器融合到物联网无线信道测量仪器中，实现多通道无线信道在线测量功能[11,15-17]。所构建的无线衰落信道仿真器和信道测量仪器可为物联网环境中系统设计、原型验证、算法仿真、实际测量提供基础工具支撑。

参考文献

[1] RAPPAPORT T S. Wireless communications: principles and practice[M]. Second Edition. Upper Saddle River: Prentice Hall PTR, 2001.

[2] 张业荣, 竺南直, 程勇. 蜂窝移动通信网络规划与优化[M]. 北京: 电子工业出版社, 2003.

[3] SEXTON T A, PAHLAVAN K. Channel modeling and adaptive equalization of indoor radio channels[J]. IEEE Journal on Selected Areas in Communications, 1989, 7(1): 114-121.

[4] WIN M Z, CHRISIKOS G, MOLISCH A F, et al. Selective RAKE diversity in multipath fading with arbitrary power delay profile[C]//Proceedings of Globecom '00 - IEEE. Global Telecommu-

nications Conference. Conference Record (Cat. No.00CH37137). Piscataway: IEEE Press, 2002: 960-964.

[5] ZHOU H, HUANG Y F. Fine timing synchronization using power delay profile for OFDM systems[C]//Proceedings of 2005 IEEE International Symposium on Circuits and Systems (ISCAS). Piscataway: IEEE Press, 2005: 2623-2626.

[6] KRISHNA P, KUMAR T A, RAO K K. Pilot based LMMSE channel estimation for Multi-User MIMO- OFDM systems with power delay profile[C]//Proceedings of 2014 IEEE Asia Pacific Conference on Circuits and Systems (APCCAS). Piscataway: IEEE Press, 2015: 487-490.

[7] ISKANDER C D, MULTISYSTEMS H T. A MATLAB-based object-oriented approach to multipath fading channel simulation[EB]. 2008.

[8] KHOKHAR K, SALOUS S. Frequency domain simulator for mobile radio channels and for IEEE 802.16-2004 standard using measured channels[J]. IET Communications, 2008, 2(7): 869-877.

[9] HA G, KIM M, LEE H, et al. A study on an efficient channel data processing algorithm for developing a software-based playing back channel simulator[C]//Proceedings of 2009 5th International Conference on Wireless Communications, Networking and Mobile Computing. Piscataway: IEEE Press, 2009: 1-4.

[10] RAIMUNDO X, SALOUS S. Bit error rate comparison of MATLAB multipath fading channel simulator and measurement based channel simulator using real measurement data[C]// Proceedings of 2012 International Symposium on Signals, Systems, and Electronics (ISSSE). Piscataway: IEEE Press, 2012: 1-6.

[11] 余雨. 小蜂窝场景中室内短距离无线信道传播特性研究[D]. 南京: 南京邮电大学, 2017.

[12] 王晔. 短距离室内无线信道传播特性研究[D]. 南京: 南京邮电大学, 2014.

[13] 刘洋. 面向 Femtocell 通信的室内短距离无线信道传播特性研究[D]. 南京: 南京邮电大学, 2016.

[14] 崔鹏飞. 无线离体信道传播特性和稀疏化建模的研究[D]. 南京: 南京邮电大学, 2019.

[15] 余骏. 室内人-机-物复杂场景下的无线传播模型研究[D]. 南京: 南京邮电大学, 2020.

[16] YU Y, LIU Y, LU W J, et al. Modelling and simulation of channel power delay profile under indoor stair environment[J]. IET Communications, 2017, 11(1): 119-126.

[17] YU Y, LIU Y, LU W J, et al. Propagation model and channel simulator under indoor stair environment for machine-to-machine applications[C]//Proceedings of 2015 Asia-Pacific Microwave Conference (APMC). Piscataway: IEEE Press, 2016: 1-3.

第7章 物联网边缘无线环境电磁兼容技术与方法

7.1 物联网边缘无线环境电磁兼容原理与方法

7.1.1 无线电频谱资源

所谓物联网边缘无线环境就是利用各种无线网络接入技术将包括人-机-物在内的所有物理对象及其电子信息设备（包括实体的和虚拟的）无处不在地连接起来进行信息传输和协同交互的信息服务电磁空间环境。所有电子信息设备在无线环境中进行信息传输和交互时，都需要建立一个具有一定功率强度的多维电磁能量空间作为载体以传输和携带信息，这种支持信息传输和交互的电磁能量空间就是无线电频谱资源。

无线电频谱资源是自然界存在的一种重要的国家级战略性自然资源，以电磁波形式在无线空间传播和辐射。这种具有不同无线电频率的无线电频谱根据不同的频率划分、空间位置、工作时间、功率大小、信号码型以及电波极化模式等各种相互正交的资源结构方式进行组织和编排，所构成的多维电磁能量空间集合就称为无线电频谱资源。所谓无线电频谱资源其实就是在物联网边缘无线环境中，依托无线网络基础设施实施生产服务的一种能量资源。

无线电频谱资源是一种非物质的自然资源，它是通过无线电系统按照要求发射一种约束在规定能量空间范围内的电磁波，承载所需的信息在无线空间进行传播而表现出的特殊能量资源。因此，无线电频谱资源的利用与管理更多体现的是一种对无线电波秩序进行科学有序的频谱编排、分配和使用。频谱资源在法律上所反映出来的关系具有很多特殊性，不能像电、热、光等自然力可以简单地被视为民法上的“物”。因为人类可以利用的频谱资源非常有限，因此频谱资源具有很强的可利用性、稀缺性和排他性。

无线电频谱资源是一种有限的自然资源。无线电频谱一般指 9kHz～3000GHz 频率范围内发射无线电波的无线电频率的总称。通常指长波、中波、短波、超短波和微波。

国际电信联盟（ITU）负责对全球的无线电频谱使用进行国际协调，制定无线电频谱资源的使用规则，对所使用的频谱和频率进行指配和登记，以避免全球无线电频谱资源的正常有序使用出现非法侵占和有害干扰，确保有效使用无线电频谱资源。国际电信联盟《无线电规则》及其“频率划分表”定期得到修订和更新，以满足人们对频谱的巨大需求。

无线电频谱和波段划分见表 7-1。

表 7-1　无线电频谱和波段划分

ITU 波段号码	频段名称	频段缩写	频率范围	波段名称	波长范围	主要业务
1	极低频	ELF	3～30Hz	极长波	100000～10000km	潜艇通信或直接转换成声音
2	超低频	SLF	30～300Hz	超长波	10000～1000km	直接转换成声音或交流输电系统（50～60Hz）
3	特低频	ULF	300Hz～3kHz	特长波	1000～100km	矿场通信或直接转换成声音
4	甚低频	VLF	3～30kHz	甚长波	100～10km	直接转换成声音、超声，地球物理学研究
5	低频	LF	30～300kHz	长波	10～1km	国际广播、全向信标
6	中频	MF	0.3～3MHz	中波	1～0.1km	调幅（AM）广播、全向信标、海事及航空通信
7	高频	HF	3～30MHz	短波	100～10m	短波、民用电台

续表

ITU 波段号码	频段名称	频段缩写	频率范围	波段名称		波长范围	主要业务
8	甚高频	VHF	30～300MHz	米波	超短波	10～1m	调频（FM）广播、电视广播、航空通信
9	特高频	UHF	0.3～3GHz	分米波	微波	1～0.1m	电视广播、无线电话通信、无线网络、微波炉
10	超高频	SHF	3～30GHz	厘米波		100～10mm	无线网络、雷达、人造卫星接收
11	极高频	EHF	30～300GHz	毫米波		10～1mm	射电天文学、遥感、人体扫描安检仪
12	至高频	THF	300～3000GHz	丝米波（亚毫米波）		1～0.1mm	成像和检测

注：频率范围包含上限、不含下限，波长范围与频率范围相对应。

雷达波段是指雷达发射电波的频率范围。大多数雷达工作在超短波及微波波段，其频率范围为30～300000MHz，相应波长为1mm～10m，包括甚高频（VHF）、特高频（UHF）、超高频（SHF）、极高频（EHF）4 个波段。在雷达行业中，根据雷达的工作频率将无线电频谱划分为若干个波段，雷达与空间通信的无线电频段划分见表 7-2。

表 7-2　雷达与空间通信的无线电频段划分

波段代号	标称波长/cm	频率/GHz	波长范围/cm
P	—	0.23～1	130～30
L	22	1～2	30～15
S	10	2～4	15～7.5
C	5	4～8	7.5～3.75
X	3	8～12	3.75～2.5
Ku	2	12～18	2.5～1.67
K	1.25	18～27	1.67～1.11
Ka	0.8	27～40	1.11～0.75
U	0.6	40～60	0.75～0.5
V	0.4	60～80	0.5～0.375
W	0.3	80～100	0.375～0.3

无线电频谱资源作为一种非物质自然资源，它具有以下 6 种特性。

（1）有限性

由于较高频率无线电波的复杂传播特性，无线电业务还不能在 3000GHz 以上的频段去开发和利用，包括对新维度频谱资源域的开发有待研究，因此目前对频谱资源的使用率和利用率都是非常有限的。

（2）排他性

无线电频谱资源与其他资源具有共同属性，即使用权的排他性；在一定的时间、地区和频域内，一旦某个频谱能量空间被授权占用，则在此期间其他设备和业务不能再以相同的技术模式共享。

（3）复用性

虽然无线电频谱资源使用具有排他性，但在特定的时间、地区、频域和编码等条件下，无线电频率是可以正交方式在不同的维度进行重复使用和利用而互不侵扰，即不同无线电业务和设备可以同频率进行不同维度正交复用和共享。

（4）非耗竭性

无线电频谱资源不同于矿产、森林等资源，它可以被人类利用和占用，但永远不会被消耗掉；所以对频谱资源而言，不使用它是一种浪费，而使用不当更是一种浪费，甚至由于使用不当产生干扰而造成危害。

（5）传播特性

由于电波传播的特性不受国界及区域限制，为了保证各国和各地区能够平等、有效地利用频率并且能够保证其使用权限，就必须制定一个各国及各地区共同遵守的无线电频率划分表并进行科学的电波传播管理。

（6）易污染性

如果无线电频率使用不当，就会受到其他无线设备、自然噪声和人为噪声的干扰而无法正常工作，或干扰其他无线电设备，使之无法准确、有效和迅速地传送信息。

正是上述这些特性，使无线电频谱资源有别于土地、矿藏、森林等自然资源，需要对它科学规划、合理利用、有效管理，才能使之发挥巨大的资源价值，成为服务经济社会发展和国防建设的重要资源。

7.1.2　电磁兼容的基本概念

对电磁兼容和电磁兼容性（Electromagnetic Compatibility，EMC）的一般性定义如下。

“电磁兼容”是指在特定电磁能量空间范围内的所有相关电子信息设备或系统不会因其内部和彼此之间存在的电磁干扰而影响其正常工作的一种状态，这种状态也称为电磁环境中的相互共存状态。

“电磁兼容性”是指设备的一种基本能力或者性能，这种能力使所有相关电子信息设备在其所处的电磁环境中都能够符合其设计要求正常工作，不仅使信号与干扰能够相互共存并使在相关接收设备中的有用信息不致受到损伤，而且不对其所在的电磁环境以及其他相关无线电设备产生不能容忍的电磁干扰。

物联网的电磁兼容性要求在特定的物联网电磁环境中所有被无线电互联的设备和终端对象都能正常有效地工作，因此，必须对被连接的各种设备和终端所涉及的无线电频谱资源进行合理的综合利用和有效管理。在已经划分给特定无线业务设备的 n 维电磁能量空间范围内将不允许再有任何其他无线电业务的设备存在，也就是说所涉及的某个 n 维电磁能量空间已经作为一种授权的资源被指定设备在特定的业务期间所占用，就不能再与其他业务的电子设备及终端共享。

因此在物联网边缘无线环境中的电磁兼容性（EMC）实际上包括了 3 个方面的要求。

（1）电子信息设备或终端系统在正常运行过程中对所在环境产生的电磁干扰（Electromagnetic Interference，EMI）不能超过规定的限值，即电子信息设备在发送信息时所辐射的电磁能量不应超出规定的 n 维电磁能量空间范围。

（2）电子信息设备或终端系统在给定电磁能量空间对预期存在的电磁干扰具有一定程度上符合要求的抗干扰能力，即电磁敏感性（Electromagnetic Susceptibility，EMS）低于规定的门限，并且有一定的安全余量，即电子设备在接收信息时只能对所规定 n 维频谱资源电磁能量空间内的信号作出反应，而对这个电磁能量空间范围以外的信号不敏感或者没有反应。

（3）电子信息设备或终端系统在给定电磁环境中能按设计技术要求完成其业务使命。

当不同的终端设备发射机或接收机所实际使用的不同 n 维电磁能量空间之间发生相互交叉重叠或者能量侵占时，就会产生电磁干扰而导致设备或系统相互之间的不兼容。

7.1.3　电磁兼容基本原理与方法

无线通信的基本原理是以电磁频谱能量作为携带信息的载体在无线电磁空间进行传输，在频谱资源受限的条件下通过既能满足通信容量要求又能满足通信质量要求的各种先进通信技术解决方案，实现在收发端之间的信息传输和交互。

无线通信电磁兼容的主要任务，就是要求特定电磁能量空间范围内的所有相关收发端在进行无线传输和交互的过程中实现需求的相互共存，而不会因其内部和彼此之间存在的电磁干扰或者电磁损伤而影响其正常工作[1]。

保证物联网边缘无线环境电磁兼容性的基本原理是根据边缘环境各种业务的信息传输需求，通过对受限的频谱资源的多维度正交分配、编排和分割等兼容性设计，在需要进行互联业务的所有相关终端之间适时提供一种满足其传输质量要求的电磁能量空间，使得相关边缘环境中所有传输技术方案的多维电磁能量空间保持相互正交互不侵扰从而互不影响其相关终端设备的正常工作。

物联网边缘无线环境电磁兼容技术方案的基本思想是通过先进的频谱资源分割理论与技术方法，使得在已经划分给特定物联网业务传输功能的确定多维电磁能量空间范围内将不允许再有任何其他的信息传输业务存在，也就是说所涉及的某个 n 维电磁能量空间和时间已经作为一种资源被指定的业务及其终端设备所授权占用，其他的业务及设备就不能再分配使用或与其共享，否则将形成对授权使用业务的电磁侵扰。

物联网边缘无线环境中的所有终端设备在业务运行过程中都需要依托电磁能量作为载体以射频信号的形式在无线空间传输信息，这种按照各种不同业务需求携带射频信号的电磁能量以辐射场的形式由各种无线终端设备以及无线网络设施在边缘环境空间产生，而电磁兼容性则要求将这一定强度的电磁能量限制在 n 维电磁能量空间某个规定的范围内而不能溢出，否则将对其他电磁能量空间的无线业务形成电磁侵扰。

物联网边缘无线环境下保证电磁兼容的基本技术方法包括以下 3 个。

（1）空间域电磁兼容方法

在物联网边缘无线环境中采用空间域的电磁兼容方法，就是给人–机–物之间进行信息传输的电磁能量资源划定有限的空间范围，使其能量的辐射和传输始终限定在规定的空间区域内而不对其他电磁空间产生干扰，与此同时对其他空间域电磁能量的敏感性限制在允许的范围内。空间域电磁兼容方法的基本原理是通过对频谱资源在空间域的编排和分割技术，按需构建不同业务所占用信息传输电磁能量空间的空间域正交关系，使得所有业务的电磁能量空间相互之间的资源侵占和信号干扰均限定在所允许的范围之内而不产生不符合指标要求的信息损伤，实现物联网边缘电磁环境下所有相关的电子信息设备在业务运行的信息传输过程中能够在空间域相互和谐共存。

通常采用的空间域电磁兼容方法主要包括对电子信息系统或设备在业务运行期间所允许工作的空间位置及范围进行动态地划分和定位；对设备发射机的天线辐射方向和功率进行调整和限定，划分不同发射天线的电波传播有效区间；对设备接收机的接收信号在某些特定空间方向上进行限制、屏蔽或者降低敏感度；通过对收发天线的高度及位置调整来改变电磁能量空间的有效范围和边界；空分多址（SDMA）系统技术方法。

（2）时间域电磁兼容方法

在物联网边缘无线环境中采用时间域的电磁兼容方法，就是给人-机-物之间进行信息传输的电磁能量资源划定有限的时间范围，使其能量的辐射和传输始终限定在规定的时间区域内而不对在其他时间运行的电磁能量空间产生干扰，与此同时也对其他时间域产生的电磁能量敏感性限制在允许的范围内。时间域电磁兼容方法的基本原理是通过对频谱资源在时间域动态分割和分时编排技术，按需构建不同业务所占用信息传输电磁能量空间的时间域正交关系，使得所有业务的电磁能量空间相互之间在不同时间产生的资源侵占和信号干扰均限定在所允许的范围之内而不产生不符合指标要求的信息损伤，实现物联网边缘电磁环境下所有相关的电子信息设备在业务运行的信息传输过程中能够在时间域相互和谐共存。

通常采用的时间域电磁兼容方法主要包括时分多址（TDMA）系统技术方法，动态按需分配发射机的辐射时间，对特定发射机在规定的时间段进行限制和封闭，合理有序地对运行在同一个电磁能量空间所有相关设备发射机的工作时间进行科学编排和避让等。

（3）频率域电磁兼容方法

在物联网边缘无线环境中采用频率域的电磁兼容方法，就是给人–机–物之间进行信息传输的电磁能量资源划定有限的频率范围，使其能量的辐射和传输始终限定在规定的频率区域内而不对在其他频率运行的电磁空间产生干扰，与此同时也对其他频率域产生的电磁能量敏感性限制在允许的范围内。频率域电磁兼容方法的基本原理是通过对频谱资源在频率域动态分割和分频编排技术，按需构建不同业务所占用信息传输电磁能量空间的频率域正交关系，使得所有业务的电磁能量空间相互之间在不同频率域产生的资源侵占和信号干扰均限定在所允许的范围之内而不产生不符合指标要求的信息损伤，实现物联网边缘电磁环境下所有相关的电子信息设备在业务运行的信息传输过程中能够在频率域相互和谐共存。

通常采用的频率域电磁兼容性方法包括频分多址（FDMA）系统技术方法，动态按需分配发射机的工作频率，对发射机的特定辐射频段进行限制、抑制和屏蔽，合理有序地对运行在同一个服务时间和空间所有相关设备发射机的工作频率进行科学编排和调控，实现同一工作环境下所有授权和非授权频段的智能协作。

其他的电磁兼容技术方法还包括通过正交编码、分屏显示、电磁波极化等多种正交方法进行多域频谱资源的科学编排和分割，从而实现复杂电磁环境无线业务的电磁兼容。

7.1.4　频谱资源兼容性规划与设计

保证物联网边缘无线环境电磁兼容性的规划目的是在有效利用作为有限自然资源的无线电电磁频谱资源的基础上，保证特定电磁环境中所有相关无线传输的业务能够相互共存，保证所有作为信息传输载体的相关频谱资源空间互不侵扰。保证电磁兼容性方法拟采取的频谱资源兼容性规划与设计应包括以下两个步骤。

步骤 1：尽可能降低电磁环境中相关系统或设备的业务对频谱资源最低必需量 Ω_0 的要求。

基本原理就是在保证系统设备完成其业务性能指标的基础上使无线传输业务

必须占用的频谱资源最少。这主要是在系统的设计和生产制造过程中，通过改变设备的工作原理、调制解调方式、接收方式以及信息处理算法等技术方法实现。

步骤 2：尽可能地降低电磁环境中相关系统或设备在业务运行过程中对频谱资源的实际占用量Ω，并且使Ω尽可能逼近Ω_0。

基本原理是在保证系统或设备实现相关业务性能指标不受损伤的基础上使业务系统实际占用的频谱资源尽可能地少。这主要是在业务运行使用过程中频谱资源的实际占用量Ω通常大于最低必需量Ω_0，因此要求用户在业务运行的过程中通过频谱资源的兼容性规划和设计方法来降低频谱资源实际占用量Ω并且最优化地逼近最低必需量Ω_0，同时采取基于电磁兼容基本原理的频谱资源分配管理和多维度分割组织方法，使电磁环境中所有相关设备和系统各自占用的 n 维频谱资源空间相互之间的交叉和重叠部分达到最小。

如果物联网边缘无线环境中的某个电子信息系统在实施相关业务的实际运行过程中，所占用的时间宽度为 T，空间体积为 V，频带宽度为 B，在此区间工作所产生或所需要的电磁能量强度为功率 P，则可以假设该系统所占用的电磁能量空间就是由上述 4 个参量坐标所组成的四维能量空间区域的体积，即：

$$\Omega=PVTB \tag{7-1}$$

Ω越大则表示所占用的电磁能量空间也越大。

对任何实际工程应用过程，都可以规定出为满足相关系统或设备完成其正常业务对频谱资源最低必需量Ω_0所要求的最小时间宽度 T_0，最小空间体积 V_0，最小频带宽度 B_0 和最小发射功率 P_0，从而获得任何系统或设备的最小电磁能量空间，表示为：

$$\Omega_0 = T_0 V_0 B_0 P_0 \tag{7-2}$$

由于处于工作状态的任何系统或设备所实际占用的频谱资源Ω通常都大于其正常工作所需要的频谱资源最低必需量Ω_0，即：

$$\Omega > \Omega_0 \tag{7-3}$$

也就是说业务运行中的频谱资源实际占用量往往超过了最低必需量，产生的频谱资源差值为$\Delta\Omega$，表示为：

$$\Delta\Omega = \Omega - \Omega_0 \tag{7-4}$$

从而使电磁频谱资源未能被充分有效地利用，不仅造成了频谱资源的低效浪费还产生了业务环境的非故意“电磁污染”。进行频谱资源效能设计的目标就是使 $\Delta\Omega$ 趋近于最小值。

由此可见，保证物联网电磁兼容性的基本任务就是在电子信息系统或设备对频谱资源的最低必需量 Ω_0 已确定的基础上，既要充分保证多维度电磁能量空间在相关物联网业务环境中进行尽可能的无缝隙全覆盖以实现频谱资源使用效率的最大化，又要通过一定的资源空间规划分配方法使该空间环境中所有相关业务系统各自占用的电磁能量空间的相互间交叉和重叠部分达到最小。

7.2 物联网边缘无线环境干扰分析

在一个由多业务系统组成的物联网边缘无线环境中，存在着由多种异构无线网络频谱资源支持的不同业务的无线电波传输，从而形成复杂的电磁环境使得多个无线信道相互之间产生电磁干扰；由多个来自其他相邻无线信道发射机的信号进入目标接收机中，从而对目标设备的接收信号造成电磁损伤。在传统的无线通信系统中，通常采用对干扰发射机的功率控制和相邻信道频谱协调等方式降低干扰影响。然而在大规模设备密集分布的物联网边缘无线环境中，采用单一发射机的功率控制或者单一信道的频谱协调都将难以保障系统的电磁兼容性，所以需要在对物联网边缘无线环境下干扰状态进行描述和建模分析的基础上采取相关的电磁兼容技术方法。

7.2.1 物联网边缘无线环境干扰信号的理论模型

对传统的通信网络干扰模型通常可以采用高斯随机过程进行分析，但是当干扰源数量较大并且有部分干扰源产生影响占主导的情况下，高斯干扰分布将不再适用。在这种情况下，干扰的概率密度函数（PDF）显示出比高斯模型更重拖尾的脉冲形态。对于这样的脉冲干扰建模，目前已有的几种数学模型包括米德尔顿 A 类模型[2]、高斯混合分布模型[3-4]等。

在覆盖半径有限的网络中，当防护区域半径有限且非零时，干扰分布为米德尔顿分布。米德尔顿 A 类模型虽然精确，但很难通过理论分析得到，因此不断有人提出一些近似模型，如高斯混合分布模型[3]、ε 污染模型[4]。文献[5]已经证明，当干扰依据二项点过程定位时，产生的干扰信号幅值是次指数的。在这种情况下，拖尾的现象由最强的干扰设备支配[6]。此外，对于泊松点过程定位的干扰，其分布严重依赖于路径损耗衰减系数 γ。在一个覆盖半径为无限的网络里，没有警戒区域，干扰功率具有完全偏置的 α 稳定分布，其中 α 依赖于 γ[7]。

下面对存在大规模密集设备终端物联网通信场景的一般性干扰模型进行分析。在进行通信网络中干扰建模时应确定影响干扰的基本物理参数，分别为：分散在网络中的干扰终端空间分布；干扰的传输特性，如调制、功率、同步等；环境介质的传播特性，如路径损耗、遮蔽、多径衰落等。其中，重要因素之一是要确定干扰终端的空间分布，在许多情况下需要对节点的位置信息进行统计描述，因此比较适合采用随机空间分布模型。特别是当网络设计者事先不知道终端的位置时，可以根据齐次泊松点过程将其视为完全随机的。目前多数文献也都假设干扰信号是按照空间泊松过程分布的。

在物联网大规模密集设备终端共存工作的环境中，当根据频谱感知协议允许次级用户设备可与主用户设备在同频带内共用频段进行传输时，对次级用户设备的网络干扰统计分布将受到无线传播特性的影响。

在二维无限大平面上，根据齐次泊松点过程建立了多节点空间分布的泊松场模型[6]如图 7-1 所示。在无线系统设计和分析的多数情况下，考虑相关发射机和接收机之间的功率关系就需要考虑环境的无线传播特性。接收功率 P_{rx} 可以表示为：

$$P_{\mathrm{rx}} = \frac{P_{\mathrm{tx}} \Pi_k X_k}{r^{2a}} \tag{7-5}$$

其中，P_{tx} 是参考功率，为离发射机 1m 处测量的平均功率，a 为路径衰减指数，取值为 0.8～4，取值为 1 时表示自由空间传播，X_k 是与传播效应（如多径衰落和阴影等）相关的独立随机变量（Random Variable，RV）。

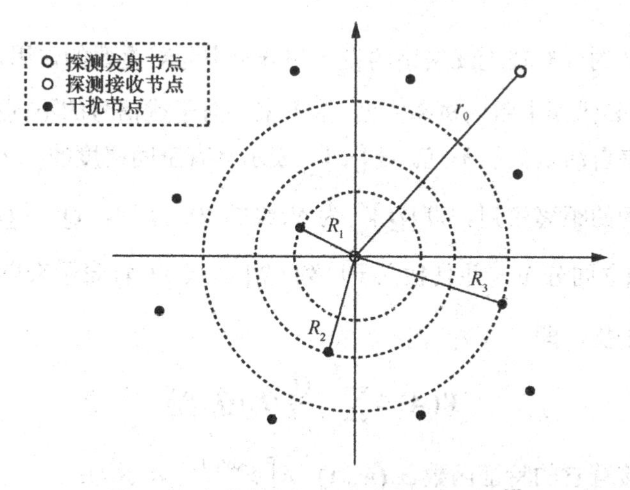

图 7-1　多节点空间分布的泊松场模型[6]

假设$\boldsymbol{Y}=\left[Y_1,Y_2,\cdots,Y_{N_d}\right]^{\mathrm{T}}$是任意维$N_d$的真实随机向量，表示位于二维平面原点的探测接收器处的聚合干扰（如图 7-1 所示）。$\boldsymbol{Y}$对应于聚合干扰过程$\boldsymbol{Y}(t)$到$\left\{\psi_i(t)\right\}_{i=1}^{N_d}$的某些基函数集合上的投影，可以表示为：

$$\boldsymbol{Y}=\sum_{i=1}^{\infty}\frac{\boldsymbol{Q}_i}{\boldsymbol{R}_i^{\eta}}\Pi_{\mathcal{A}}(\boldsymbol{Q}_i,\boldsymbol{R}_i)\tag{7-6}$$

其中，

$$\Pi_{\mathcal{A}}(q,r)\triangleq\begin{cases}1,(q,r)\in\mathcal{A}\\0,\ \text{其他}\end{cases}\tag{7-7}$$

$\boldsymbol{Q}_i=\left[Q_{i,1},\cdots,Q_{i,N_d}\right]^{\mathrm{T}}$表示与干扰器$i$相关联的任意随机量。引入$\boldsymbol{Q}_i$目的是适应各种传播效应，如多路径衰落和阴影衰落。该模型大体能够容纳活跃集$\mathcal{A}$的多个选择，包括如下内容。

（1）如果$\mathcal{A}=\{(q,r):r\in\mathfrak{T}\}$，则式（7-7）表示$\mathfrak{T}$所描述的区域内所有节点所产生的聚合干扰，例如$\mathfrak{T}=[u,v)$，则式（7-7）表示由$u\leqslant r<v$环内节点产生的聚合干扰。

（2）如果$\mathcal{A}=\left\{(q,r):\left(\frac{|q|^2}{r^{2b}}\right)<P_{\mathrm{th}}\right\}$，则式（7-7）表示仅由接收到的功率$|\boldsymbol{Q}_i|^2/R_i^{2b}$低于某个阈值$P_{\mathrm{th}}$的节点产生的聚合干扰。

聚合干扰 $\boldsymbol{Y}$ 的分布在无线网络的设计和分析中起着重要的作用，如在确定干扰中断、频谱中断和错误中断的概率方面。接下来将对干扰信号的不同指标进行分析。

首先分析来自活跃集的干扰。设 $\{R_i\}_{i=1}^{\infty}$ 表示具有空间密度的二维泊松过程的原点与随机点之间的距离序列。设 $\{\boldsymbol{Q}_i\}_{i=1}^{\infty}$ 为 N_{d} 维的 RV 序列，$\boldsymbol{Q}_i=\left[Q_{i,1},\cdots,Q_{i,N_{\mathrm{d}}}\right]^{\mathrm{T}}$ 对于不同的 i，独立同分布，并且独立于序列 $\{R_i\}$。设 $\boldsymbol{Y}(\mathcal{A})$ 表示来自活跃集 $\mathcal{A}$ 的节点产生的聚合干扰，即：

$$\boldsymbol{Y}(\mathcal{A})\triangleq\sum\nolimits_{i=1}^{\infty}\frac{\boldsymbol{Q}_i}{R_i^{\eta}}\Pi_{\mathcal{A}}(\boldsymbol{Q}_i,R_i) \tag{7-8}$$

其中，$\eta>1$，接着它的特征函数 $\varphi_{\boldsymbol{Y}}(w,\mathcal{A})=E\left[\mathrm{e}^{\mathrm{j}w\boldsymbol{Y}(\mathcal{A})}\right]$ 表示为：

$$\varphi_{\boldsymbol{Y}}(\boldsymbol{w},\mathcal{A})=\exp\left(-2\pi\lambda\iint\left(1-\mathrm{e}^{\frac{\mathrm{j}w\cdot q}{r^{\eta}}\Pi_{\mathcal{A}}(q,r)}\right)f_Q(q)\mathrm{d}q r\mathrm{d}r\right) \tag{7-9}$$

其中，$f_Q(q)$ 是 $\boldsymbol{Q}_i$ 的概率密度函数。

接下来主要描述平面上所有节点产生的总干扰振幅的分布。$\{R_i\}_{i=1}^{\infty}$ 与 $\{\boldsymbol{Q}_i\}_{i=1}^{\infty}$ 的定义同上所述，设 $\boldsymbol{Y}$ 表示散在无限平面上的节点在原点产生的聚合干扰，在 $b>1$ 时，即表示为：

$$\boldsymbol{Y}=\sum\nolimits_{i=1}^{\infty}\frac{\boldsymbol{Q}_i}{R_i^{b}} \tag{7-10}$$

它的特征函数 $\varphi_{\boldsymbol{Y}}(\boldsymbol{w})=E[\mathrm{e}^{\mathrm{j}\boldsymbol{w}\cdot\boldsymbol{Y}}]$ 表示为：

$$\varphi_{\boldsymbol{Y}}(\boldsymbol{w})=\exp(-\gamma|\boldsymbol{w}|^{\alpha}) \tag{7-11}$$

其中，

$$\alpha=\frac{2}{b} \tag{7-12}$$

$$\gamma=\lambda\pi C_{2/b}^{-1}E\left\{\left|Q_{i,n}\right|^{2/b}\right\} \tag{7-13}$$

$$C_{\alpha}\triangleq\begin{cases}\dfrac{1-\alpha}{\Gamma(2-\alpha)\cos\left(\dfrac{\pi\alpha}{2}\right)}, & \alpha\neq1\\[2ex] \dfrac{2}{\pi}, & \alpha=1\end{cases} \tag{7-14}$$

在式（7-11）中具有$\varphi_Y(\boldsymbol{w})$形式特征函数的随机变量属于对称稳定向量类。稳定定律是高斯分布的直接推广，并包括其他具有较重拖尾的密度分布。它们与高斯分布有许多共同的性质，即稳定性和广义中心极限定理。因此干扰的分布可以表示为：

$$\boldsymbol{Y} \sim \boldsymbol{S}_{N_d}\left(\alpha_Y = \frac{2}{b}, \beta_Y = 0, \gamma_Y = \pi\lambda C_{2/b}^{-1} E\left\{\left|Q_{i,n}\right|^{2/b}\right\}\right) \tag{7-15}$$

除了需要考虑总干扰信号振幅的分布，还需要关注分散在平面上的所有节点所产生的总干扰功率，其中每个干扰源产生的干扰功率为P_i/R_i^{2b}。随机变量P_i与干扰器i相关联，并可以包含各种传播效应，如多径衰落或阴影衰落。

设$\{P_i\}_{i=1}^{\infty}$为独立同分布的一个真实序列的非负向量，独立于序列$\{R_i\}$，I表示分散在无限平面上的所有节点在原点产生的总干扰功率，即：

$$I = \sum_{i=1}^{\infty} \frac{P_i}{R_i^{2b}} \tag{7-16}$$

其中，$b > 1$，它的特征函数$\varphi_I(\boldsymbol{w}) = E[\mathrm{e}^{\mathrm{j}wI}]$表示为：

$$\varphi_I(\boldsymbol{w}) = \exp\left(-\gamma|\boldsymbol{w}|^{\alpha}\left[1 - \mathrm{j}\beta \operatorname{sign}(\boldsymbol{w}) \tan\left(\frac{\pi\alpha}{2}\right)\right]\right) \tag{7-17}$$

其中，

$$\alpha = \frac{1}{b} \tag{7-18}$$

$$\beta = 1 \tag{7-19}$$

$$\gamma = \pi\lambda C_{1/b}^{-1} E\left\{P_i^{1/b}\right\} \tag{7-20}$$

特征函数形式$\varphi_I(\boldsymbol{w})$的随机变量属于倾斜稳定向量类。因此，总干扰可以表示为：

$$I \sim \mathcal{S}\left(\alpha = \frac{1}{b}, \beta = 1, \gamma = \pi\lambda C_{1/b}^{-1} E\left\{P_i^{1/b}\right\}\right) \tag{7-21}$$

7.2.2 物联网边缘无线环境干扰性能分析

在物联网边缘无线环境中，在避免对授权用户产生干扰的前提下，允许免授权用户动态访问部分未使用的许可频谱。这样的物联网终端设备需要具有主动监测频谱使用情况的能力。根据频谱感知协议，当允许次用户设备与主用户设备在同一频段内传输时，可以通过干扰模型对主用户的性能进行量化分析。空间模型假设为齐次泊松过程 Π_{sec}，密度为 λ_{sec}，当主用户传输发生时，主发射机和接收机之间的握手过程将触发主接收器传输具有功率 p_{pri} 的信标，从而告知次级用户节点有主用户的存在而需要避开。当次级用户感知到这样的信标时则不被允许传输，以减少对主链路造成的干扰。然而由于多径衰落和阴影衰落等无线传播效应，次级用户可能会错过检测该信标，从而产生干扰主链路的信号传输。次级用户检测到主接收器在距离 r 处传输的信标的概率 $P_{\text{d}}(r)$ 为：

$$P_{\text{d}}(r)=\mathbb{P}_{\{Z_k\}}\left\{\frac{p_{\text{pri}}\Pi_k Z_k}{r^{2b}}\geqslant P^*\right\} \tag{7-22}$$

其中，p_{pri} 为信标的平均发射功率，P^* 表示信标检测的阈值。在接下来的内容中描述了所有无法检测主信标的次级用户节点导致主链路性能下降所产生的网络干扰的分布。

由次级用户节点产生的网络干扰的功率 I_{sec} 可以写为：

$$I_{\text{sec}}\triangleq\sum\nolimits_{i=1}^{\infty}\frac{p_{\text{sec}}Z_i}{R_i^{2b}}\Pi_A(q,r) \tag{7-23}$$

其中，$Z_i\triangleq\Pi_k Z_{i,k}$。

假设 $f_z(z)$ 是 z_i 的概率密度函数，可以得到：

$$\varphi_{I_{\text{sec}}}(w)=\exp\left(-2\pi\lambda_{\text{sec}}\int_0^{\infty}\int_{\frac{p_{\text{pri}}z^{1/2b}}{P^*}}^{\infty}\left(1-\mathrm{e}^{\frac{\mathrm{j}wp_{\text{sec}}z}{r^{2b}}}\right)f_z(z)r\mathrm{d}z\mathrm{d}r\right) \tag{7-24}$$

虽然一般情况下 $\varphi_{I_{\text{sec}}}(w)$ 不能以封闭的形式确定，但它可以用来评估各重要性能指标，如干扰中断概率：

$$P_{\text{out}}=\mathbb{P}\{I_{\text{sec}}>I^*\}=1-F_{I_{\text{sec}}}(I^*) \tag{7-25}$$

其中，$F_{I_{\text{sec}}}(\cdot)$ 是 I_{sec} 向量的累积分布函数。

次级用户检测主信标的能力对于控制产生到主链路的干扰至关重要。因此，了解不同传播条件下检测概率 P_{d} 的性能很重要。

（1）仅存在路径丢失：在这种情况下，如果次级用户节点位于主接收器周围的半径为$\left(\frac{p_{\text{pri}}}{P^*}\right)^{1/2b}$的圆内，则可以检测主信标。检测概率可以表示为：

$$P_{\text{d}}(r) \triangleq \begin{cases} 1, 0 \leqslant r \leqslant \left(\frac{p_{\text{pri}}}{P^*}\right)^{\frac{1}{2b}} \\ 0, \quad \text{其他} \end{cases} \tag{7-26}$$

（2）路径损耗和 Nakagami-m 衰落：在这种情况下，$P_{\text{d}}(r) = \mathbb{P}_{\alpha}\{\alpha^2 \geqslant P^* r^{2b} / p_{\text{pri}}\}$，其中$\alpha^2$服从分布$\mathcal{G}(m, 1/m)$，利用伽马向量的累积分布函数，检测概率可以表示为：

$$P_{\text{d}}(r) = 1 - \frac{(m-1)!}{\Gamma(m)}\left(1 - \sum_{k=0}^{m-1} \frac{\mathcal{V}_1^k \text{e}^{-\mathcal{V}_1}}{k!}\right) \tag{7-27}$$

其中，$\mathcal{V}_1 = \frac{P^* r^{2b} m}{p_{\text{pri}}}$。

对于瑞利衰落（m=1）的特殊情况，可以得到：

$$P_{\text{d}}(r) = \exp\left(-\frac{P^* r^{2b}}{p_{\text{pri}}}\right) \tag{7-28}$$

（3）路径损耗和对数正态函数阴影：利用高斯 Q 函数，检测概率可以表示为：

$$P_{\text{d}}(r) = Q\left(\frac{1}{2\sigma} \ln\left(\frac{P^* r^{2b}}{p_{\text{pri}}}\right)\right) \tag{7-29}$$

（4）路径损耗、Nakagami-m 衰落和对数正态函数阴影：使用伽马向量的累积分布函数调节$\mathcal{G}$，接着对$\mathcal{G}$进行平均，检测概率可以表示为：

$$P_{\text{d}}(r) \approx 1 - \frac{(m-1)!}{\Gamma(m)}\left(1 - \frac{1}{\sqrt{\pi}} \sum_{k=0}^{m-1} \sum_{n=1}^{N_{\text{p}}} \boldsymbol{H}_{x_n} \frac{\mathcal{V}_2^k \text{e}^{-\mathcal{V}_2}}{k!}\right) \tag{7-30}$$

其中，$\mathcal{V}_2 = \frac{P^* r^{2b} m}{p_{\text{pri}}} \text{e}^{2\sqrt{2}\sigma x_n}$，$\boldsymbol{x}_n$和$\boldsymbol{H}_{x_n}$分别是$N_{\text{p}}$阶埃尔米特多项式的零项值和各次项权值向量。通常，将阶数N_{p}设置为 12。对于瑞利衰落的特殊情况（m=1），式（7-30）可以被简化为：

$$P_{\mathrm{d}}(r) \approx \frac{1}{\sqrt{\pi}} \sum_{n=1}^{N_{\mathrm{p}}} \boldsymbol{H}_{x_n} \exp\left(-\frac{P^{*} r^{2b}}{p_{\mathrm{pri}}} \mathrm{e}^{2\sqrt{2}\sigma x_n}\right) \tag{7-31}$$

各种无线传播特性下干扰中断概率与归一化检测阈值的关系[6]如图 7-2 所示。

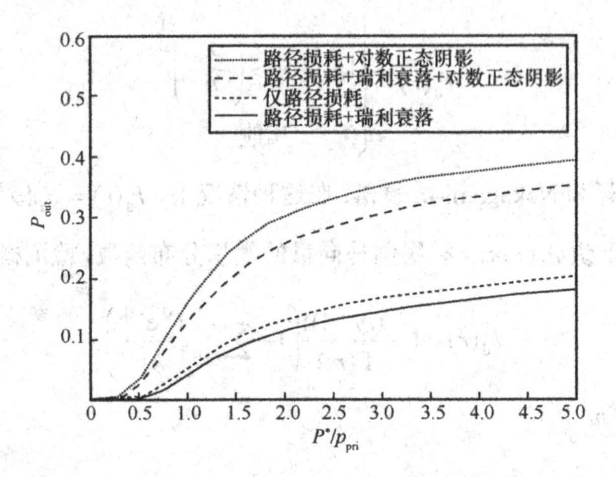

图 7-2　各种无线传播特性下干扰中断概率与归一化检测阈值的关系[6]

7.2.3　本节小结

本节从现有的物联网边缘无线环境中干扰的一般性理论模型入手，结合物联网中大规模密集设备的网络分布等特点，分析了无法检测主用户信号的次级用户节点导致主链路性能下降所产生的网络干扰分布，进而对存在干扰情况下的物联网电磁兼容性能进行分析，为后续的抗干扰技术方法提供了必要的理论分析基础。

7.3　硬件实现的频域抗干扰方法——陷波宽带天线

本节将首先讨论硬件实现的频域抗干扰方法。由于天线是物联网中所有异构无线终端的接口器件，因此最直接、复杂度最低的硬件频域抗干扰方法，也许就是让天线呈现出某种频域滤波功能，从而催生出带阻宽带天线的系列设计方法。陷波宽带天线通常也被称为“陷波超宽带天线”，其原型概念最早由美国工程师 Schantz 等[8]提出。在该原型概念设计中，只需要在行波型的椭圆偶极子天线上刻蚀尖劈状或圆环形开槽的反谐振结构，调节其长度而达到四分之一波长或半波长谐振条件，即可在相应频段上产生反谐振特性而令天线呈现窄带带阻滤波性能。以下将根据窄带反谐振结构的位置不同，介绍多种陷波宽带天线的设计方法。

7.3.1 “内嵌集成”法——将窄带反谐振结构集成于辐射单元内部

最早、应用最广的陷波宽带天线设计方法，就是把窄带谐振器集成在天线表面电流/电场分布较弱的区域内。由于远离谐振路径，窄带反谐振结构在大多数频段上处于失谐状态而不会影响天线辐射特性，例如，文献[9]在领结形缝隙天线内部刻蚀四分之一波长 V 形槽结构，实现陷波性能；在渐变槽线天线末端对称刻蚀一对四分之一波长寄生槽，不仅实现陷波性能，还能保持其他频段内定向辐射特性[10]，相似设计在文献[11]中同样有介绍；带有寄生开路单元的八边形缝隙天线实物照片[12]如图 7-3 所示，文献[13]中采用的开路枝节不直接接触缝隙单元，而是紧耦合于调谐枝节；文献[14-15]分别采用不同的内耦合谐振器结构，通过引入多个设计自由度而达到更灵活地调整天线带阻性能的目标。总而言之，内嵌于辐射单元内部的寄生谐振器具有灵活多变的结构，采用“C”形[16]、劣弧形[17]和“E”形[18]等结构，均可获得显著的带阻特性。

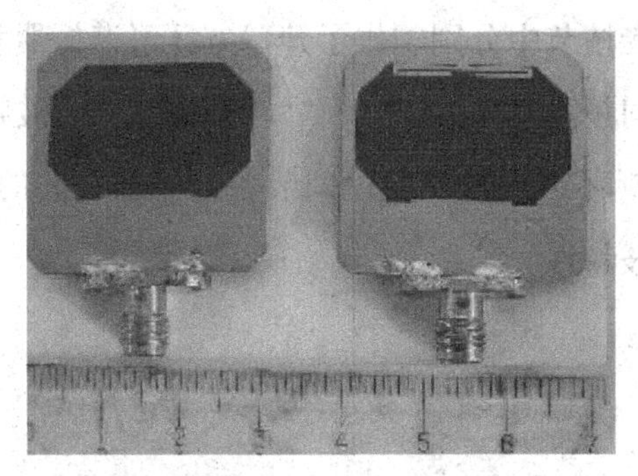

图 7-3　带有寄生开路单元的八边形缝隙天线实物照片[12]

上述早期设计方案都是针对避免超宽带（UWB）通信系统与 5GHz-WLAN（HiperLAN）和射频识别（RFID）系统相互干扰而提出的，均为单带阻设计。事实上，与 UWB 通信频段（目前主要用于室内定位）重叠的频段很多，随着第五代移动通信 Sub-6GHz 频谱的划分和部署应用，重叠频段包括 3.4～3.6GHz/4.8～5.0GHz 等频段，因此频段之间的拥挤和干扰现象将会变得更严重。2008 年以后，多带阻陷波天线设计逐渐引起研究者的注意[19]：文献[20]在单极缝隙天线[21-22]的基础上内嵌两个长度不同的寄生条带，分别产生不同频率的陷波带阻；文献[23]采用刻蚀双“U”形槽的办法实现双频陷波特性；文献[24]引入“h”形开槽，充分利用槽线谐振器的多模谐振原理，引入可调节的双频陷波特性。

7.3.2 “馈线/枝节嵌入”法——将窄带反谐振结构内嵌于馈线或调谐枝节上

在天线馈线或其末端调谐枝节中引入窄带反谐振结构，属于另一类常用的陷波宽带天线设计方法。该方法多被用于大孔宽槽型天线设计，这类天线通常工作在环-槽-单极子的混合模式，其馈线末端多具有贴片或叉指状的调谐枝节，在贴片上制作不同形状的开槽结构或内嵌寄生谐振器，即可很方便地引入窄带反谐振结构：文献[25]在宽槽天线的矩形调谐枝节中，内嵌一个“T”形寄生单元而获得陷波特性，如图 7-4 所示；文献[26]在调谐枝节上直接刻蚀“U”形槽而获得陷波特性。与第 7.3.1 节描述的方法类似，调谐枝节中的窄带反谐振结构并不唯一，只要尺寸达到谐振条件（半波长或四分之一波长），折线形[27]等任意形状同样可用：文献[28]在圆形宽槽天线的调谐枝节中分别制作了开口方环形谐振器和“L”形谐振器，通过将其长度设定为不同频段对应的谐振尺寸，获取双频陷波特性；文献[29]在调谐枝节上内嵌多个开口圆环谐振器，通过调节各谐振器之间的耦合程度，可以获得 3.5GHz/5GHz 双频陷波特性。

图 7-4 内嵌 T 形寄生单元的陷波功能宽槽天线实物照片

然而上述设计方案的带阻抑制度受限于谐振器 Q 值仅能达到 15dB 左右，故可以考虑引入 Q 值相对较高的谐振器来提高带阻抑制水平。在调谐枝节中内嵌方环形谐振器的办法，能够将宽槽天线的带阻抑制能力提高到 20～30dB，显著提升了单天线的带阻抑制性能[30]，带有方环形谐振器的陷波宽槽天线实物照片如图 7-5 所示。

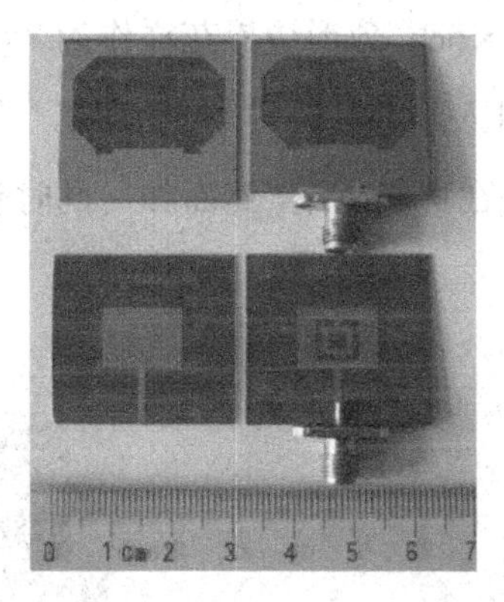

图 7-5　带有方环形谐振器的陷波宽槽天线实物照片

除了在末端枝节上引入窄带反谐振结构以外，在馈线上引入窄带反谐振结构也是可行的设计途径之一，类似于将带阻滤波器直接级联在馈线上，因此与前述方法相比，更有利于缩减天线体积。文献[31-32]分别提出两种在馈线附近增加带阻滤波结构的做法，其中一种采用“电型”的条带谐振器，另一种则采用“磁型”的缝隙谐振器，两者均可获得令人满意的多频段陷波特性。由此可见，同时在馈线、调谐枝节或天线单元中引入窄带反谐振结构，进而结合微波滤波器理论来灵活调整各谐振器之间的耦合程度，有可能获得任意可控、灵活可变的多频陷波特性，这有可能将是实现未来物联网边缘无线环境频谱资源有效分割及高效复用的低成本途径之一。

7.3.3　“分形结构”法——采用分形结构的辐射单元或馈电结构

前述方法都是基于规则形状谐振器的设计方法。考虑提高天线设计的灵活性，可以引入比常规形状更灵活多样的分形结构，如果能够充分利用分形结构的迭代和自填充特性，结合各种优化算法，还有望同时解决天线小型化的设计难题。

为此，可以采用分形陷波宽带天线作为概念设计：通过采用 Cantor 分形结构的调谐枝节（如图 7-6 所示）激发矩形宽槽，利用其边界的灵活多变，可以实现不同频段的带阻陷波并实现良好的宽带匹配[33]，然而由于分形位于枝节末端，其自填充特性未能加以充分利用，仍然不能实现小型化设计，与一般设计方案相比并未见有突出优势；基于这种思路，进一步将 Koch 曲线融合到宽槽天线的设计（如图 7-7 所示），充分利用二阶迭代 Koch 分形边界花样作为半波长反谐振单元，既可以显著缩小天线体积，又可以引入陷波特性[34]。类似地，将诸如“树形分形”[35]等概念用于宽带天线设计也是潜在可能方案，然而如何同时获得小型化和带阻滤波特性仍是具有一定难度的课题。

图 7-6　具有分形调谐枝节的陷波缝隙天线实物照片

图 7-7　陷波功能 Koch 分形缝隙天线的实物照片

总而言之，采用二阶迭代 Koch 曲线为口径轮廓的分形天线兼备了体积小巧（约为常规天线一半）和陷波特性两大特点，比常规陷波功能天线更具实用优势，其缺点是口径边界的分形图形相对复杂，不便于人工绘图。未来还能进一步挖掘该设计方法的潜力，例如，利用 CAD 工具自动生成分形花样，结合各种智能演化算法（如粒子群算法、遗传算法等）完成其优化轮廓设计。分形陷波宽带天线具有体积小巧、便于集成等优点，因此是一大类有希望实用化的微型可集成天线。

7.3.4　“电调捷变”法——增加可调元件改变陷波频率

第 7.3.1～7.3.3 节所描述的设计方法有一个共同点：需要根据指定频率来设计

对应的窄带反谐振结构，因此所用谐振器尺寸都是固定的，设计定形后即不可更改。这就意味着带阻频段是固定不可变的，而这也是陷波宽带天线获得广泛应用的主要因素之一。

为了实现更灵活的可调陷波功能，出现了电调陷波宽带天线[36]，其概念设计示意图如图 7-8 所示。它以板状单极子作为基本辐射单元，采用变容二极管作为调谐元件，将变容二极管融合在环形反谐振单元中，通过调整管芯的直流偏置，即可在较宽的频带内微调整个反谐振单元的分布参数，进而实现中心陷波频率的调谐捷变，显著增强带阻调谐的灵活性。由于需要外接集中参数的可调元件，因此这会在一定程度上增加制作成本。随着集成电路工艺发展，片上天线及其馈电网络未来可以和射频前端集成在一块半导体基片上，从而实现电磁特性可捷变的封装陷波宽带天线系统。虽然文献[36]中的原型天线设计距离实际应用仍有较大差距，然而其设计思想却是首创的，不失为陷波宽带天线走向可捷变、片上可集成和实用化的开拓性工作。

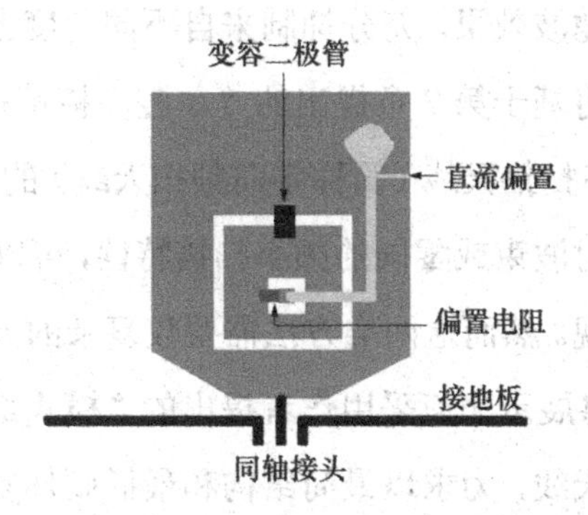

图 7-8　电调陷波宽带天线的概念设计示意图[36]

7.3.5　本节小结

本节系统地介绍了带阻滤波天线的设计方法，结合作者在该领域的相关研究工作，重点回顾了该领域的早期代表性工作（2003 年–2008 年），与单元天线研究细节相关的定量研究工作结果，还可参阅文献[37]中的第 5 章。除了陷波宽带天线设计方法，近年来还出现了“滤波天线”的概念设计[38-39]。区别于基于行波型振子天线的陷波宽带天线，滤波天线的设计原型为谐振型的窄带天线，其核心设计思路与微波滤波器综合设计思路更类似，即通过将辐射性较低的谐振单元融合/级联到辐射单元中，着眼于以该谐振单元产生的寄生谐振模式，达到补偿谐振基模电抗频率响应曲线而展宽频带的主要目标。由于寄生谐振模式在一定程度上扰动基模电场/电流分布，因此还能达到在特定方向上（通常是主辐射方向上）微调天线增益频率响应特性的目标。经过精心优化后，可以令滤波天线在主辐射方向上产生类似微波滤波器的陡峭滚降、零点抑制等带通频选特性，目前已被用于基站天线阵列中不同频段阵元耦合的干扰抑制[40]。限于作者的实践范围，感兴趣的读者可自行参阅滤波天线领域的有关文献[41]，此处不再展开赘述。

7.4 硬件实现的空域抗干扰方法——零向频扫天线

第 7.3 节从频域滤波的角度，介绍了陷波宽带天线的设计方法。除此以外，如何让天线在空域中产生滤波效果，充分抑制来自不同角度上的干扰信号，同样是一个重要研究课题。本节将基于第 2 章提出的“单腔多模谐振”思想和“模式综合”设计方法，讨论零向频率扫描天线（简称零向频扫天线）的设计方法。一般情况下，想要在空间域中实现辐射波束或零向的频率扫描特性，可以依靠操控阵列因子或采用漏波天线的办法来实现。然而这两类方法需要较复杂的天线结构[42]，实现天线体积也偏大。因此，本节将展示如何采用作者提出的“模式综合”方法，设计实现具有零向频扫特性的宽带天线，力求以最简结构和最低硬件复杂度，开辟物联网边缘无线环境中空域抗干扰方法的新途径。

7.4.1 扇形零向频扫天线的模式综合设计

根据第 2 章对称振子多模谐振辐射原理的研究，作者已经发现同时激发对称振子/开槽天线的前 3 个奇数阶谐振模，并将其调谐聚合成宽带特性，天线的辐射零向位置将随频率变化而作窄角度扫描[43-45]。为了实现空域范围内的抗干扰带阻滤波功能，可以考虑采用高阶模谐振的扇形贴片天线，通过模式综合设计，实现辐射零向频扫功能，达到抑制特定方向干扰信号的目标。扇形贴片天线的模式综合设计步骤如下。

步骤1：将长度为L的一维磁流振子原型弯折成圆心角为α的圆弧，该扇形圆弧两端短路，一维磁流振子原型到扇形贴片天线的演化过程如图7-9所示。

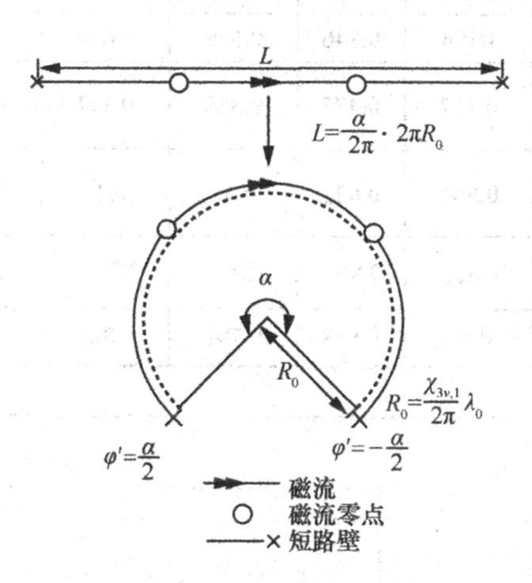

图7-9 一维磁流振子原型到扇形贴片天线的演化过程

由于磁流振子两端边界条件对称，振子长度应取半波长的整数倍。扇形贴片谐振器的双设计自由度（圆心角和弧长）与磁流振子的单设计自由度（长度）可以通过式（7-32）和式（7-33）相互联系起来，计算出圆心角不同的扇形贴片天线的归一化半径及对应的工作模式，见表7-3，也可以根据式（7-32）、式（7-33）及表7-3绘制模式综合曲线，如图7-10所示。

$$\bar{R}_0=\frac{R_0}{\lambda_0}=\frac{L}{\alpha\lambda_0}=\frac{n}{2\alpha},n=1,2,3\cdots \tag{7-32}$$

$$\bar{R}_0=\frac{R_0}{\lambda_0}=\frac{\chi_{\frac{3\pi}{\alpha},1}}{2\pi} \tag{7-33}$$

其中，$\bar{R}_0$为扇形贴片的归一化半径，λ_0为工作波长，$\chi_{3\pi/\alpha,1}$是$3\pi/\alpha$阶第一类贝塞尔函数一阶导函数的第一个根值。如图7-10所示，为了抑制不需要的高阶次模式（$TM_{\pi/\alpha,2}$模式），即$TM_{\pi/\alpha,2}$模式不能在$TM_{\pi/\alpha,1}$、$TM_{3\pi/\alpha,1}$和$TM_{5\pi/\alpha,1}$模式所确定的范围内。因此，扇形圆心角应满足$\alpha \geqslant 240°$的条件，即充分抑制首个径向高阶模的圆心角范围为240°(4π/3)～360°(2π)。

表 7-3 圆心角 α 与归一化半径、工作模式的关系

α		$7\pi/12$	$2\pi/3$	π	$4\pi/3$	$17\pi/12$	$3\pi/2$	$11\pi/6$	2π
$\overline{R}_0=\frac{\chi_{v1}}{2\pi}$	n=2	0.745	0.668	0.486	0.392	0.375	0.359	0.311	0.293
	n=3	**1.046**	**0.934**	**0.669**	**0.532**	**0.508**	**0.486**	**0.418**	**0.392**
	n=4	1.341	1.194	0.846	0.669	0.637	0.608	0.52	0.486
$\overline{R}_0=\frac{1.5}{\alpha}$		0.819	0.717	0.477	0.358	0.337	0.318	0.258	0.239
$\overline{R}_0=\frac{2.0}{\alpha}$		**1.091**	**0.956**	**0.636**	**0.48**	**0.45**	**0.424**	**0.346**	**0.32**
Usable mode(L=2.0λ)		$TM_{36/7,1}$	$TM_{9/2,1}$	$TM_{3,1}$	$TM_{9/4,1}$	$TM_{36/17,1}$	$TM_{2,1}$	$TM_{18/11,1}$	$TM_{3/2,1}$
$\chi_{v,2}/\pi$	n=1	1.006	0.96	0.848	0.791	0.781	0.772	0.744	0.733

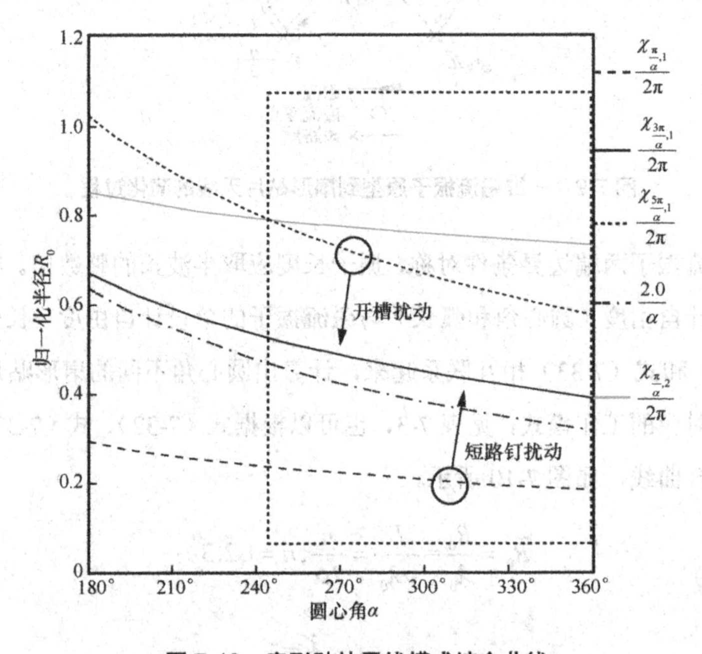

图 7-10 扇形贴片天线模式综合曲线

步骤 2：同时激发扇形贴片天线的 $TM_{\pi/\alpha,1}$、$TM_{3\pi/\alpha,1}$ 和 $TM_{5\pi/\alpha,1}$ 模式。半径短路、圆心角为 α 的扇形贴片天线的 $TM_{\pi/\alpha,1}$、$TM_{3\pi/\alpha,1}$ 和 $TM_{5\pi/\alpha,1}$ 模式表面电/磁流密度如图 7-11 所示，根据本征模函数的一般表达式[46-47]，可以得到扇形贴片天线在不同模式下的表面电流和磁流分布。前 3 个奇数阶模的磁流圆周分量呈余弦分布，为了充分抑制偶数阶模式、仅激发奇数阶模式，应在角平分线上设置同轴探针对天线进行对称激励。由于 $TM_{3\pi/\alpha,1}$ 模式（即三阶模）在 $\beta=\pm\alpha/6$ 对称的存在磁流零点，因此

可以在磁流零点处加载短路钉的方式扰动 $TM_{\pi/\alpha,1}$ 模式，使其向三阶模靠拢，而保持三阶模谐振频率基本不变。为保证 $TM_{\pi/\alpha,1}$ 和 $TM_{3\pi/\alpha,1}$ 模式被充分等幅激励，短路钉位置 ρ_1 应由不同阶数贝塞尔函数的交点确定：

$$J_{\frac{\pi}{\alpha}}(k\rho_1) \approx J_{\frac{3\pi}{\alpha}}(k\rho_1) \tag{7-34}$$

此外，可以通过在五阶模的外侧磁流零点，即 $\gamma=\pm 3\alpha/10$ 处引入矩形槽结构，对 $TM_{5\pi/\alpha,1}$ 模式进行扰动，使其充分激发并向三阶模靠拢[38]。扰动槽的长度 L_s、宽度 W_s 可分别采用式（7-35）和式（7-36）近似计算[47]，其中 λ_H 为 $TM_{5\pi/\alpha,1}$ 模式谐振频率所对应的波长，h 为天线剖面高度。

$$L_s \approx \frac{\lambda_H}{4} + \frac{h}{2} \tag{7-35}$$

$$W_s \approx \frac{\lambda_H}{10} \tag{7-36}$$

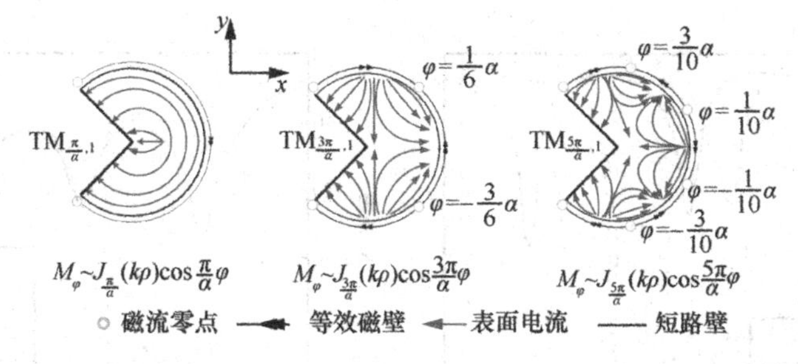

图7-11 半径短路、圆心角为 α 的扇形贴片天线的 $TM_{\pi/\alpha,1}$、$TM_{3\pi/\alpha,1}$ 和 $TM_{5\pi/\alpha,1}$ 模式表面电/磁流密度

根据模式综合过程，得到的扇形零向扫频天线结构如图 7-12 所示。不失一般性，加工制作了高度为 h=5.0mm，圆心角为 α=255°的空气贴片天线样品进行实测验证。中心频率为 2.45GHz 时，扇形贴片归一化半径 $\overline{R}_0$ 约为 $0.508\lambda_0$，此时用于辐射的模式包括 $TM_{12/17,1}$、$TM_{36/17,1}$ 和 $TM_{60/17,1}$。

根据表 7-3 和式（7-32）～式（7-36），可确定天线初始尺寸参数。采用 HFSS 软件对图 7-10 所示天线进行参数分析和优化，参数分析如图 7-13 所示。从图 7-13（a）可见，在同时加载短路钉和矩形槽的情况下，$TM_{12/17,1}$ 和 $TM_{60/17,1}$ 模式可与 $TM_{36/17,1}$ 模式同时被充分激发，其中 $TM_{36/17,1}$ 模式为主辐射模式，未加载的各谐振点较分散，呈明显三频谐振特性。当在相应磁流零点处引入短路钉及开槽结构，$TM_{12/17,1}$ 和 $TM_{60/17,1}$ 模式可向 $TM_{36/17,1}$ 模式靠拢，$TM_{36/17,1}$ 模式的谐振频率则基本保持不变。借助数值仿真软件，微调短路钉和矩形槽尺寸即可以获得良好的宽带辐射特性，参数分析结果如图 7-13（b）～图 7-13（d）所示。

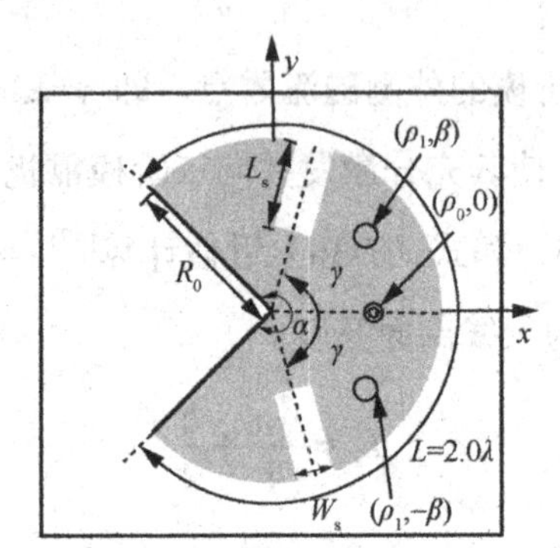

图 7-12　扇形零向频扫天线结构

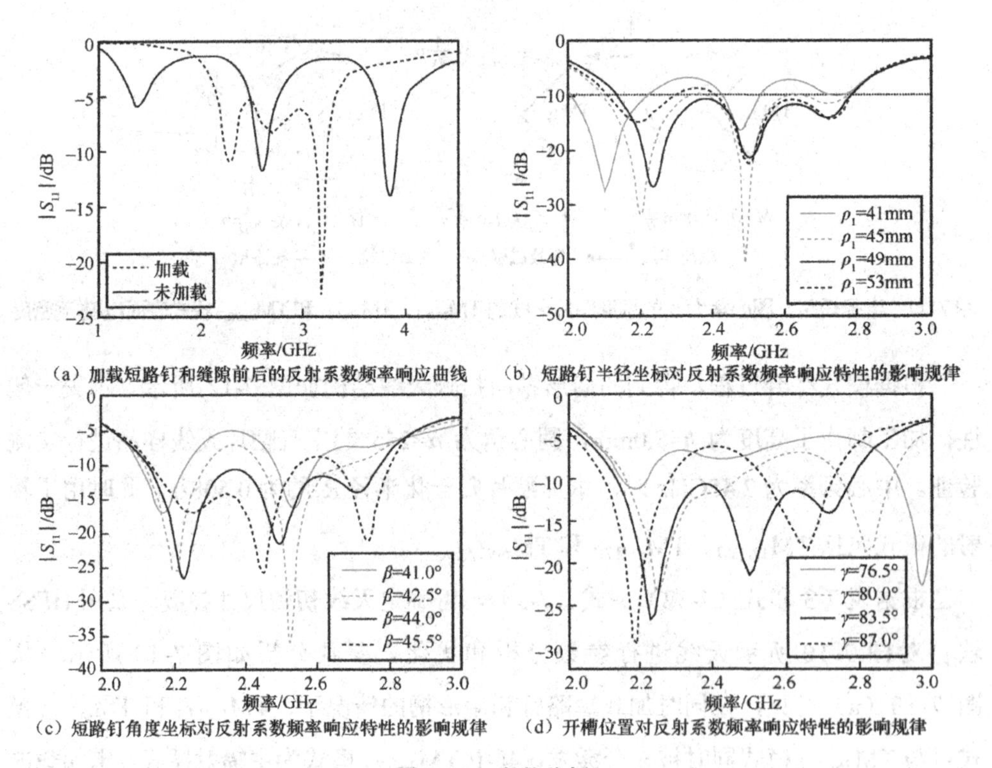

（a）加载短路钉和缝隙前后的反射系数频率响应曲线

（b）短路钉半径坐标对反射系数频率响应特性的影响规律

（c）短路钉角度坐标对反射系数频率响应特性的影响规律

（d）开槽位置对反射系数频率响应特性的影响规律

图 7-13　参数分析

天线尺寸最终的优化参数见表 7-4。除优化后矩形槽长度 L_s 与理论值存在较大误差（12%），理论值与优化值的误差均小于 10%。因此，设计计算式（7-32）～式（7-36）具有满足工程设计的精确度，可为设计者提供较准确的初始参数值。

表 7-4　天线尺寸的最终优化参数（单位：mm）

参数	R_0	R_1	ρ_1	β	γ	L_s	W_s
理论值	62.0	2.5	48.0	±42.5°	±76.5°	23.0	8.1
优化值	58.0	2.5	49.0	±44.0°	±83.5°	26.0	7.0

根据上述仿真结果和参数分析，设计并制作了如图 7-14 所示的天线样品进行实测验证。

图 7-14　空气贴片天线实物照片

天线实测和仿真的阻抗频率响应特性曲线如图 7-15 所示，两者吻合良好，实测阻抗频率响应呈现三谐特性，相对带宽可达 26.7%，充分说明该扇形贴片天线的一、三、五阶模式均已充分激发并聚合形成三谐宽带辐射特性。

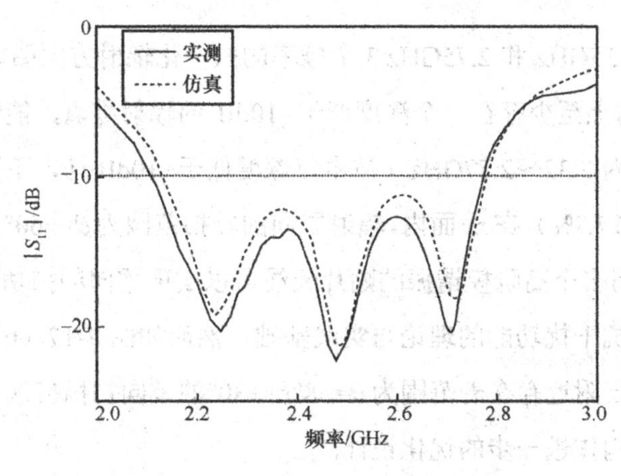

图 7-15　天线实测和仿真的阻抗频率响应特性曲线

2.50GHz、2.20GHz 和 2.71GHz 3 个频点上的表面电场分布如图 7-16 所示。与图 7-11 相比，可以清楚地看到在未加载短路钉和开矩形槽的情况下（图 7-16（a）），主谐振 $TM_{36/17,1}$ 模式在 2.50GHz 处能被充分激发。当加载一对短路钉时（图 7-16（b）），与图 7-11 相比，$TM_{12/17,1}$ 模式可被充分激发。在 2.71GHz 上，当短路钉和矩形槽都加载完成时（图 7-16（c）），此时 3 个奇数阶模式均已被充分激发，并向三阶模式靠近。通过对表面电场分布特性的分析，不仅直观地阐明了三模谐振扇形贴片天线的工作原理，而且进一步充分验证了模式综合设计方法的正确性和有效性。

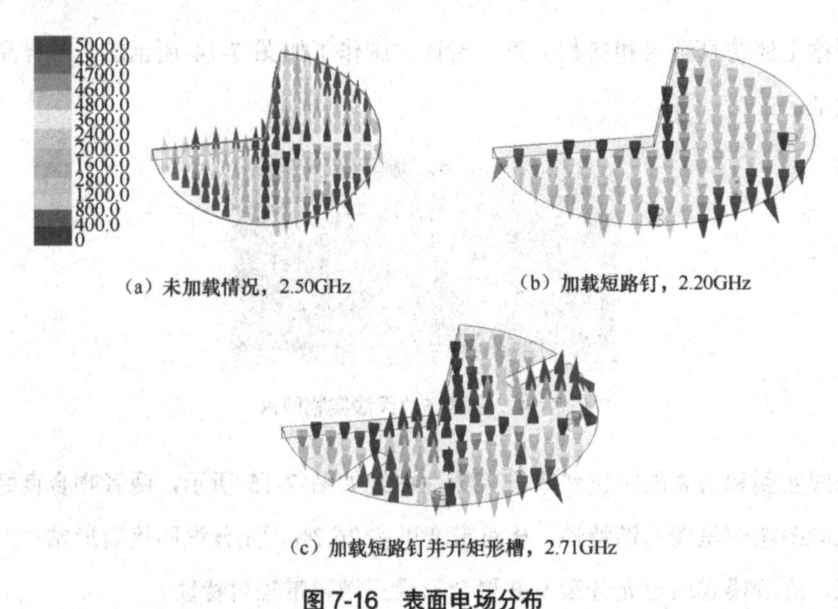

（a）未加载情况，2.50GHz

（b）加载短路钉，2.20GHz

（c）加载短路钉并开矩形槽，2.71GHz

图 7-16　表面电场分布

2.35GHz、2.55GHz 和 2.75GHz 3 个频率的归一化辐射方向图如图 7-17 所示，可见天线在 *zx* 面上至少存在一个深度低于−10dB 的辐射零点，能够产生零向频扫特性的频带范围为 2.32～2.77GHz（按零点深度低于−10dB 计，下同。相应折算的相对频扫带宽为 17.7%）。在 *zx* 面内，辐射零向的频扫范围为 θ=+60°～+30°，θ=−8°～−58°。显然，采用多个高阶模谐振的贴片天线可以实现零向频扫功能，奠定了采用单天线实现空域抗干扰功能的理论与实践基础。然而如图 7-17（b）所示，天线在中心频率 2.45GHz 附近存在着范围为 θ=−8°～+30°的零向扫描盲区。为了消除盲区，还需要对天线结构作进一步的优化设计。

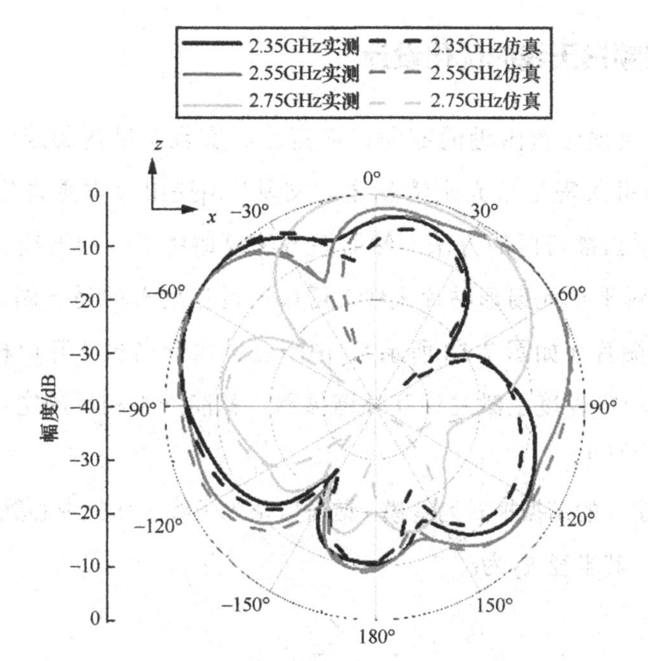

（a）2.35GHz、2.55GHz和2.75GHz

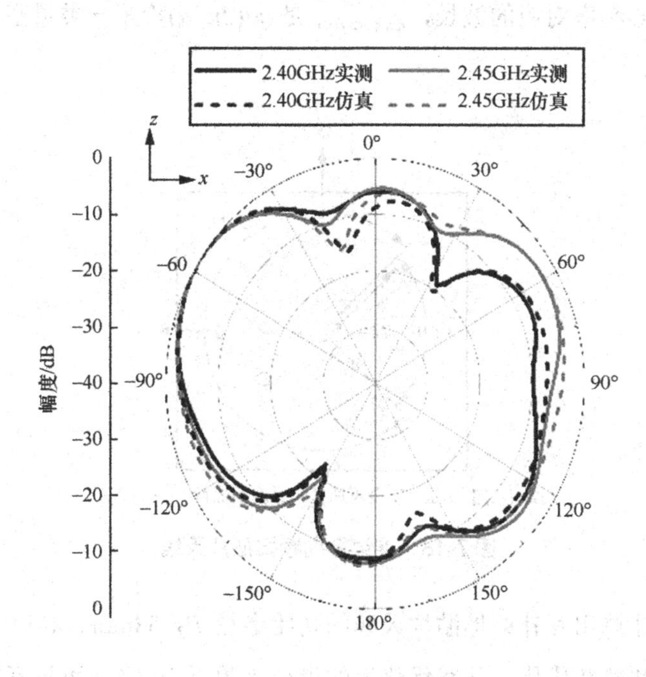

（b）接近2.45GHz

图 7-17　归一化辐射方向图

7.4.2 零向频扫天线的优化设计

为了消除天顶位置附近的零向扫描盲区、实现空域内的连续零向频扫功能，可以考虑引入寄生单元来消除之。文献[48]提出考虑用寄生单元消除准TEM模而抑制扫描盲区的方法，然而该方法只适用于阵列天线。与阵列天线的情况不同，对于单元扇形贴片天线，可以通过在扇形的另一侧，引入基模谐振的互补扇形贴片（如图7-18所示）。由于互补扇形谐振器开口相反且谐振在基模，只要在一定程度上激发该互补谐振器，就能产生相反的宽边辐射、叠加抵消扫描盲区[49-50]。

由于互补贴片的谐振模式为基模，谐振频率为天线工作的中心频率，因此根据微带腔模理论，其半径 R_2 为：

$$R_2 = \frac{\chi_{\frac{\pi}{2\pi-\alpha},1}}{2\pi}\lambda_0 \tag{7-37}$$

其中，λ_0 是中心频率对应的波长，$\chi_{\pi/(2\pi-\alpha),1}$ 是 $\pi/(2\pi-\alpha)$阶第一类贝塞尔一阶导函数的第一个根值。

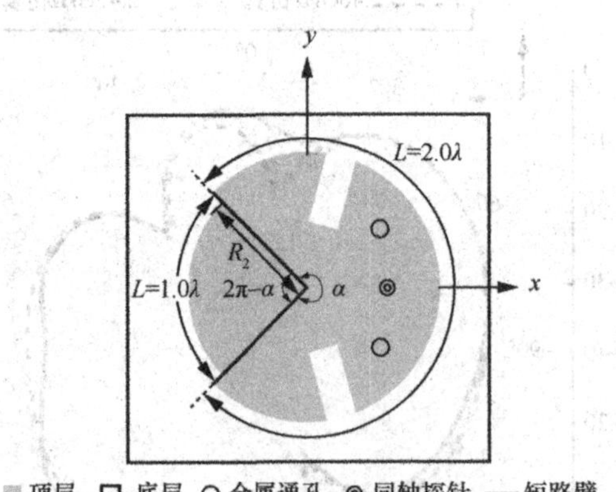

图7-18 连续零向频扫贴片天线

由此可以计算出互补扇形贴片天线的初始半径 R_2=53mm。利用HFSS对天线进行数值计算和参数优化。天线优化后的设计参数见表7-5，可见互补扇形贴片天线设计参数理论值与优化值差异小于2%，其余参数与原型天线基本无异。

表 7-5　天线优化后的设计参数（单位：mm）

参数	R_0	R_1	ρ_1	β	γ	L_s	W_s	R_2
图 7-12 所示天线	58.0	2.5	49.0	±44°	±83.5°	26.0	7.0	0
图 7-18 所示天线	58.0	2.5	48.0	±44°	±84.0°	26.0	7.0	51.5

根据上述参数，制作了如图 7-19 所示的天线样品进行实验研究。由于互补扇形贴片的谐振频率与原天线的主谐振模式 $TM_{36/17,1}$ 模谐振频率相同，且互补贴片仅为局部激发，因此从阻抗频率响应曲线上观察，天线仍呈现出三谐宽带特性。从图 7-20 可见，实测天线阻抗带宽为 27.2%，在 2.13～2.80GHz 频带范围内仍呈现出良好的三谐宽带特性。

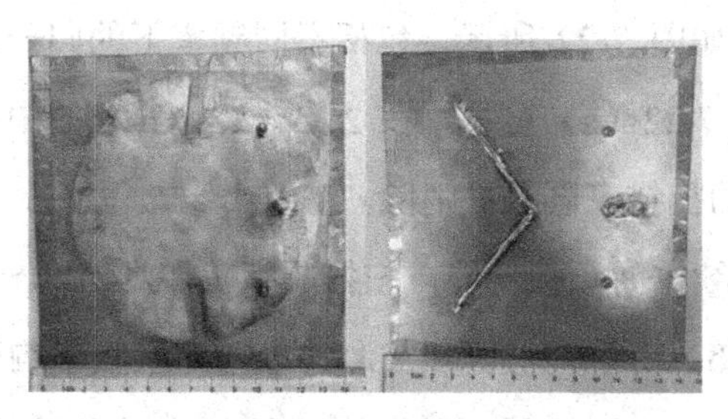

图 7-19　带有互补扇形贴片天线实物照片

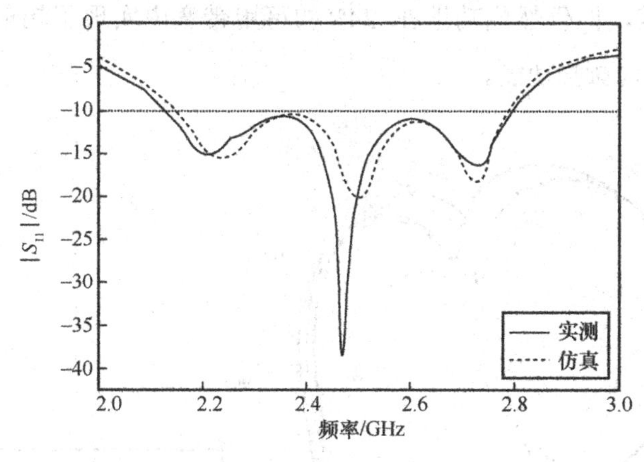

图 7-20　实测与仿真的反射系数

2.45GHz 仿真的天线电场分布如图 7-21 所示，在主扇形贴片激发三阶模式的同时，互补扇形贴片的基模（即 $TM_{12/7,1}$ 模式）也被部分激发。相对于主辐射贴片的磁流方向，互补扇形贴片的等效磁流朝着相反方向流动。因此它可以产生反向叠加的宽边辐射模式，实现盲区的对消。

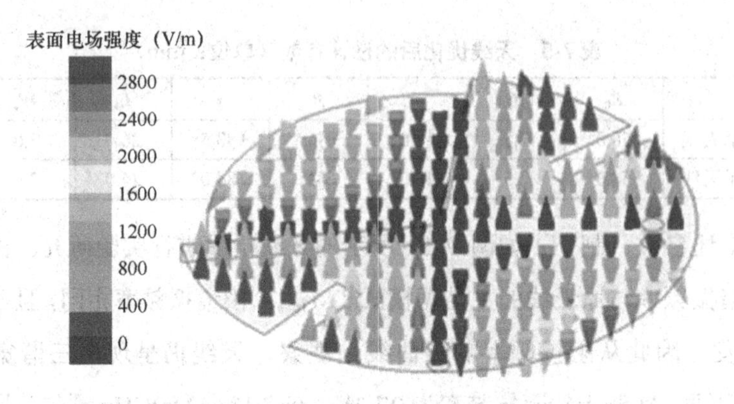

图 7-21　2.45GHz 仿真的天线电场分布

天线的辐射特性如图 7-22 所示，包括不同频率下的归一化辐射方向图和零向深度频率响应。从图 7-22（a）可见，在 2.35～2.45GHz 的中心频段上，天顶方向（+*z* 轴）及邻近区域的扫描盲区已被消除。在整个 *zx* 平面内，天线在俯仰角+35°～−60°的范围内具备连续零向频扫功能，扫描频率范围为 2.20～2.80GHz。零向深度频率响应如图 7-22（b）所示，仿真和实测的零向深度频率响应在阻抗带宽内表现出相似的多模谐振特性，尽管材料的非理想性和多种制造误差导致实测值与仿真计算有所偏差，但仍然成功地在 24%的可用带宽内实现了辐射零向深度小于−10dB 的连续零向频扫功能。

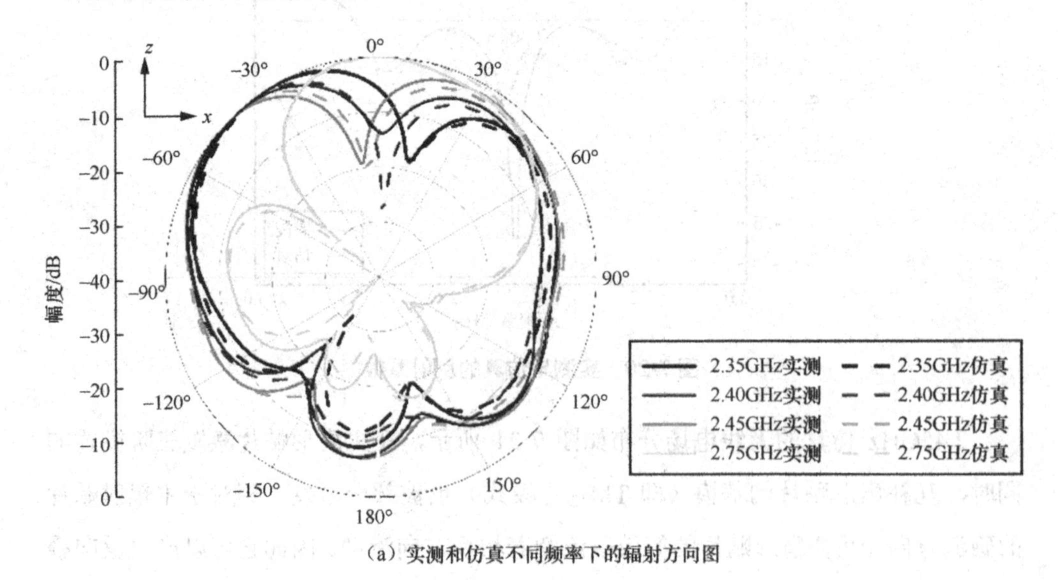

（a）实测和仿真不同频率下的辐射方向图

图 7-22　天线的辐射特性

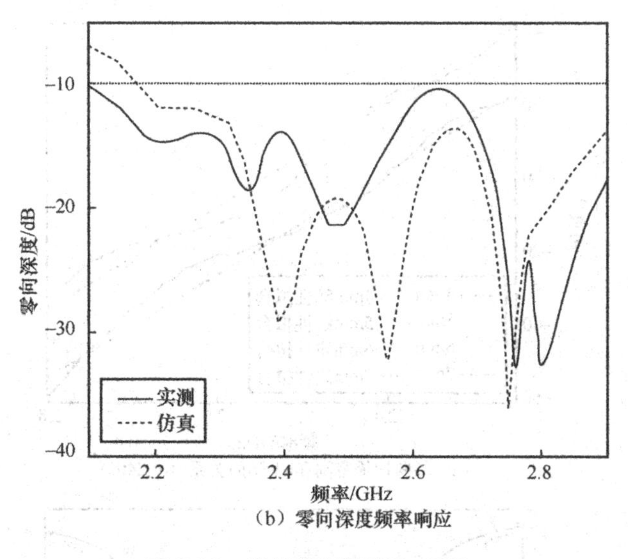

（b）零向深度频率响应

图 7-22　天线的辐射特性（续）

7.4.3　零向频扫天线的性能分析

基于上述零向频扫贴片天线设计方法的正确性和有效性，为了满足不同需求设计不同尺寸的零向频扫天线，对零向频扫灵敏度（NFSS，定义为线性拟合的频率扫描曲线斜率，即频扫角度/扫描频段，单位为°/MHz。负号表示随着频率增加，辐射零向从正仰角向负仰角范围扫描、呈逆时针方向扫描）、天线剖面高度和天线圆心角之间的关系进行了深入研究和讨论[51]。

在天线扇形圆心角 α=240°，天线剖面高度 h 分别为 4mm、5mm、6mm、7mm 时，天线的性能分析如图 7-23 所示。分别对计算得到的曲线进行线性拟合，曲线斜率表明了 NFSS。如图 7-23 所示，随着天线剖面高度改变，拟合曲线的斜率保持基本不变。可见，天线剖面高度对零向扫描灵敏度影响很小。此外，天线的阻抗带宽均呈现出三谐宽带特性，且随着天线剖面高度的增高而增加。

天线剖面高度对零向频扫性能的影响见表 7-6，可以看出，不同高度的天线在相同带宽内具有相似的零向频扫频率范围和角度范围，且较低的天线剖面高度可导致较小的频扫范围和较窄的可用带宽。从表 7-6 中数据还可知，天线剖面高度 h=5mm 和 h= 6mm 时具有更大的频扫范围，且天线剖面高度 h=5mm NFSS 最高，达−0.151°/MHz。因此，选择天线剖面高度 h=5mm 的情况研究天线扇形圆心角 α 对零向频扫性能的影响。

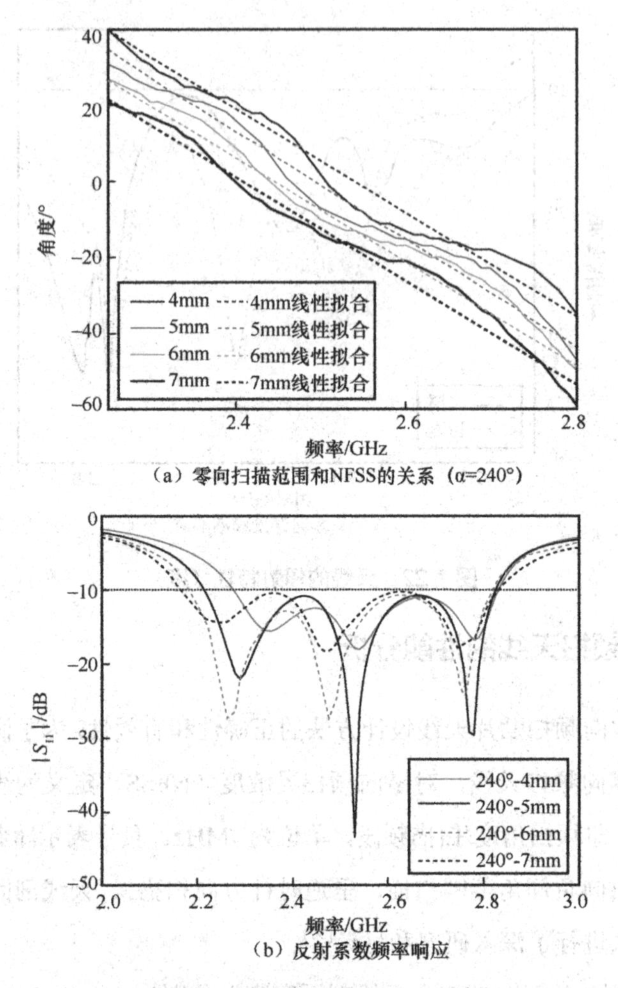

（a）零向扫描范围和NFSS的关系（α=240°）

（b）反射系数频率响应

图 7-23 天线的性能分析

表 7-6 天线剖面高度对零向频扫性能的影响

对比项	扫描频段/GHz	ARB	频扫范围	NFSS/(°·MHz^{-1})
h=4mm	2.28～2.83	21.5%	34°～−45°/79°	−0.144
h=5mm	2.22～2.83	24.2%	37°～−55°/92°	−0.151
h=6mm	2.19～2.82	25.1%	35°～−56°/91°	−0.144
h=7mm	2.17～2.78	26.4%	32°～−54°/86°	−0.141

不同圆心角的性能分析如图 7-24 所示，给出了天线剖面高度为 5mm、扇形圆心角分别为 240°、255°、270°时，zx 面方向图零向频扫范围，并分别对计算出的曲

线进行线性拟合。可以看出，随着天线圆心角 α 的增加，曲线显著变陡，NFSS 变小，频扫灵敏度提高。圆心角对零向频扫性能的影响见表 7-7。可见，圆心角较大的天线在工作带宽内存在更宽的零向频扫范围和更高的频扫灵敏度。α=270°时，可以较窄的可用频扫带宽（21.0 %）为代价，获得更高的零向频扫灵敏度（−0.219°/MHz）和更大的扫描范围（114°）。可见，天线的可用带宽、频扫灵敏度和频扫范围存在明显的相互制约关系。

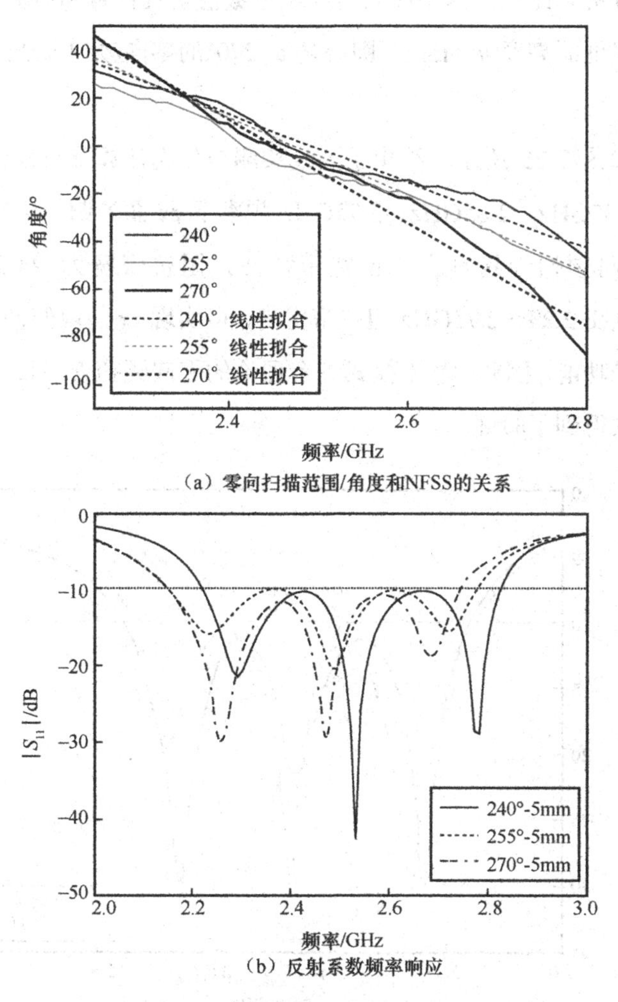

（a）零向扫描范围/角度和NFSS的关系

（b）反射系数频率响应

图 7-24　不同圆心角的性能分析

表 7-7　圆心角对零向频扫性能的影响

对比项	扫描频段/GHz	ARB	频扫范围	NFSS/(°·MHz^{-1})
α=240°	2.22～2.83	24.2%	37°～−55°/92°	−0.151
α=255°	2.20～2.80	24.0%	47°～−59°/106°	−0.177
α=270°	2.23～2.75	21.0%	50°～−64°/114°	−0.219

基于上述分析和比较，为了深入研究上述数值仿真计算和研究方法的正确性，进而选取了天线剖面高度 h=5mm，圆心角 α=270°的零向频扫天线进行样本制作和实验测量。

天线性能如图 7-25 所示，给出了天线实测与仿真计算反射系数频率响应曲线及 2.23GHz、2.45GHz、2.65GHz、2.75GHz 频率下 zx 面的归一化辐射方向图。可见，该扇形零向频扫天线具有三谐宽带特性，阻抗带宽为 24.5%（即 2.15～2.75GHz），并且在 2.23～2.75GHz 阻抗带宽内，可实现 zx 面内俯仰角从 50°～−64°的连续零向扫描功能。因此，基于模式综合理论的零向频扫天线设计方法的正确性和有效性再一次得到了验证。

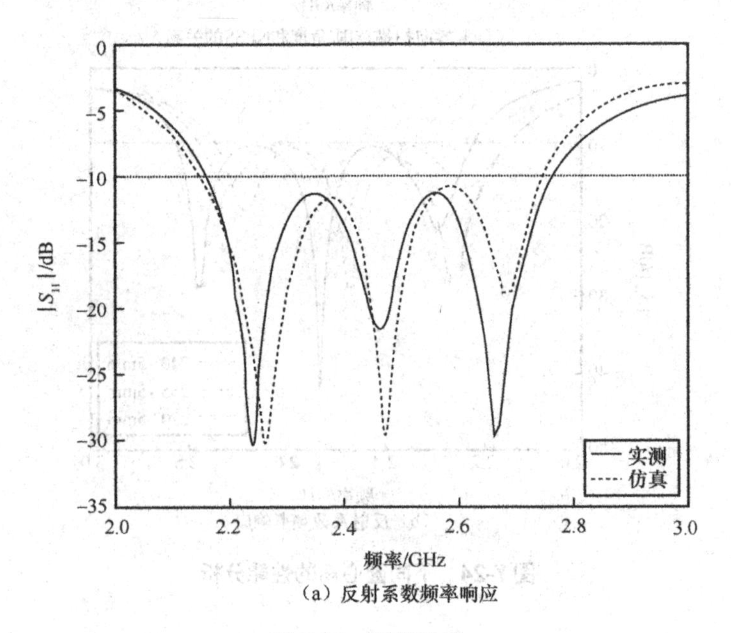

（a）反射系数频率响应

图 7-25　天线性能

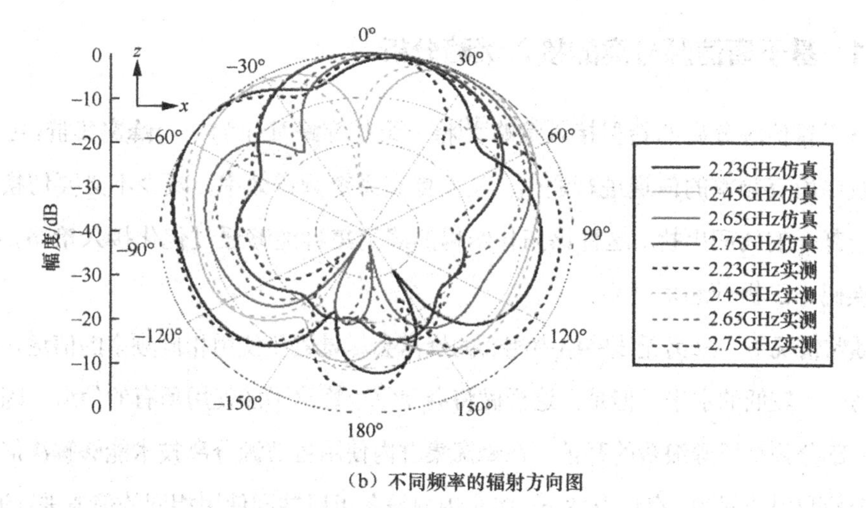

（b）不同频率的辐射方向图

图7-25 天线性能（续）

7.4.4 本节小结

本节系统介绍了零向频扫天线的设计方法。过去，零向频率扫描功能只能依赖阵列天线或尺寸庞大的漏波天线实现。然而采用天线模式综合理论及设计方法，通过同时激发单个扇形贴片天线中的多个谐振模式，可以实现灵敏度可控的宽带辐射零向频率扫描特性，在国际上首次研制了具有辐射零向频率扫描特性的谐振型单元天线，用小尺寸单元天线即可在空域内完成带阻滤波功能。上述工作开辟了物联网边缘无线环境中空域抗干扰的新途径，有望进一步推动物联网边缘无线环境中低复杂度抗干扰技术的进展。更多相关工作正在继续探索中。

7.5 软件实现的抗干扰方法——干扰协调

通信干扰信号的增多将会严重影响物联网边缘无线环境多个终端设备间的正常通信，如前所述，可以通过硬件设计及软件控制的方式实现干扰的抑制保障其电磁兼容性。其中，干扰协调及干扰消除是解决物联网边缘无线环境多设备间通信干扰的重要软件实现方法，本节将从接入策略及功率控制的角度对抗干扰技术进行介绍。

7.5.1 基于盲信源分离的接入策略分析

基于盲信源分离的新型接入策略[52]将一组相邻蜂窝作为一个蜂窝集群，可以使用系统中所有频率的信道进行通信，从而提高系统频谱效率，减少不必要切换，并消除一部分的码间串扰。这种该拓扑结构的蜂窝集群能够通过优化接入策略，有效降低误码率，提升通信效率。

通常情况下，蜂窝无线网络中相邻的蜂窝会尽量避免使用相同频率的信道，使干扰保持一个较低的水平。但是，这样做将会使每个蜂窝不能使用所有的信道，因此会带来一部分频率资源浪费的开销。在蜂窝集群内使用盲信源分离技术能够解决信道不能被全部利用的问题。在该方案下，多个用户设备可以共同使用相同的信道进行通信，并且也使多个信道能同时服务同一个用户。因此该方案可以有效提高单个用户的容量，并且能有效地减少用户在不同小区间移动带来的切换，通信速率也将有一定的提升。

蜂窝集群中RRH与MS信号混叠示意图如图7-26所示，在一个由3个蜂窝形成的蜂窝集群中，每个远端无线射频拉远头（Remote Radio Head，RRH）将会接收到移动台（Mobile Station，MS）发出的不同信号混叠。

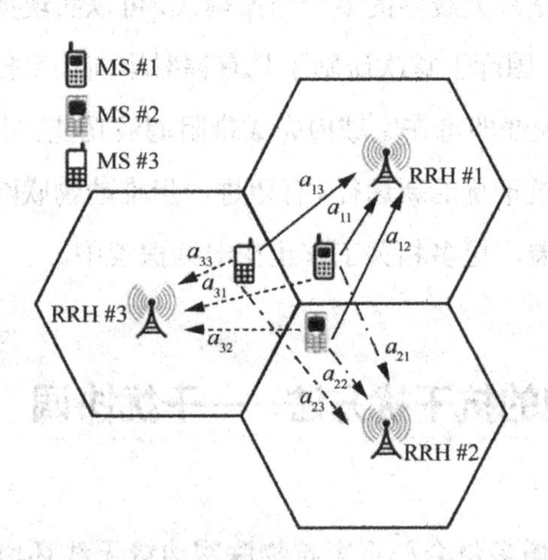

图7-26 蜂窝集群中RRH与MS信号混叠示意图

混叠信号可以表示为：

$$\boldsymbol{X}=\sum_{i=1}^{N}s_i a_i+\boldsymbol{n}=\boldsymbol{As}+\boldsymbol{n} \tag{7-38}$$

其中，$\boldsymbol{X}=[x_1,x_2,\cdots,x_M]^{\mathrm{T}}$ 是 M 个不同 RRH 接收的混叠信号，$\boldsymbol{s}=[s_1,s_2,\cdots,s_N]^{\mathrm{T}}$ 表示 N 个不同 MS 发出的源信号，并且不同的源信号之间是统计独立的。a_i 表示的第 i 个 MS 与其中一个 RRH 的信道相关系数，$\boldsymbol{n}$ 是一个 M 维的高斯噪声。

一个集群内的不同 RRH 收到混叠信号之后，将其传输给集中式基带处理进行盲信源分离。通常情况下，大多数的盲信源分离采用独立成分分析（ICA）[53] 分离出数据中的独立分量。在信号重构中，ICA 省去了制定重构规律的过程，仅凭其算法模型挖掘信号的隐藏成分，并按 ICA 模型的规律进行重构。与传统的信号重构方法相比，无须先验知识，拓宽了重构范围，简化了重构过程。其基本计算式表示为：

$$\boldsymbol{x}(t)=\boldsymbol{As}(t),\boldsymbol{y}(t)=\boldsymbol{Bx}(t) \tag{7-39}$$

其中，$\boldsymbol{s}(t)=\left[s_1(t),\cdots,s_N(t)\right]^{\mathrm{T}}$ 是一个 N 维源信号，$\boldsymbol{A}$ 是一个 $M\times N$ 的满秩矩阵，称为混合矩阵，其系数由 RRH 和 MS 之间的信道决定，a_{ij} 表示第 i 个 RRH 与第 j 个 MS 之间的信道系数，$\boldsymbol{x}=\left[x_1(t),\cdots,x_M(t)\right]^{\mathrm{T}}$ 表示的是经过混叠后的观测信号；$\boldsymbol{y}(t)=\left[y_1(t),\cdots,y_N(t)\right]^{\mathrm{T}}$ 表示经过 ICA 之后对源信号的估计，$\boldsymbol{B}$ 是分离矩阵，其值应接近 $\boldsymbol{A}^{-1}$。因为需要保证能成功恢复出源信号，观测信号的数量必须大于源信号数量，也就是 $M\geqslant N$。

在实际通信系统中，噪声是一定存在的，所以在进行 ICA 的过程中一定会受到噪声的干扰，另外网络的拓扑结构也会对分离效果有着一定的影响，首先建立信号模型如下：

$$\boldsymbol{Bx}(t)=\widehat{\boldsymbol{s}}(t)+\boldsymbol{Bn}(t) \tag{7-40}$$

每个源信号估计值都将受到加性噪声的影响。假设所有的噪声拥有相同的方差 σ_n^2，那么在第 i 个源信号的估计值中将会存在方差为 $\left(b_{i1}^2+\cdots+b_{iM}^2\right)\cdot\sigma_n^2$ 的噪声。其中，b_{ij} 是分离矩阵 $\boldsymbol{B}$ 的第 i 行第 j 列的系数，而分离矩阵 $\boldsymbol{B}$ 的系数取决于混合矩阵 $\boldsymbol{A}$，因此源信号中的噪声大小将由 $\boldsymbol{A}$ 决定，即混合矩阵 $\boldsymbol{A}$ 会直接影响到源信号恢复程度的好坏。

由于混合矩阵 $\boldsymbol{A}$ 的系数是由各个 MS 和 RRH 之间的信道决定的，理论上，越靠近 RRH 的 MS 将会拥有更高的信道系数，由此可知 $\boldsymbol{A}$ 是一个行对角优势矩阵，

即$|a_{ii}| > \sum_{i \neq j} |a_{ij}|, \forall i$。通过数学推导，一个对角优势矩阵的逆矩阵有更小的非对角元素的系数[54]。

假设N阶矩阵$\boldsymbol{C}$是行对角优势矩阵，设$\beta = \min_i \left(|c_{ii}| - \sum_{i \neq j} |c_{ij}| \right)$，混合矩阵$\boldsymbol{A}$的非对角元素的值越接近对角元素，$\beta$将会随之变大，分离矩阵$\boldsymbol{B}$的行绝对值之和会变得大，这样就意味着分离效果的恶化。为了能够使分离出的信号拥有更好的信噪比，那么混合矩阵$\boldsymbol{A}$的对角元素要尽量大于非对角元素的绝对值之和，对于实际的蜂窝集群系统来说，就是在某一个固定频率的信道上，第i个MS需要尽量靠近第i个RRH，而其他的MS需要尽量远离第i个RRH。

由以上的讨论可以得出，蜂窝集群的拓扑结构对于源信号分离效果的好坏有着至关重要的影响。衡量拓扑结构对角优势程度的参考量$D(\boldsymbol{A})$可以表示为：

$$D(\boldsymbol{A}) = \frac{1}{N(N-1)} \sum_{j=1}^{N} \left(\frac{\sum_{k=1}^{N} |a_{ik}|}{\max_i |a_{ij}|} - 1 \right) \tag{7-41}$$

其中，$\boldsymbol{A}$是一个$M \times N$的混合矩阵，$\max_i |a_{ij}|$是矩阵$\boldsymbol{A}$第j列的最大元素。通过计算可以得到$D(\boldsymbol{A}) \in [0,1]$，$D(\boldsymbol{A}) = 0$时，表示$\boldsymbol{A}$是完全对角优势的，$D(\boldsymbol{A})$接近1时，$\boldsymbol{A}$的非对角元素的绝对值之和变得更大，也就意味ICA算法的分离效果变差。

为了验证蜂窝集群拓扑结构对分离性能的影响，实验假设有4种不同的拓扑结构，如图7-27所示，其对角优势性能依次降低，即$D_1(\boldsymbol{A}) > D_2(\boldsymbol{A}) > D_3(\boldsymbol{A}) > D_4(\boldsymbol{A})$，盲信源分离算法选择特征矩阵联合相似对角化（JADE）[55]算法，使用OFDM信号作为MS源信号，并且在源信号中加入了SNR从1到20不等的高斯噪声作为干扰，计算分离后信号的误码率。不同拓扑分离效果如图7-28所示，可以看出蜂窝集群的不同拓扑结构对源信号分离效果有着非常明显的影响，其中，最不具有对角优势的拓扑1的误码率直维持着较高的程度，分离的效果不甚理想；随着混合矩阵$\boldsymbol{A}$的对角优势的加强，其$D(\boldsymbol{A})$越来越接近于0，由仿真结果可知，$D(\boldsymbol{A})$越小，其分离后信号误码率越小，盲信源分析的效果也就越好；而在同一拓扑结构下，信源中噪声的大小对于分离效果也有着显著的影响，SNR比较低的情况下，分离后的误码率较高，而随着 SNR 的不断提升，其相对应的误码率随之迅速下降，同时，$D(A)$ 越小的拓扑结构的误码率相应地减小得更快。

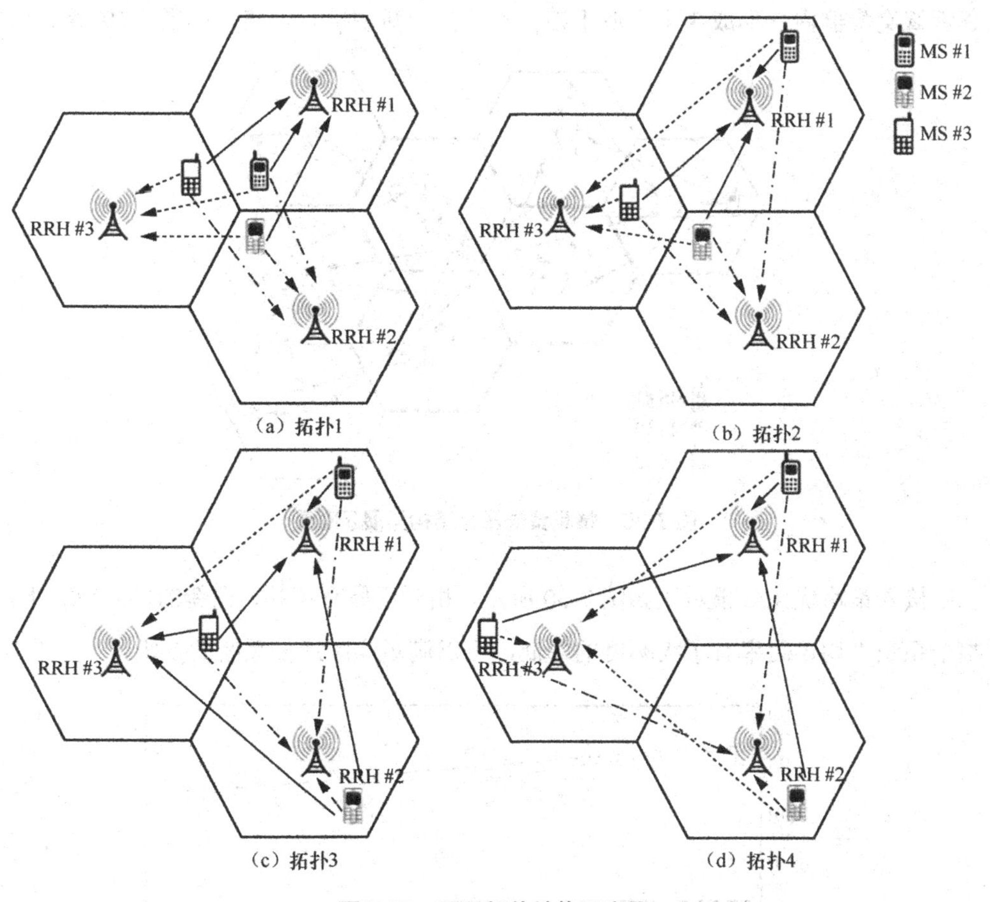

图 7-27　不同拓扑结构示意图

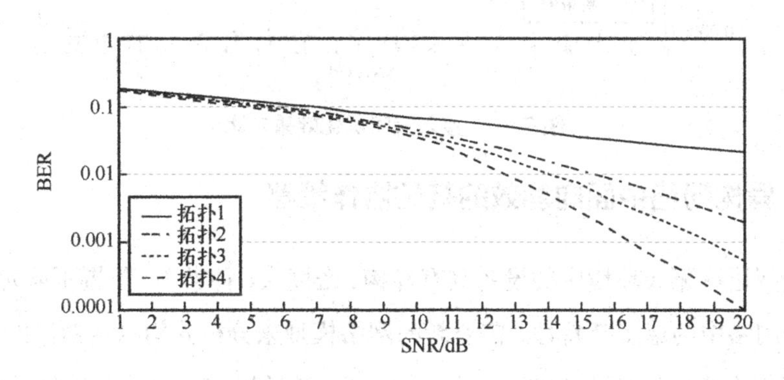

图 7-28　不同拓扑分离效果

基于图 7-28 给出的仿真结果，此时整个系统的平均误码率不能满足通信的基本要求，在多个蜂窝集群内，对之前的拓扑 1 进行拓展，把原有的 3 个 MS 接入到邻近蜂窝集群内，形成 3 个类似于拓扑 4 结构的新型接入策略，如图 7-29 所示。

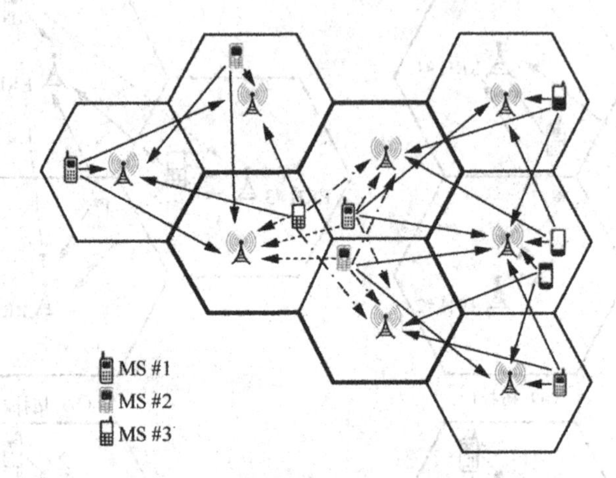

图 7-29 蜂窝集群拓扑结构拓展示意图

接入策略优化效果对比如图 7-30 所示，相对于原有拓扑，在新的接入策略下，整个系统平均误码率有了大幅度的降低，可以满足实际通信系统的要求。

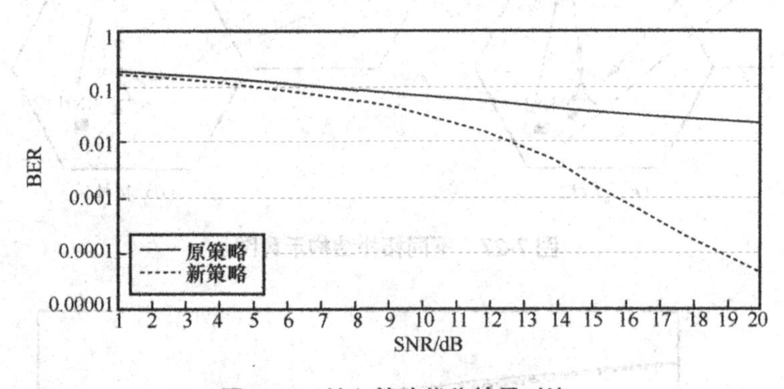

图 7-30 接入策略优化效果对比

7.5.2 异构网络中面向能效的基站协作策略

物联网边缘无线环境中的设备具有异构、密度大、种类多、位置不固定等特性。面对异构网络中的诸多新特性，需要新的网络模型来分析异构网络的性能。一种基于随机几何的基站分布模型受到了广泛的关注。基站协作技术是一种降低基站间干扰行之有效的手段，通过联合多个基站为目标用户服务，将干扰信号转化为有用信号。文献[55]面向异构网络中基站协作技术对于能耗的影响进行分析，分别在异构网络和同构网络的场景下，采用非相干联合传输的基站协作方式，基于齐次泊松点过程（Homogeneous Poisson Point Process，HPPP）进行建模；利用随机几何的方法对目标用户的平均传输速率进行了推导，分别给出了同构网络和异构网络场景下目标用户的平均传输速率，并在目标平均传输速率已知的情况下，构建关于能耗的最优化表达式，通过二分搜索的方法对协作策略下的能效进行分析，协作策略在异构网络中有着更好的能耗性能表现。

K 层的独立下行网络记作 $K=\{1,2,\cdots,k\}$，当 k=1 时，即为同构网络。每层的基站都服从齐次泊松点分布，每层基站的分布密度记作 λ_k，发射能量记作 p_k。为便于研究，假设每个基站仅有一根发射天线。网络中的用户服从密度为 $\lambda_{\rm u}$ 的齐次泊松点分布，轻负载的场景下 $\lambda_{\rm u}<\sum\limits_{k\in K}\lambda_k$。两层异构网络示意图如图 7-31 所示。

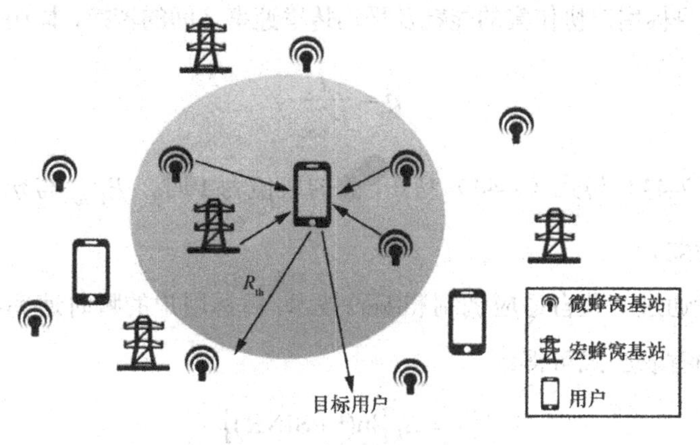

图 7-31　两层异构网络示意图

信道模型考虑小尺度衰落、路径损耗和加性高斯噪声 σ^2，假设小尺度衰落 h 服从均值为 1 的瑞利衰落，即 h～exp(1)，使用 α 表示路径损耗系数，路径损耗函数为 $g(x)=\|x\|^{-\alpha}$。

位于原点 $o\in R^2$ 的目标用户通过门槛半径 $R_{\rm th}$ 来选取目标用户服务的协作集，用 C_k 标记每一层的协作集，则 $C_k=b(0,R_{\rm th})$，即每层中位于目标用户半径为 $R_{\rm th}$ 圆内的基站协同为该用户服务。协作策略是位于协作集中的基站以非相干联合传输

（NC-JT）的方式给指定用户服务，将协作集外基站发射的信号视为干扰。目标用户的信干噪比可以表示为：

$$\mathrm{SINR}=\frac{\sum_{k=1}^{K}\sum_{x_{k,m}\in C_k}p_k|h_x|^2\|x\|^{-\alpha}}{\sum_{k=1}^{K}\sum_{x_{k,n}\in\overline{C_k}}p_k|h_x|^2\|x\|^{-\alpha}+\sigma^2} \tag{7-42}$$

其中，$\overline{C_k}$ 表示第 k 层网络中协作集外的基站所组成的集合，$x_{k,m}$ 标记 k 层第 m 个基站的位置，$\alpha(\alpha>2)$ 是路径损耗系数，σ^2 为噪声能量，h_x 服从均值为 1 的瑞利衰落。

设基站的发射功率 p_k、静态功率损耗 p_{k0} 和回程能耗 p_{bh}。目标用户协作半径为 R_{th} 时，协作集内为目标用户服务的基站个数为 $\sum_{k=1}^{K}\pi R_{\mathrm{th}}{}^2\lambda_k$，因此易知目标用户协作集的能耗为：

$$P_{\mathrm{cluster}}=\sum_{k=1}^{K}\pi R_{\mathrm{th}}{}^2\lambda_k(p_k+p_{k0}+p_{\mathrm{bh}}) \tag{7-43}$$

为了衡量目标用户协作集的能耗及平均传输速率之间的转换，本节中定义能效为：

$$\eta=\frac{t}{P_{\mathrm{cluster}}} \tag{7-44}$$

根据式（7-43）与式（7-44）易知，k 的取值为 1 时，P_{cluster} 与 η 分别为同构网络的能耗及能效。

首先假设通过一些自适应调制和编码技术，目标用户的瞬时速率可以达到香农极限，因此由香农公式可得：

$$\tau=E_h\left[\ln(1+\mathrm{SINR})\right] \tag{7-45}$$

根据式（7-42）可得：

$$\tau=E_g\left[\ln\left(1+\frac{\sum_{k=1}^{K}\sum_{x_{k,m}\in C_k}g_{k,m}r_{k,m}{}^{-\alpha}}{\sum_{k=1}^{K}\sum_{x_{k,n}\in\overline{C_k}}g_{k,n}r_{k,n}{}^{-\alpha}+\sigma^2}\right)\right] \tag{7-46}$$

其中，$g_{k,m}=p_k|h_x|^2$ 表示基站 $x_{k,m}$ 到目标用户的信道能量增益，易知 $g_{k.m}$ 服从均值为 p_k 的指数分布。

在 K 层网络中，基于 HPPP 模型，采用 NC-JT 的协作方式，目标用户的平均传输速率 τ 为：

$$\begin{aligned}\tau=\int_0^{\infty}\frac{\mathrm{e}^{-\sigma^2 t}}{t}\Bigg\{&\exp\left[-\sum_{k=1}^{K}\pi\lambda_k(tp_k)^{-2/\alpha}\int_{R_{\text{th}}{}^2(tp_k)^{-2/\alpha}}^{\infty}\left(1-\frac{1}{1+u^{-\alpha/2}}\right)\mathrm{d}u\right]\\&-\exp\left[-\sum_{k=1}^{K}\pi\lambda_k(tp_k)^{2/\alpha}\int_0^{\infty}\left(1-\frac{1}{1+u^{-\alpha/2}}\right)\mathrm{d}u\right]\mathrm{d}t\Bigg\}\end{aligned}\tag{7-47}$$

建立目标用户的平均传输速率和能耗的关系：当满足最小的平均传输速率要求时，最优化最小的能耗，从而得到最优的协作半径。由于异构网络中基站的密度较大，因此忽略噪声能量 σ^2 是合理的。能耗的最优化表达式：

$$\begin{aligned}&\min P_{\text{cluster}}\\&\text{s.t.}\ \int_0^{\infty}\frac{\mathrm{e}^{-\sigma^2 t}}{t}\Bigg\{\exp\left[-\sum_{k=1}^{K}\pi\lambda_k(tp_k)^{-\alpha/2}\int_{R_{\text{th}}{}^2(tp_k)^{-2/\alpha}}^{\infty}\left(1-\frac{1}{1+u^{-\alpha/2}}\right)\mathrm{d}u\right]\\&\quad-\exp\left[-\sum_{k=1}^{K}\pi\lambda_k(tp_k)^{2/\alpha}\int_0^{\infty}\left(1-\frac{1}{1+u^{-\alpha/2}}\right)\mathrm{d}u\right]\mathrm{d}t\Bigg\}\geqslant\tau_0\end{aligned}\tag{7-48}$$

平均传输速率 τ 随着协作半径 R_{th} 的增加而增加，对于给定最小平均传输速率 τ_0，采用二分搜索的方法，在一定范围 $[R_1,R_2]$ 内搜索最优的协作半径 R_{th}，将 $(R_1+R_2)/2$ 记为 τ_{mid}，具体的算法步骤如下。

步骤 1：将 τ_{mid} 与 τ_0 进行比较；

步骤 2：若 $\tau_{\text{mid}}>\tau_0$，则把 R_2 置为 $(R_1+R_2)/2$，反之，则把 R_1 置为 $(R_1+R_2)/2$；

步骤 3：若 $|R_1-R_2|<0.2$，则 R_1 为最优协作半径 R_{th}，否则重复步骤 1。

通过上述算法，对每个既定的平均传输速率 τ_0，可以得到一个最优的协作半径 R_{th}，从而得到目标用户的平均传输速率下的最小系统能耗。将能效表达式（对应式（7-44））中的 k 置为 1，即可得到同构网络的能效表达式，采用近似的算法进行分析即可。

通过计算式仿真和蒙特卡洛仿真两种方式对目标用户的平均传输速率进行仿真。将异构网络的场景设定为由宏蜂窝和微蜂窝基站组成的两层异构网络。参考文献[56]，具体的仿真参数见表 7-8。在蒙特卡洛仿真中，在 10km×10km 空间上分别以密度为 λ_1 和 λ_2 生成了独立的两种泊松点过程，瞬间的目标用户速率通过式(7-46)得到，最后的仿真结果由 10000 次独立试验的结果取平均得到。

表 7-8 仿真参数

参数名	参数值	参数名	参数值
宏蜂窝基站的密度 λ_1/m^{-2}	$1/(250^2\pi)$	微蜂窝基站的静态功率损耗 p_{20}/W	10
微蜂窝基站的密度 λ_2/m^{-2}	$1/(50^2\pi)$	基站的回程能耗 p_{bh}/W	5
宏蜂窝基站的发射功率 p_1/W	20	协作半径最小值 R_1/m	0
微蜂窝基站的发射功率 p_2/W	0.2	协作半径最大值 R_2/m	500
宏蜂窝基站的静态功率损耗 p_{10}/W	150		

目标用户平均传输速率随协作半径 R_{th} 变化曲线（$\alpha=4$）如图 7-32 所示，计算式仿真的曲线和蒙特卡洛仿真得出的曲线基本吻合。同时，在仅有宏蜂窝基站的同构网络场景下进行了仿真，协作策略在异构网络中，目标用户的平均传输速率有着更好的表现。目标用户的平均传输速率随着协作半径的增加而增加，这是因为随着协作半径的增加，更多的基站以协作的方式为目标用户服务，从而提高了目标用户的平均传输速率。随着半径的增加，目标用户平均传输速率增加的速度减缓，主要是因为当半径较大时，距离目标用户较远的基站发射的信号，受到衰落等影响，对目标用户平均传输速率增加的贡献减小。

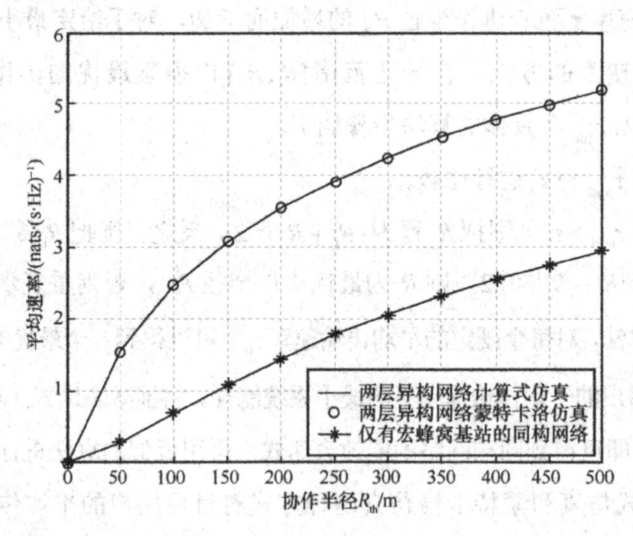

图 7-32 目标用户平均传输速率随协作半径 R_{th} 变化曲线（$\alpha=4$）

在本节所述的系统模型和协作策略下，目标用户的最小平均传输速率和系统能耗如图 7-33 所示。随着最小平均传输速率的增加，目标用户协作集内所需的最小能耗也随之增加。在相同的目标用户平均传输速率需求下，两层异构网络相比仅有宏蜂窝基站的同构网络所需能耗更小，这也证明协作策略在两层异构网络下有着更好的性能。同时，这也表明从能耗的角度来看，在异构网络中，以用户为中心的协作策略是行之有效的。

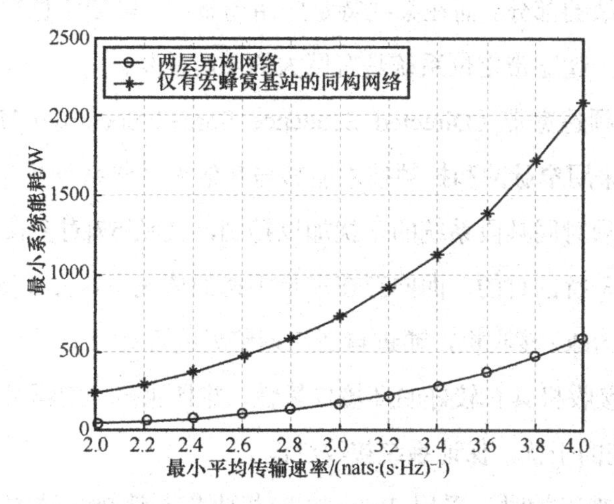

图 7-33　目标用户最小平均传输速率和系统能耗

目标用户协作集内能效随协作半径 R_{th} 变化曲线如图 7-34 所示。可以发现，能效随着协作半径的增加而减小，这是因为随着协作半径的增加，协作集内的能耗增加，而由于路径损耗、衰落等因素的影响，目标用户的平均传输速率增益相对较少，降低了能效。协作半径接近 150m 时，仅有宏蜂窝基站同构网络的能效超过两层异构网络。这为在异构网络中选择合适的协作半径提供了参考。

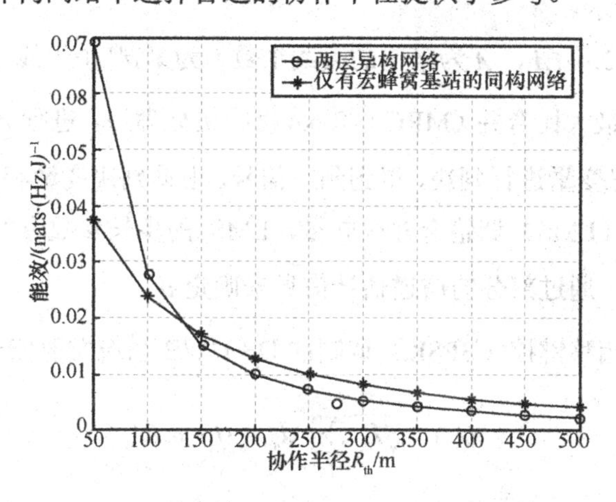

图 7-34　目标用户协作集内能效随协作半径 R_{th} 变化曲线（$\alpha=4$）

7.5.3 基于接收机设计的窄带干扰抑制方法

随着物联网行业的快速发展，定位与位置信息服务成为了生产、生活等不同应用场景中不可或缺的部分。而在某些特定应用场景中，需要定位精度高、抗干扰能力强的定位系统，超宽带定位系统具有巨大的发展前景。

直接序列扩频超宽带（Directed Sequence Spread Spectrum Ultrawide Band，DS-UWB）系统采用窄脉冲和扩频技术能够与其他无线电系统共存，但是，在进行系统设计时，必须对同频段系统的干扰加以抑制，文献[57]对多接收天线进行设计以达到抑制窄带干扰的目的，面向存在窄带干扰的情况下，文献[58]进一步提出一种自适应多天线 Rake 接收机，通过自适应调整天线合并权向量来抑制窄带干扰对系统的影响，该接收机具有较好的环境鲁棒性，并且能够一定程度上抑制窄带系统对 DS-UWB 系统的干扰，保证系统接收性能。

当不存在窄带干扰时，采用 Rake 接收机收集到达接收端的可分辨多径信号能量就可以达到较好的接收性能，但是，当存在窄带干扰时，由于窄带干扰能量较强，必须设计新的接收机结构，如果将多个天线上的接收信号均进行 Rake 接收机处理，然后根据其信号功率自适应调整权向量进行合并，就能够尽可能多地收集接收信号中的有用信号能量，并且当窄带干扰消失时，能够自动调节天线合并的权向量，使得系统仍具有较好的性能。抑制窄带干扰的多天线 Rake 接收机结构如图 7-35 所示。

$r_a(t)$（$a=1,2,\cdots,A$，A 为采用的天线个数）为第 a^{th} 个天线上的接收信号，分别经过 F 抽头的最大比合并（MRC）-Rake 接收机处理后，进行 A 个抽头权向量合并，对合并后输出变量进行判决，得到判决信号。根据判决变量和判决信号的误差，通过最小二乘法（LMS）调整合并权向量，LMS 的步长参数 μ 对算法的性能具有至关重要的影响，通过部分的信道估计信息来确定 μ。

采用二进制相移键控（BPSK）调制的 DS-UWB 系统发射信号表达式为：

$$s(t)=\sqrt{E_{\mathrm{c}}}\sum_{m=-\infty}^{\infty} d_m w_{\mathrm{tr}}(t-mT_{\mathrm{f}}) \tag{7-49}$$

其中，$d_m \in \{\pm 1\}$ 是第 m^{th} 数据符号，T_{f} 为帧周期，E_{c} 为每个脉冲的能量，$w_{\mathrm{tr}}(t)$ 为

发射脉冲，表示为：

$$w_{\text{tr}}(t)=\sum_{i=0}^{N_c-1}c_i p_{\text{tr}}(t-iT_c) \tag{7-50}$$

其中，$p_{\text{tr}}(t)$是能量归一化的发射单脉冲，c_i是扩频码第i^{th}个码字，T_c为码片周期，假设每个比特用N_c个单脉冲表示。

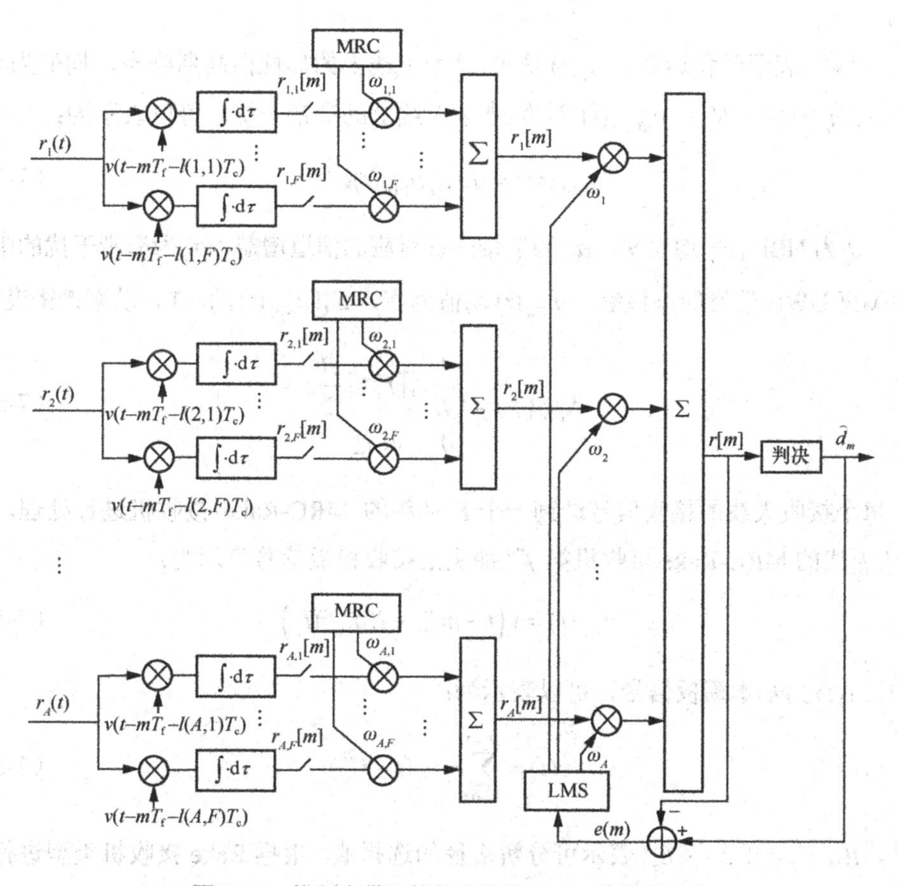

图 7-35　抑制窄带干扰的多天线 Rake 接收机结构

假设各个接收天线上的接收信号相互独立，第a^{th}个天线对应的信道等效基带抽头延迟线模型[59]可以表示为：

$$h_a(t)=\sum_{l=1}^{L_a}\alpha_{a,l}\delta(t-lT_c-\tau) \tag{7-51}$$

其中，L_a 为到达第 a^{th} 个天线的可分辨多径数，$\alpha_{a,l}$ 为到达第 a^{th} 个天线的第 l^{th} 条多径分量的增益。这里假设收发端同步，不存在时间偏移，即 $\tau=0$ 。

则第 a^{th} 个天线上的接收信号表达式可以表示为：

$$\begin{aligned} r_a(t) &= s(t) * h_a(t) + n_a(t) + n_{\text{NBI},a}(t) \\ &= \sqrt{E_{\text{c}}}\sum_{l=1}^{L_a}\alpha_{a,l}s(t-lT_{\text{c}}) + n_a(t) + n_{\text{NBI},a}(t) \end{aligned} \tag{7-52}$$

其中，“*”表示卷积运算；$n_a(t)$ 是第 a^{th} 个天线上的加性白高斯噪声，均值为零，方差 $E\{|n_a(t)|^2\}=N_0$；$n_{\text{NBI},a}(t)$ 为第 a^{th} 个天线上的窄带干扰，可以表示为：

$$n_{\text{NBI},a}(t) = \sqrt{J}\alpha_a n_{\text{NBI}}(t)\text{e}^{\text{j}2\pi f_0 t} \tag{7-53}$$

其中，J 为 NBI 的平均功率，α_a 为窄带干扰对应的信道增益，f_0 为窄带干扰的中心频率偏离 UWB 信号的偏移量，$n_{\text{NBI}}(t)$ 均值为零，$E\{|n_{\text{NBI}}(t)|^2\}=1$，功率谱密度为：

$$S_{\text{NBI}}(f) = \begin{cases} \dfrac{1}{B}, & |f| \leqslant \dfrac{B}{2} \\ 0, & \text{其他} \end{cases} \tag{7-54}$$

每个接收天线的接收信号送到一个 F 抽头的 MRC-Rake 接收机进行处理，第 a^{th} 个天线的 MRC-Rake 接收机第 f^{th} 抽头上接收模板信号表示为：

$$v_{a,f}(t) = v\left(t - mT_f - l(a,f)T_{\text{c}}\right) \tag{7-55}$$

其中，$v(t)$ 为基本模板信号，可以表示为：

$$v(t) = \sum_{i=0}^{N_{\text{c}}-1} c_i p_{\text{tr}}(t - iT_{\text{c}}) \tag{7-56}$$

其中，$l(a,f)\in\{1,2,\cdots,L_a\}$ 表示可分辨多径的选择值，根据 Rake 接收机类型进行设定，PRake（Partial Rake）接收机（$l(a,f)=f$）中 $v_{a,f}(t)$ 可以简化为：

$$v_{a,f}(t) = \sum_{i=0}^{N_{\text{c}}-1} c_i p_{\text{tr}}(t - iT_{\text{c}} - mT_f - fT_{\text{c}}) \tag{7-57}$$

设天线合并权向量 $\boldsymbol{\omega}(m)=[\omega_1(m),\omega_2(m),\cdots,\omega_A(m)]^{\text{T}}$，$\boldsymbol{r}(m)=[r_1(m),r_2(m),\cdots,r_A(m)]^{\text{T}}$，则天线合并权向量算法工作过程分为以下两个步骤。

步骤 1：初始化。每个天线具有相同的权向量，即 $\boldsymbol{\omega}(0)=\mathbf{1}$；

步骤 2：天线合并权向量自适应调整。根据误差函数 $e(m)=\hat{d}_m-\boldsymbol{\omega}^{\mathrm{T}}(m)\boldsymbol{r}(m)$ 调整天线合并权向量，更新方程为：

$$\boldsymbol{\omega}(m+1)=\boldsymbol{\omega}(m)+\mu\boldsymbol{r}(m)e(m) \tag{7-58}$$

其中，LMS 的步长参数 μ 对算法性能具有较大影响，设置较小，收敛速度较慢；设置过大，算法会出现不稳定，文献[60]指出，为了保证算法的稳定性，步长参数 μ 必须满足

$$0<\mu<\frac{2}{\lambda_{\max}} \tag{7-59}$$

其中，$\lambda_{\max}$ 是输入信号的相关矩阵 $\boldsymbol{R}$ 的最大特征值，因此一定满足：

$$\begin{aligned}\lambda_{\max}&\leqslant \mathrm{tr}[\boldsymbol{R}]=F\cdot E[|r_a[m]|^2]=F\cdot E\left[\left(N_{\mathrm{c}}\sqrt{E_{\mathrm{c}}}\sum_{f=1}^{F}\left|\alpha_{a,f}\right|^2\right)^2\right]\\&<F\left(N_{\mathrm{c}}\sqrt{E_{\mathrm{c}}}\sum_{f=1}^{F}\left|\alpha_{\mathrm{a,f}}\right|^2\right)^2=FN_{\mathrm{c}}^2E_{\mathrm{c}}\left(\sum_{f=1}^{F}\left|\alpha_{a,f}\right|^2\right)^2\end{aligned} \tag{7-60}$$

根据以上推导，步长参数 μ 可以设定为：

$$\mu=\frac{2\cdot\left(\sum_{f=1}^{F}\left|\alpha_{a,f}\right|^2\right)^{-2}}{FN_{\mathrm{c}}^2E_{\mathrm{c}}} \tag{7-61}$$

步长参数 μ 能够根据发射脉冲能量、部分信道参数等信息来确定，其中信道参数可以通过信道估计获得。

采用 DS-UWB 系统信道模型为 IEEE 802.15.3a 工作组采纳的信道模型中的 CM2[61]，即 0～4m 的非视距（NLOS）传播环境。系统采用高斯二阶导数脉冲波形，脉宽 $T_{\mathrm{p}}=0.7\mathrm{ns}$，扩频增益 $N_{\mathrm{c}}=10$，帧周期 $T_{\mathrm{f}}=35\mathrm{ns}$，码片周期 $T_{\mathrm{c}}=3.5\mathrm{ns}$，采用 6 抽头的 Rake 接收机。主要考虑两种干扰情况，干扰 1：中心频率 $f_0=1.2\mathrm{GHz}$，带宽 $B=20\mathrm{MHz}$；干扰 2：中心频率 $f_0=2.1\mathrm{GHz}$，带宽 $B=30\mathrm{MHz}$。

存在干扰 1（$J/E_{\mathrm{c}}=20\mathrm{dB}$）时，PRake 抽头为 6 的情况下，接收机误码率性能比较如图 7-36 所示，可以看出，当存在窄带干扰、采用相同天线数时，多天线 Rake 接收机比天线选择接收机接收端信噪比提高约 4dB，比单个 PRake 接收机提高约 6.5dB。

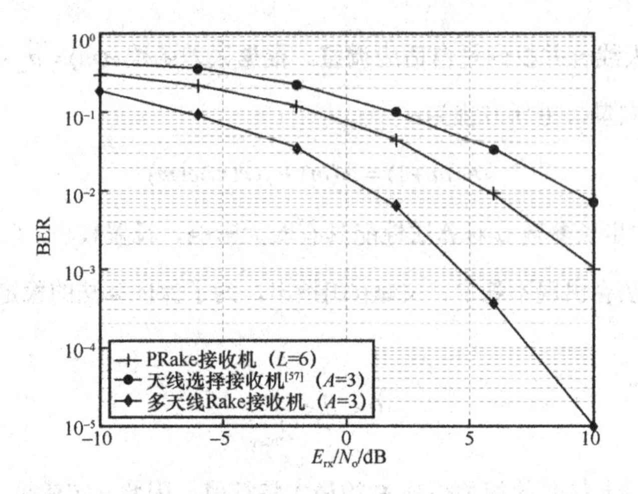

图 7-36　接收机误码率性能比较

不同干扰频段情况下接收机性能比较如图 7-37 所示，当 $J/E_c = 20\text{dB}$ 情况下，无论存在干扰 1 还是干扰 2，采用多天线 Rake 接收机均能够很好地保证系统接收性能。存在不同干扰功率的干扰 1 情况下，采用多天线 Rake 接收机与天线选择接收机[57]的性能比较如图 7-38 所示，可以看出随着干扰功率的增加，多天线选择接收机[57]性能将不能满足无线通信的性能需求，不能保证系统正常工作，而采用多天线 Rake 接收机的接收性能仍能够满足移动通信的要求。

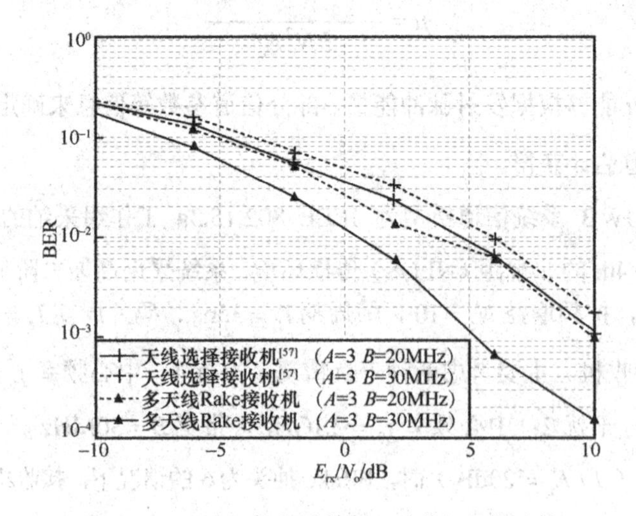

图 7-37　不同干扰频段情况下接收机性能比较

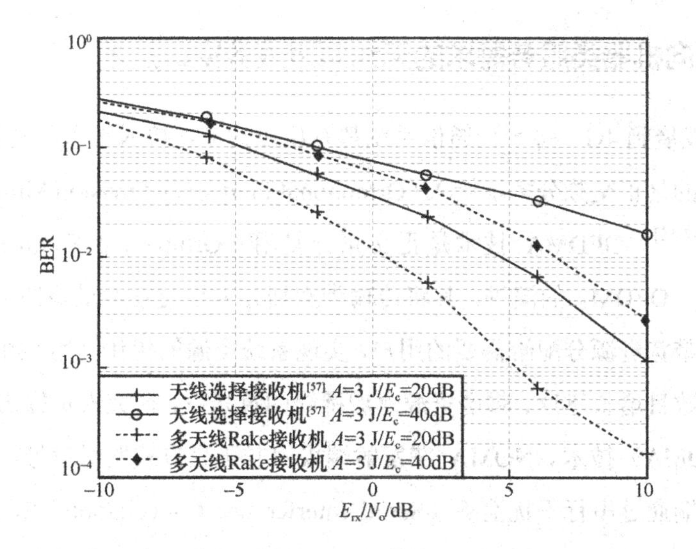

图 7-38　不同干扰功率干扰 1 情况下接收机性能比较

7.5.4　本节小结

干扰协调及干扰消除是解决物联网多设备通信干扰的重要软件实现方法，本节从作者的研究成果入手，从接入策略、功率控制及接收机设计等角度对抗干扰的软件实现方法进行了理论性分析。

7.6　基于干扰模型的物联网多终端频谱兼容接入技术

由于物联网边缘无线环境下的机器类通信（MTC）与传统的人与人通信相比具有许多不同之处，如果直接使用现有的 LTE（Long Term Evolution）系统为 MTC 提供服务，将无法保证 MTC 服务的准确性。因此需要对现有的网络进行一定的优化。此外大量 MTC 设备接入 LTE 网络，占用传统 LET UE 的资源，对传统 LET UE 产生的干扰如果不加以重视，会对传统 LTE 通信产生不良影响，所以，需要对 MTC 业务和传统 LTE 业务进行协调。综上所述，针对 MTC 业务与传统 LTE 业务共存场景下的通信系统，分析干扰模型并且合理地进行无线资源的管理，实现两种业务协调共存，具有重要的现实意义和研究前景。

7.6.1 面向机器类服务需求的无线频谱兼容空口技术

从 1G 发展到 4G，每一代通信系统都有相应的多址接入技术，例如，4G LTE 系统中采用的是正交频分多址接入（Orthogonal Frequency Division Multiple Access，OFDMA）[62-65]。OFDMA 技术是正交频分复用（Orthogonal Frequency Division Multiplexing，OFDM）的演进，其将传输带宽划分为正交互不重叠的子载波集，动态地把可用带宽资源分配给需要的用户，实现系统资源的优化利用。到了 5G 时代，在通信终端数目增长迅速、频谱资源愈加稀缺的背景下，研究人员提出了非正交多址接入（NOMA）技术。NOMA 在发射端采用非正交方式发射信号，主动引入干扰，在接收端通过串行干扰消除（Serial Interference Cancellation，SIC）实现正确解调。与其他方案相比，NOMA 利用功率域复用技术，在功率域叠加多个用户，接收端再通过 SIC 正确区分不同用户，达到提升系统吞吐量的目的。此外，NOMA 技术由于在接收端使用了 SIC，使得其不再强依赖于用户反馈的信道状态信息（Channel State Information，CSI）。

因此，NOMA 技术实质上就是通过略微提升接收端解调复杂度来换取更高的频谱利用率，以此增加设备接入数，实现海量设备接入需求。目前，典型的非正交多址技术方案主要有华为提出的稀疏码分多址接入（Sparse Code Multiple Access，SCMA）、大唐提出的图分多址接入（Pattern Division Multiple Access，PDMA）以及中兴提出的多用户共享接入（Multi-User Shared Access，MUSA），根据各自企业介绍得知上述 3 种 NOMA 技术方案的频谱效率相比于 LTE 提升了近 3 倍。

目前国内外各大通信公司提出的 NOMA 方案较多，主要有 PDMA[66]和 SCMA 技术。在 3G 中，码分多址接入（Code Division Multiple Acess，CDMA）技术将用户数据符号加载到近似正交的扩频码序列上进行发射。接收端利用扩频码的正交性分离出用户信息。近似正交的扩频码序列数量有限，容易导致符号间干扰。为了进一步改进 CDMA 技术，Hoshyar 等[67]提出了低密度序列（LDS）技术，LDS 技术不再使用正交的扩频码序列而采用具有低密度特性的扩频序列，使得系统在接收端可以采用消息传递算法（MPA）实现用户信息的检测分离。SCMA 技术是由 LDS 技术演变而来的，是 5G 多址接入技术中强有力的候选技术。SCMA 技术将 LDS

技术中的调制器和扩频器相结合，形成 SCMA 编码器，即直接将用户信息比特通过码本映射为多维码字。首先，SCMA 系统在 SCMA 码本集合中为每个用户（或数据层）选择合适的码本；然后，SCMA 编码器基于每个用户所选择的 SCMA 码本将用户信息比特映射到对应码字；最后，将多个用户的码字进行非正交叠加并发射。在接收端，由于 SCMA 码字的稀疏性，可以利用 MPA 分离用户信息。SCMA 技术利用非正交叠加技术对用户信号进行叠加，当扩频因子大于 1 时，可使系统相比于 OFDMA 系统在相同资源下支持更多用户的连接，提升系统容量。此外，SCMA 技术可以通过设计 SCMA 码本使得接收端可以利用 MPA 以可接受的负责度实现近似最优的最大似然译码。

SCMA 技术在提升系统容量和用户连接数等方面具有巨大优势，因此 SCMA 技术适用于大连接物联网（mMTC）系统。而对在 mMTC 应用场景下的基于 SCMA 技术无线通信系统的无线资源分配方面所进行的研究，具有重要的理论及现实意义。

7.6.2　稀疏码分多址调制扩频原理

CDMA 技术是在 3G 中广泛采用的一种多址接入技术。CDMA 将数据符号扩展到正交或近似正交的扩频码序列上进行传输。由于每个用户的扩频码序列相互正交，因此 CDMA 接收机可以利用扩频码序列的正交性分离出目标用户发射的数据信息，同时去除其他用户的干扰数据信息。就系统性能和接收机复杂度而言，扩频码序列的设计是 CDMA 系统的一个重要因子。CDMA 技术突出的缺点是当用户数量大于扩频增益时，每个用户间的扩频码序列无法保证其严格的正交性，造成系统共享时域和频域资源的各用户间出现多址接入干扰，进一步导致 CDMA 系统性能的下降。虽然在接收端采用多用户检测技术可以消除多址接入干扰，但是会极大地增加 CDMA 系统接收端的实现复杂度。

为了降低接收端的复杂度，同时保持 CDMA 系统在用户过载状态下的良好性能，即采用 LDS 替代原来 CDMA 系统中的扩频码序列。LDS 是一种特殊的 CDMA 扩频码序列，它拥有较长的序列长度，序列中包含少量的非零元素。如同二进制 LDPC 编码，LDS 的低密度特性可以让接收端使用 MPA 进行迭代接收译码，并且译码性能接近于最优的最大似然译码。

在一个 LDS 系统中，一个 CDMA 编码器通过使用一个给定的 LDS，将一个 QAM 符号 x_k 扩展到$\{x_kS_1,x_kS_2,x_kS_3,x_kS_4\}^{\mathrm{T}}$。因此一个 CDMA 编码器可以看作一定数量的编码比特被映射到一个复数符号序列的过程。从这一点出发，QAM 映射模块和扩频模块可以合并，即直接将一个用户信息比特流直接映射到$\{x_kS_1,x_kS_2,x_kS_3,x_kS_4\}^{\mathrm{T}}$。$\{x_kS_1,x_kS_2,x_kS_3,x_kS_4\}^{\mathrm{T}}$被认为是用户码本中的一个码字，即用户实际发射的符号序列为用户 SCMA 码本中的一个码字。LDS 系统与 SCMA 系统原理对比如图 7-39 所示，将 LDS 系统中的映射模块和扩频模块合并，即系统被简化为 SCMA 系统。

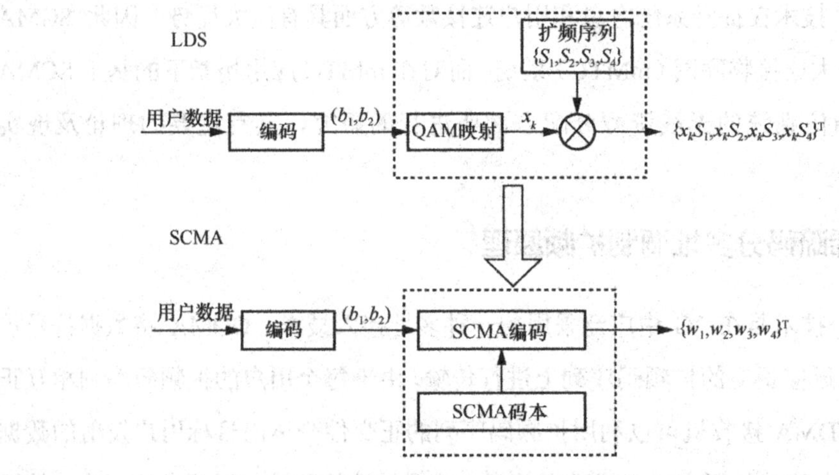

图 7-39 LDS 系统与 SCMA 系统原理对比

受到 LDS 技术中低密度符号序列稀疏性的启发，SCMA 技术在稀疏性的基础上加入多用户叠加传输的思想，将 LDS 技术中对编码后的调制扩频过程统一为码本的直接映射过程[68]。SCMA 技术中调制和扩频组合成了一个整体，即 SCMA 编码器。发射端将 SCMA 系统中每个用户映射的多维码字叠加进行非正交传输。不同用户 SCMA 码本中的多维码字间有良好的欧氏距离和功率分集，使得在接收端可以利用 MPA 分离用户信息。

SCMA 系统发射端结构如图 7-40 所示，SCMA 系统发射端将每个用户信息比特进行 SCMA 编码后映射到相应的多维码字进行叠加发射。SCMA 码本设计中的因子图矩阵设计使得最终得到 SCMA 码本具有稀疏性。因此，SCMA 编码器在使用 SCMA 码本对用户信息比特流进行编码映射时，即实现对用户信息比特流的稀疏扩频和高维调制。因此稀疏扩频能够提高 SCMA 系统的资源利用率，高维调制能够使得接收端在系统进行非正交传输的情况下采用 MPA 分离出每个用户的信息。

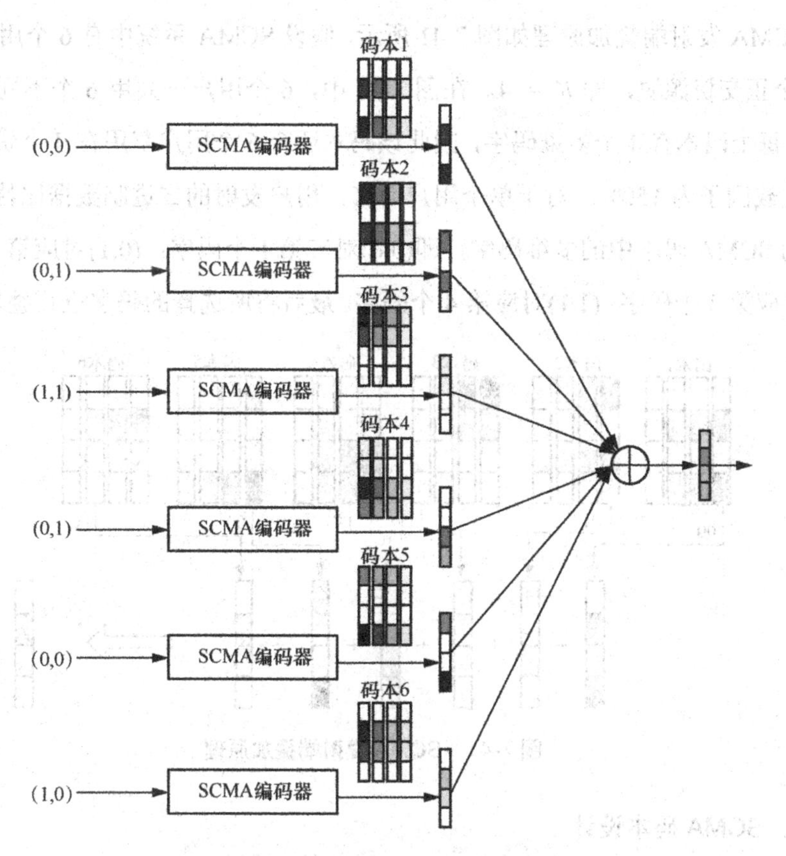

图 7-40　SCMA 系统发射端结构

每个 SCMA 编码器中都包含 J 个数据层，其中 g_j 表示第 j 个用户数据层的星座生成函数，即为每个用户数据层生成维度为 N_j，包含 M 个星座点的多维星座 C_j。这些 N_j 维星座点由该用户数据层映射矩阵 $\boldsymbol{V}_j$ 映射为对应的 K 维 SCMA 码字，进一步得到 SCMA 码本。这里假设每个用户数据层上星座点的维度均为 N，星座点个数均为 M。此时，SCMA 编码器可以重新表述为$\delta([\boldsymbol{V}_j]J_j=1, [g_j]J_j=1; J, M, N, K)$。SCMA 编码器将来自不同用户数据层码字叠加在一起进行传输并复用 K 个无线资源块，因此接收端信号表示为：$\boldsymbol{y}=\sum_{j=1}^{J}\text{diag}(\boldsymbol{h}_j)\boldsymbol{x}_j+\boldsymbol{n}$。其中，$\boldsymbol{x}_j=\boldsymbol{V}_j\boldsymbol{g}_j(\boldsymbol{b}_j)$为第$j$个用户数据层比特流$\boldsymbol{b}_j$对应生成的多维码字。通过 SCMA 编码器，$J$个用户的发射信号通过相应的调制扩频被映射到 K 个正交资源块上，形成多维码字，进一步通过叠加每个用户的多维码字进行非正交传输实现 SCMA 系统的过载接入。

SCMA 发射端叠加原理如图 7-41 所示，假设 SCMA 系统中有 6 个用户，即 $J=6$；4 个正交资源块，即 $K = 4$。在图 7-41 中，6 个用户一共用 6 个不同的 SCMA 码本，每个码本有 4 个多维码字，因此该码本适合 6 个用户复用在 4 个资源块的场景，过载因子为 150%。对于单个用户而言，用户发射的二进制数据比特流被直接映射为 SCMA 码本中的多维码字，即(0,0)对应第 1 个码字；(0,1)对应第 2 个码字；(1,0)对应第 3 个码字；(1,1)对应第 4 个码字。最后将所选择的码字进行叠加并发射。

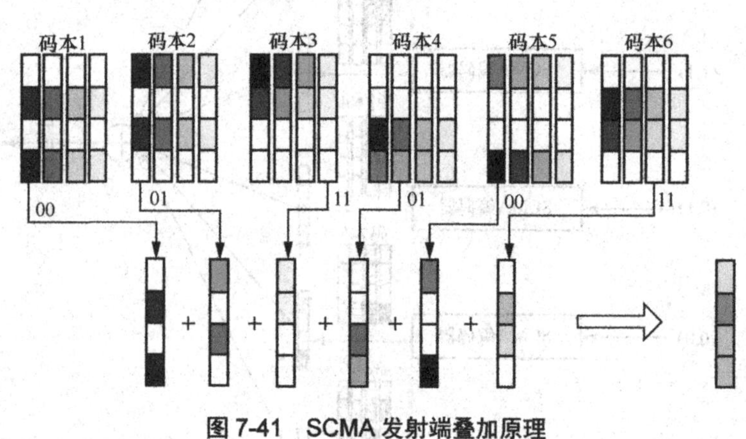

图 7-41　SCMA 发射端叠加原理

1．SCMA 码本设计

SCMA 技术将用户信息比特流通过特定的码本直接映射成多维码字，并且在有限的资源上进行非正交叠加。稀疏的星座图可使系统获得大的成形增益。除此之外，基于稀疏码本的 SCMA 系统在接收端采用 MPA 能有效降低接收检测复杂度。由于用户信息比特流所映射的多维码字相互叠加，使得 SCMA 码本设计至关重要，同时也是一个复杂的优化问题。

在文献[69]中，SCMA 码本的结构定义为：$\delta(\boldsymbol{V},\boldsymbol{G};J,M,N,K)$，其中 $\boldsymbol{V}=[V_j]J_j=1$；$\boldsymbol{G}=[g_j]J_j=1$。SCMA 码本设计优化问题被定义为：

$$\boldsymbol{V}^*,\boldsymbol{G}^* = \arg\max_{\boldsymbol{V},\boldsymbol{G}} m\left(\delta(\boldsymbol{V},\boldsymbol{G};J,M,N,K)\right) \tag{7-62}$$

其中，符号 m 是给定的设计标准。Forney 等[70]提出了多级优化方法以获得该多维问题的次优解。该多级优化方法给出了码本设计的一般步骤：首先，生成多维母星座，然后，根据星座操作生成每个用户的码本，其中星座操作包括星座算子和映射矩阵。下面对母星座、映射矩阵设计进行详细的讨论。

2．因子图矩阵设计

由上述 SCMA 编码器原理可知 N 维星座点由该数据层映射矩阵 $\boldsymbol{V}$ 映射为对应的 K 维 SCMA 码字，因此 SCMA 码本的稀疏特性是由映射矩阵集合 $\boldsymbol{V}=\{\boldsymbol{V}_1,\boldsymbol{V}_2,\cdots,\boldsymbol{V}_J\}$ 决定的。映射矩阵 $\boldsymbol{V}$ 决定每个资源单元上的用户个数。文献[71]给出了映射矩阵的设计规则：任意一个映射矩阵 $\boldsymbol{V}_j$ 是一个 $K\times N$ 的二进制矩阵。任意两个用户的映射矩阵不同。当映射矩阵 $\boldsymbol{V}_j$ 去除所有全零行后是一个 N 阶单位矩阵。

映射矩阵 $\boldsymbol{V}_j$ 通过向单位矩阵 **IN** 中插入（$K-N$）个全零行向量得到。为了保证每个用户的映射矩阵不同，插入的全零行向量位置也应该有所不同，可以得到 SCMA 系统各个参数之间的关系[71]。

$$J=\begin{pmatrix}K\\N\end{pmatrix},\quad d_f=\begin{pmatrix}K-1\\N-1\end{pmatrix},\quad \lambda=\frac{J}{K} \tag{7-63}$$

其中，d_f 是指一个资源节点上的用户数目，λ 是 SCMA 系统的过载因子。为了更形象地表示整个 SCMA 系统，可以使用因子图对 SCMA 系统进行表示，假设系统中有 6 个用户复用在 4 个资源节点上，即 $J=6$，$K=4$。由式（7-63）可知过载因子 $\lambda=1.5$，行重 $d_f=3$。可以定义因子图矩阵：$\boldsymbol{F}=(f_1,f_2,\cdots,f_J)$。如果第 j 个用户数据层占用资源节点 k，则有 $(\boldsymbol{F})_{jk}=1$。根据以上参数可得因子图矩阵：

$$\boldsymbol{F}=\begin{bmatrix}1&1&1&0&0&0\\1&0&0&1&1&0\\0&1&0&1&0&1\\0&0&1&0&1&1\end{bmatrix} \tag{7-64}$$

被第 j 个用户数据层占用的资源节点和占用资源节点 k 的用户集合为：

$$\varsigma_j=\left\{k \mid f_{j,k}=1\right\}, \forall j$$
$$\xi_k=\left\{j \mid f_{j,k}=1\right\}, \forall k \tag{7-65}$$

映射矩阵 $\boldsymbol{V}_j$ 和因子图矩阵 $\boldsymbol{F}$ 之间的关系为：

$$\boldsymbol{F}=\left[\operatorname{diag}\left(\boldsymbol{V}_1\boldsymbol{V}_1^{\mathrm{T}}\right),\cdots,\operatorname{diag}\left(\boldsymbol{V}_J\boldsymbol{V}_J^{\mathrm{T}}\right)\right] \tag{7-66}$$

由式（7-66）可知，已知因子图矩阵可以反推映射矩阵。首先，取因子图矩阵 $\boldsymbol{F}$ 的第 j 列，将非零元素放在对角矩阵对角线的相应位置，得到单位矩阵 **IN**；其次，在因子图矩阵 $\boldsymbol{F}$ 对应位置插入（$K-N$）个零元素，即可得到用户数据层节点 j 的映射矩阵。依据 d_f 的实际意义，可知 d_f 即为因子图矩阵的行重。由此可得各用户数据层节点的映射矩阵：

$$\boldsymbol{V}_1=\begin{bmatrix}1&0\\0&1\\0&0\\0&0\end{bmatrix},\ \boldsymbol{V}_2=\begin{bmatrix}1&0\\0&0\\0&1\\0&0\end{bmatrix},\ \boldsymbol{V}_3=\begin{bmatrix}1&0\\0&0\\0&0\\0&1\end{bmatrix},\ \boldsymbol{V}_4=\begin{bmatrix}0&0\\1&0\\0&1\\0&0\end{bmatrix},\ \boldsymbol{V}_5=\begin{bmatrix}0&0\\1&0\\0&0\\0&1\end{bmatrix},\ \boldsymbol{V}_6=\begin{bmatrix}0&0\\0&0\\1&0\\0&1\end{bmatrix} \tag{7-67}$$

为了方便后续对 MPA 进行分析，将因子图矩阵 $\boldsymbol{F}$ 描绘成因子图，如图 7-42 所示。

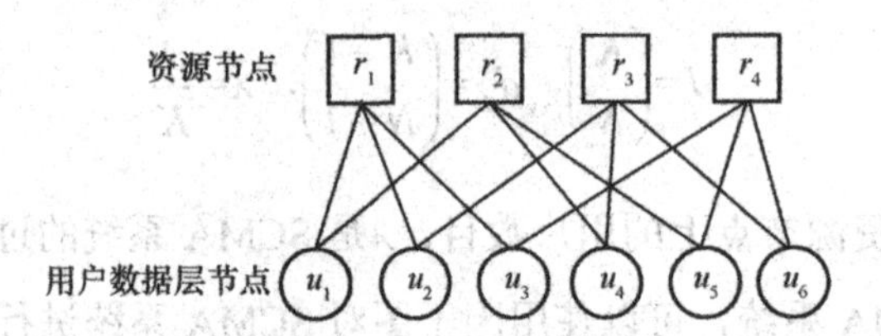

图 7-42　因子图

在 SCMA 系统中将用户表示为用户数据层节点或变量节点，将资源块表示为资源节点或校验节点。其中，资源节点和用户层节点之间的连线表示该用户层节点占用该资源节点，如资源节点 r_1 被用户层节点 u_1、u_2、u_3 所占用，即可表示因子图矩阵中的非零位置。

3．多维母星座设计

在确定映射矩阵 $\boldsymbol{V}$ 之后，码本设计的优化问题即转化为多维星座设计的优化问题。一种简单的多维母星座设计方案是找到性能较好的多维母星座，对母星座进行逐层星座运算（如共轭变换、相位旋转、维度置换等）来获得各用户层星座。多维母星座的优化设计可以从最小化星座点的平均能量、最大化星座的分集阶数、最大化任意两个星座点间的最小欧氏距离等方向进行优化。

SCMA 系统中接入的用户数量较少时，各用户间的干扰很小。此时可以通过最大化多维星座点间的最小欧氏距离进一步改善 SCMA 系统的性能。随着 SCMA 系统可接入用户数量的增加，各用户在非零码字处的相互干扰也会随之增加，此时可以在相互干扰的非零码字处引入相关性，可由其他资源节点上的信息来恢复出干扰的码字。码字各维度的功率差异可在干扰用户层间引入远近效应，信号最强的符号被检测出后可以通过干扰消除法帮助剩余符号的检测，这可以帮助 MPA 接收机更有效地移除其他用户层的干扰。在衰落信道下，对母星座进行单位旋转能使星座点之间的最小乘积距离（笛卡尔积）最大化，最小乘积距离的大小决定了系统在高信噪比条件下的性能好坏。

基于 Lattice 构造多维星座是一种传统的代数方式，关于 Lattice 和基于 Lattice 的星座图的性质在文献[70,72-73]中有详细阐述。文献[70]提出了星座图的优点图（CFM）的概念，它反映了基于 Lattice 的星座的效率。在星座的维数不太大时，较大 CFM 的星座图具有很低的误符号率。文献[73]证明了 CFM 可以分解成编码增益和成形增益，并指出分别最大化编码增益和成形增益可以产生具有最大优点值的星座。

文献[69]提出利用 Lattice 星座旋转构造多维母星座，即选定常用的星座，如 QAM 作为基本星座，通过笛卡尔积将其扩展成多维星座，在保证星座欧氏距离不变的同时设计合适的生成矩阵，通过对基本星座进行旋转控制星座各维度间的功率分集，进一步构造性能良好的多维母星座。星座各维度间的功率分集有助于 MPA 利用远近效应消除配对用户层之间的干扰。文献[74]提出一个多维 Lattice 星座的设计方法，即一个紧凑的多维星座可以在给定最小欧氏距离的前提下，使平均码字能量最小化。在较低复杂度的译码接收机下，通过 Lattice 星座旋转可以改变星座维度的功率分集，以便 MPA 接收机利用码字的近远效应特性更好地收敛。

4．基于 MPA 的接收检测技术

与 LDPC 中所采用的译码算法类似，SCMA 系统接收端采用复杂度适中的 MPA 进行检测接收。文献[75]在提出低密度奇偶校验（LDPC）的同时，也给出了相应的译码算法，该算法接近最佳性能。LDPC 中的译码算法与 SCMA 系统中 MPA 在消息更新迭代上极为相似。LDPC 译码算法通过利用校验矩阵的稀疏性将 MPA 与循环迭代相结合，进一步降低了该译码算法的复杂度，但是仍然保证了该译码算法的最佳性能。因此将 MPA 也被用到 SCMA 系统中作为降低检测复杂度的重要技术手段。

MPA 在运行过程中，信息沿着因子图中的变量节点和校验节点之间的连线往复传输。MPA 要求所设计的因子图不存在环[76]。在 SCMA 系统中，MPA 框架如图 7-43 所示。

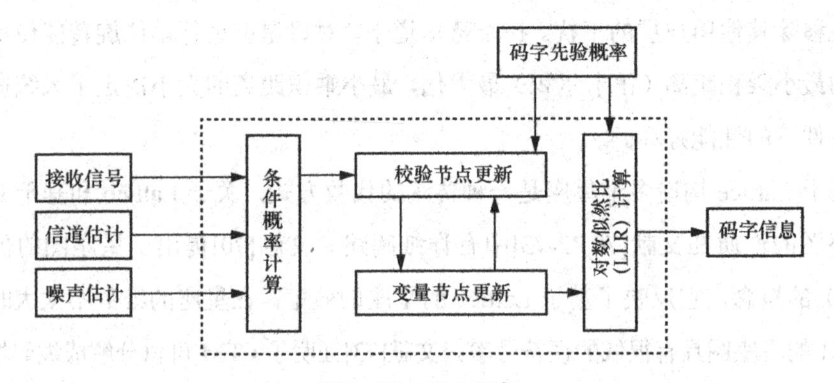

图 7-43　MPA 框架

由图 7-43 可知，MPA 的输入为接收信号、信道估计值和噪声估计值，输出为码字消息。MPA 检测译码过程中的每次更新，消息都会沿着因子图 7-43 中的箭头方向在校验节点和变量节点之间进行交换。

MPA 中的核心内容消息迭代更新部分主要包括了校验节点更新和变量节点更新，并且两个部分的更新相互依赖。MPA 的一次消息更新过程如图 7-44 所示，首先依据因子图，每个变量节点将一个消息值发送给与其相连的所有校验节点，校验节点接收到与它所相连变量节点的消息值后将消息值和 MPA 接收机外部消息相结合并进行更新；将更新后的消息值发送给与之相连的所有变量节点；变量节点在接收到新消息值后利用该消息值更新自身的消息值，再将该值发送给相连的校验节点。需要注意的是，某节点（变量节点或校验节点）沿着因子图的某条连线发送的消息与上一次该节点沿着该连线接收到的消息无关，而与该节点相连的其他连线的接收消息有关。在一定的迭代次数后，接收机输出端就会输出每个用户码字信息。假设接收端已知完整的信道信息，并且接收端已知用户码本，则 SCMA 系统接收端可以利用 MPA 以最佳最大后验概率（MAP）准则实现译码。

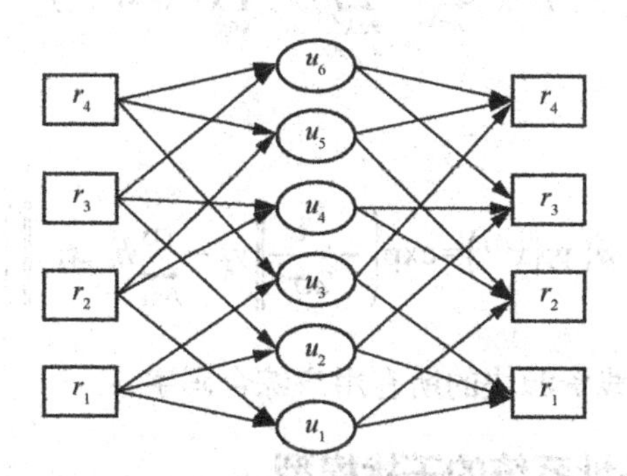

图 7-44　MPA 的一次消息更新过程

MAP 的原理是在已知接收信号和完整信道信息的条件下，利用后验对发送信息进行概率估计。令 y 表示接收信号，由于接收端已知发射端的码本，则发射端用户信息的最大后验概率估计为：

$$\hat{x} = \underset{x \in X^J}{\arg\max}\, p(x|y) \tag{7-68}$$

其中，j 的发射信号可以通过求解最大边缘概率分布来计算估计值，表示为：

$$\hat{x}_j = \underset{\chi \in x}{\arg\max} \sum_{\substack{x \in X^J \\ x_j = \chi}} p(x|y) \tag{7-69}$$

由贝叶斯公式可知：

$$p(x|y) = \frac{p(y|x)P(x)}{P(y)} \propto p(y|x)P(x) \tag{7-70}$$

假设各用户发射信号之间相互独立，噪声服从独立同分布。即有：

$$\begin{aligned} P(x) &= \prod_{j=1}^{J} P(x_j) \\ P(y) &= \sum_{x \in X^J} p(y|x)P(x) \\ p(y|x) &= \prod_{k=1}^{K} p(y_k|x) \end{aligned} \tag{7-71}$$

其中，$p(y_k|x)$是接收端在第 k 个无线资源块上的条件概率，即有 $p(y_k|x)=p(y_k|x^{[k]})$。可将式（7-69）整理为：

$$\hat{x}_j = \arg\max_{\chi\in x} \sum_{\substack{x\in X^J \\ x_j=\chi}} P(x)\prod_{k\in\varsigma_j} p\left(y_k \middle| x^{[k]}\right) \tag{7-72}$$

其中，

$$p\left(y_k \middle| x^{[k]}\right)=\exp\left(-\frac{1}{2\sigma^2}\left\| y_k - \sum_{j\in\xi_k} h_{k,j}x_{k,j} \right\|\right) \tag{7-73}$$

$x[k]$表示占用第 k 个无线资源块的所有用户综合码字。

7.6.3 稀疏码分多址系统的干扰模型

在稀疏码分多址系统中，基站位于网络的中心，设基站的服务半径为 R，保护半径为 R_{def}。假设 LTE UE 和机器类通信网关（MTCG）分别服从参数为 λ_{U} 和 λ_{M} 的齐次泊松点过程，则根据泊松点过程的分布，基站服务范围内，LTE UE 和 MTCG 的数目 N_{U}、N_{M} 服从的分布分别为：

$$P(N_{\text{U}}=m)=\frac{[\lambda_{\text{U}}\pi(R^2-R_{\text{def}}^2)]^m}{m!}\text{e}^{-\lambda_{\text{U}}\pi(R^2-R_{\text{def}}^2)} \tag{7-74}$$

$$P(N_{\text{M}}=n)=\frac{[\lambda_{\text{M}}\pi(R^2-R_{\text{def}}^2)]^n}{n!}\text{e}^{-\lambda_{\text{M}}\pi(R^2-R_{\text{def}}^2)} \tag{7-75}$$

在对 MTCG 与 LTE UE 之间的干扰进行建模之前，先进行如下合理的假设。

假设 1：因为是在传统的 LTE 网络中进行 mMTC 通信，而在传统 LTE 网络中，通常采用 OFDMA 的方式，因此假设 LTE UE 之间不共用资源。

假设 2：LTE UE 以及 MTCG 与基站之间的信道均为相互独立的瑞利小尺度衰落信道。

在上述两个假设的前提下，本节将分析 MTCG 与 LET UE 共用资源时，它们之间所产生的干扰。设与某一 LTE UE a 共用资源的 MTCG 数目为 L 个。

模型 1：MTCG 对 LTE UE a 产生的干扰建模

根据信干噪比的定义，LTE UE a 的 SINR 为：

$$\mathrm{SINR}_a = \frac{P_t^a d_{a,\mathrm{BS}}^{-\tau} \left|h_{a,\mathrm{BS}}\right|^2}{P_N + \sum_{l=1}^{L} P_t^l d_{l,\mathrm{BS}}^{-\tau} \left|g_{l,\mathrm{BS}}\right|^2} \tag{7-76}$$

其中，P_t^a 、P_t^l 分别是 LTE UE a 和 MTCG l 的发射功率，$d_{a,\mathrm{BS}}$、$d_{l,\mathrm{BS}}$ 分别是 LTE UE a 和 MTCG l 距离基站的距离，τ 是路径损耗因子，$\left|h_{a,\mathrm{BS}}\right|^2$、$\left|g_{l,\mathrm{BS}}\right|^2$ 分别是 LTE UE a 和 MTCG l 的小尺度衰落，由假设 2 可知，它们是相互独立的随机变量。LTE UE a 的干扰模型为：

$$P_{\mathrm{outage}}^a = P(\mathrm{SINR}_a < \gamma_{\mathrm{th}}^a) = \int_0^{\gamma_{\mathrm{th}}^a} f_{\mathrm{SINR}_a}(\gamma)\mathrm{d}\gamma = F_{\mathrm{SINR}_a}(\gamma_{\mathrm{th}}^a) \tag{7-77}$$

模型 2：MTCG l 所受到的干扰建模

与上述 LTE UE 所受到的干扰相同，MTCG l 的 SINR 为：

$$\mathrm{SINR}_l = \frac{P_t^l d_{l,\mathrm{BS}}^{-\tau} \left|g_{l,\mathrm{BS}}\right|^2}{P_N + P_t^a d_{a,\mathrm{BS}}^{-\tau} \left|h_{a,\mathrm{BS}}\right|^2 + \sum_{\substack{i=1\\ i\neq l}}^{L} P_t^i d_{i,\mathrm{BS}}^{-\tau} \left|g_{i,\mathrm{BS}}\right|^2} \tag{7-78}$$

同理可知，MTCG l 的干扰模型为：

$$P_{\mathrm{outage}}^l = P(\mathrm{SINR}_l < \gamma_{\mathrm{th}}^l) = \int_0^{\gamma_{\mathrm{th}}^l} f_{\mathrm{SINR}_l}(\gamma)\mathrm{d}\gamma = F_{\mathrm{SINR}_l}(\gamma_{\mathrm{th}}^l) \tag{7-79}$$

式（7-77）和式（7-79）分别为 LTE UE 和 MTCG 干扰模型的一般表达式。在实际场景中，可以根据 mMTC 的具体需求改变计算式中的变量，对 LTE UE 和 MTCG 的干扰进行定量分析。本节以突发类场景下的干扰模型建立为例进行详细说明。

在 mMTC 突发类场景中，SINR 是反映用户所受干扰的指标，SINR 越小，即表示用户所受到的干扰越大。因此可以推出，对于某一突发类的 MTCG 来说，与它共用资源的用户数目越少，它所收到的干扰信号的功率也就越小。因此，为了求得突发类场景下 LTE UE 和 MTCG 干扰模型的定量表达式，提出如下合理的假设以简化问题的分析。

假设 3：由于 mMTC 中的突发类业务是对时延要求较为敏感、对系统的可靠性有一定要求的业务，为了满足这一需求，假设突发类场景下与 LTE UE 共用的突发类 MTCG 的数目最多为 1，即 L=1。

这一假设可以保证，在需要共用资源的前提下，突发类的 MTCG 所受到的干扰最小。在假设 3 的基础上，LTE UE 的 SINR 可以写成：

$$\mathrm{SINR}_a = \frac{P_t^a d_{a,\mathrm{BS}}^{-\tau} \left|h_{a,\mathrm{BS}}\right|^2}{P_N + P_t^{l,\mathrm{burst}} d_{l,\mathrm{BS}}^{-\tau} \left|g_{l,\mathrm{BS}}\right|^2} \tag{7-80}$$

其中，$P_t^{l,\mathrm{burst}}$ 是突发类业务的 MTCG 的发射功率。依据假设 2，$\left|h_{a,\mathrm{BS}}\right|^2$、$\left|g_{l,\mathrm{BS}}\right|^2$ 是两个相互独立且同分布的随机变量，因此可以推导出突发类场景下 LTE UE 的中断概率表达式[58]。

设 X 和 Y 是两个随机变量，它们分别为：

$$X = \frac{P_t^a d_{a,\mathrm{BS}}^{-\tau} \left|h_{a,\mathrm{BS}}\right|^2}{P_N^2} \overset{\text{记}P_t^a d_{a,\mathrm{BS}}^{-\tau}/P_N^2=\mu}{=} \mu \left|h_{a,\mathrm{BS}}\right|^2 \tag{7-81}$$

$$Y = \frac{P_t^{l,\mathrm{burst}} d_{l,\mathrm{BS}}^{-\tau} \left|g_{l,\mathrm{BS}}\right|^2}{P_N^2} + \frac{1}{P_N} \overset{\text{记}P_t^{l,\mathrm{burst}} d_{l,\mathrm{BS}}^{-\tau}/P_N^2=\eta}{=} \eta \left|g_{l,\mathrm{BS}}\right|^2 + \frac{1}{P_N} \tag{7-82}$$

将式（7-81）和式（7-82）代入式（7-76），则随机变量 SINR_a 可改写成：

$$\mathrm{SINR}_a = \frac{P_t^a d_{a,\mathrm{BS}}^{-\tau} \left|h_{a,\mathrm{BS}}\right|^2 / P_N^2}{1/P_N + P_t^{l,\mathrm{burst}} d_{l,\mathrm{BS}}^{-\tau} \left|g_{l,\mathrm{BS}}\right|^2 / P_N^2} = \frac{X}{Y} \tag{7-83}$$

因为 $\left|h_{a,\mathrm{BS}}\right|^2$ 和 $\left|g_{l,\mathrm{BS}}\right|^2$ 均为瑞利分布的随机变量，因此 X 和 Y 的概率密度函数 $f_X(x)$ 和 $f_Y(y)$ 分别为：

$$f_X(x) = \begin{cases} \dfrac{1}{\mu} \mathrm{e}^{\frac{1}{\mu}x} & ,x > 0 \\ 0 & ,x \leqslant 0 \end{cases} \tag{7-84}$$

$$f_Y(y) = \begin{cases} \dfrac{1}{\eta} \mathrm{e}^{\frac{1}{\eta}y + \frac{1}{\eta P_N}} & ,y > \dfrac{1}{P_N} \\ 0 & ,y \leqslant \dfrac{1}{P_N} \end{cases} \tag{7-85}$$

则 SINR_a 的 PDF 表示 $f_{\mathrm{SINR}a}(\gamma)$ 表示为：

$$f_{\mathrm{SINR}_a}(\gamma) = \int_{1/P_N}^{0} y f_{XY}(y\gamma, y)\mathrm{d}y = \left[\frac{1}{(\mu + \gamma\eta)P_N} + \frac{\mu\eta}{(\mu + \eta\gamma)^2}\right] \mathrm{e}^{-\frac{\gamma}{\mu P_N}} \tag{7-86}$$

于是，可以推导出突发类场景下 LTE UE 的中断概率表达式：

$$\begin{aligned}
P_{\text{outage}}^{a,\text{burst}} &= F_{\text{SINR}_a}(\gamma_{th}^a) \\
&= \int_0^{\gamma_{\text{th}}^a} f_{\text{SINR}_a}(\gamma)\mathrm{d}\gamma \\
&= \int_0^{\gamma_{\text{th}}^a} \left[\frac{1}{(\mu+\gamma\eta)P_N} + \frac{\mu\eta}{(\mu+\eta\gamma)^2}\right] \mathrm{e}^{-\frac{\gamma}{\mu P_N}} \mathrm{d}\gamma \\
&= \int_0^{\gamma_{\text{th}}^a} \frac{\mu\eta \mathrm{e}^{-\frac{\gamma}{\mu P_N}}}{(\mu+\eta\gamma)^2}\mathrm{d}\gamma + \int_0^{\gamma_{\text{th}}^a} \frac{\mathrm{e}^{-\frac{\gamma}{\mu P_N}}}{(\mu+\gamma\eta)P_N}\mathrm{d}\gamma \\
&= \left.\frac{-\mu \mathrm{e}^{-\frac{\gamma}{\mu P_N}}}{\mu+\gamma\eta}\right|_0^{\gamma_{\text{th}}^a} - \int_0^{\gamma_{\text{th}}^a} \frac{\mathrm{e}^{-\frac{\gamma}{\mu P_N}}}{(\mu+\gamma\eta)P_N}\mathrm{d}\gamma + \int_0^{\gamma_{\text{th}}^a} \frac{\mathrm{e}^{-\frac{\gamma}{\mu P_N}}}{(\mu+\eta\gamma)P_N}\mathrm{d}\gamma \\
&= 1 - \frac{\mu \mathrm{e}^{-\frac{\gamma_{\text{th}}^a}{\mu P_N}}}{\mu+\gamma_{\text{th}}^a\eta} - \int_0^{\gamma_{\text{th}}^a} \frac{\mathrm{e}^{-\frac{\gamma}{\mu P_N}}}{(\mu+\gamma\eta)P_N}\mathrm{d}\gamma + \int_0^{\gamma_{\text{th}}^a} \frac{\mathrm{e}^{-\frac{\gamma}{\mu P_N}}}{(\mu+\eta\gamma)P_N}\mathrm{d}\gamma \\
&= 1 - \frac{\mu \mathrm{e}^{-\frac{\gamma_{\text{th}}^a}{\mu P_N}}}{\mu+\gamma_{\text{th}}^a\eta}
\end{aligned} \tag{7-87}$$

再将式（7-81）和式（7-82）代入式（7-87），则突发类场景下 LTE UE 的中断概率表达式为：

$$\begin{aligned}
P_{\text{outage}}^{a,\text{burst}} &= 1 - \frac{\mu \mathrm{e}^{-\frac{\gamma_{\text{th}}^a}{\mu P_N}}}{\mu+\gamma_{\text{th}}^a\eta} \\
&= 1 - \frac{\frac{P_t^a d_{a,\text{BS}}^{-\tau}}{P_N^2}}{\frac{P_t^a d_{a,\text{BS}}^{-\tau}}{P_N^2} + \gamma_{\text{th}}^a \frac{P_t^{l,\text{burst}} d_{l,\text{BS}}^{-\tau}}{P_N^2}} \mathrm{e}^{-\frac{\gamma_{\text{th}}^a}{\frac{P_t^a d_{a,\text{BS}}^{-\tau}}{P_N^2}\cdot P_N}} \\
&= 1 - \frac{P_t^a d_{a,\text{BS}}^{-\tau}}{P_t^a d_{a,\text{BS}}^{-\tau} + \gamma_{\text{th}}^a P_t^{l,\text{burst}} d_{l,\text{BS}}^{-\tau}} \mathrm{e}^{-\frac{\gamma_{\text{th}}^a P_N}{P_t^a d_{a,\text{BS}}^{-\tau}}}
\end{aligned} \tag{7-88}$$

同理可得，突发类场景下 MTCG 的 SINR 为：

$$\text{SINR}_l = \frac{P_t^{l,\text{burst}} d_{l,\text{BS}}^{-\tau} \left|g_{l,\text{BS}}\right|^2}{P_N + P_t^a d_{a,\text{BS}}^{-\tau} \left|h_{a,\text{BS}}\right|^2} \tag{7-89}$$

与上面的推导类似，突发类场景下 MTCG 中断概率的表达式为：

$$P_{\text{outage}}^{l,\text{burst}}=F_{\text{SINR}_l}(\gamma_{\text{th}}^l)=1-\frac{P_t^{l,\text{burst}}d_{l,\text{BS}}^{-\tau}}{P_t^{l,\text{burst}}d_{l,\text{BS}}^{-\tau}+\gamma_{\text{th}}^l P_t^a d_{a,\text{BS}}^{-\tau}}\text{e}^{-\frac{\gamma_{\text{th}}^l P_N}{P_t^{l,\text{burst}}d_{l,\text{BS}}^{-\tau}}} \tag{7-90}$$

本节对所建立的 LTE UE 和 MTCG 的干扰模型进行仿真分析。仿真参数的设置见表 7-9。

表 7-9　仿真参数设置（干扰分析部分）

仿真参数	值
系统带宽	5MHz
噪声功率谱密度	−174dBm/Hz
路径损耗因子 τ	4
基站服务半径 R	500m
基站保护半径 R_{def}	100m
MTCG 空间密度 λ_{M}	$10^{-4.8}$ 个/m^2
LTE UE 空间密度 λ_{U}	$10^{-5.2}$ 个/m^2
LTE UE 发射功率 P_t	23dBm

主要仿真分析突发类场景下的 LTE UE 与 MTCG 的干扰模型。仿真包含两个部分：仿真分析突发类场景下 LTE UE 与 MTCG 中断概率的影响因素；对突发类业务的 MTCG 发射功率进行调整，分析对 LTE UE 以及 MTCG 中断概率的影响。

突发类业务 LTE UE 中断概率影响因素如图 7-45 所示，给出了 LTE UE 的干扰阈值为 5dB、10dB 以及 15dB 时，LTE UE 的中断概率与 LTE UE 至基站距离的关系。可以看出，LTE UE 的中断概率随着 LTE UE 干扰阈值的增加而增加，因为干扰阈值越大，则说明 LTE UE 的抗干扰能力越差，越容易发生中断，因此中断概率越高。例如，同样是距离基站 250m 的 LTE UE，对其产生干扰的突发类 MTCG 所服务的 MTCD 数目为 10000 个且距离基站 150m。可以看出干扰阈值为 5dB（抗干扰能力强）的 LTE UE 的中断概率只有 0.4 左右，而干扰阈值为 15dB（抗干扰能力弱）的 LTE UE 的中断概率则接近 0.9。

除此之外，对于抗干扰能力相同的 LTE UE 来说（即只看图 7-45 三幅图中的某一幅），可以得出如下 3 个结论。

（1）LTE UE 的中断概率随着 LTE UE 至基站距离的增加而增加。这是因为本仿真假定 MTCG 的相关要求一致(即 MTCG 至基站的距离、服务的设备数目不变)，则 MTCG 的接收功率不变，即对于 LTE UE 来说，收到的干扰信号强度不变。随着 LTE UE 至基站距离的增加，LTE UE 的接收功率越来越小，因此其收到的干扰越来越强，即中断概率也随着 LTE UE 至基站距离的增加而增加。

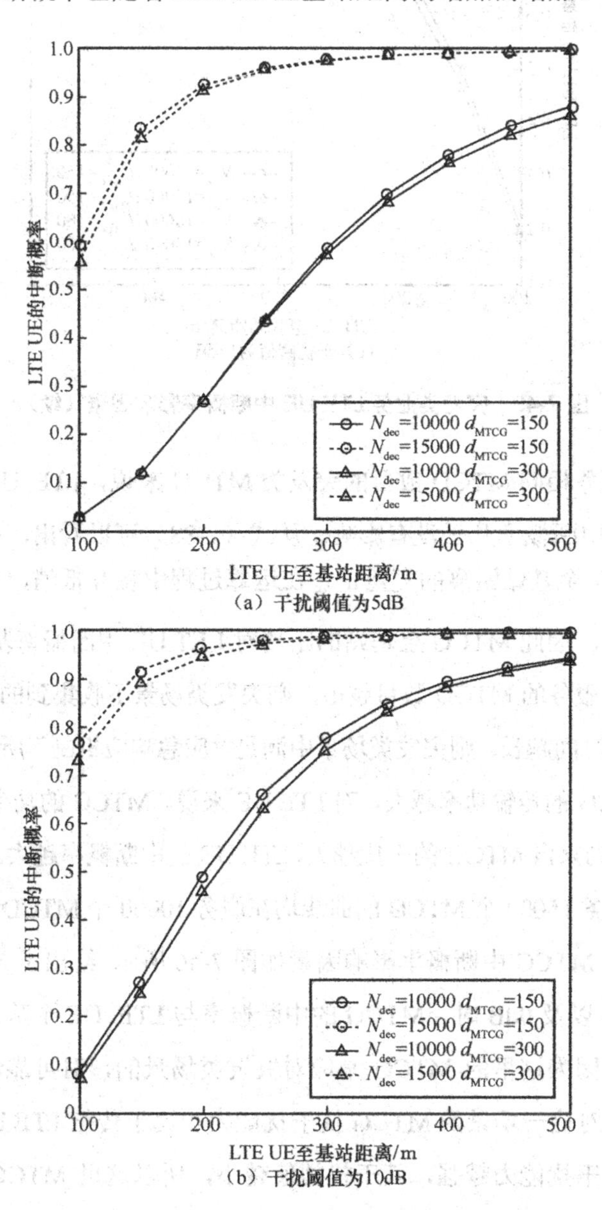

图 7-45　突发类业务 LTE UE 中断概率影响因素

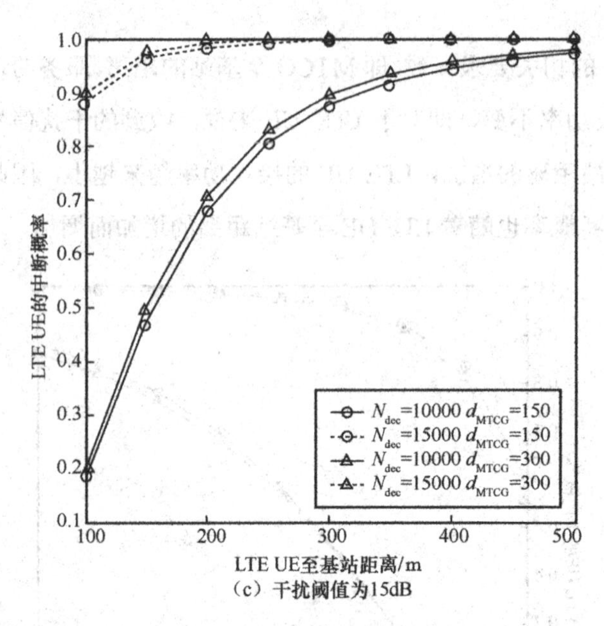

（c）干扰阈值为15dB

图 7-45 突发类业务 LTE UE 中断概率影响因素（续）

（2）对于服务相同 MTCD 数目的突发类 MTCG 来说，LTE UE 至基站的距离对于 LTE UE 的中断概率几乎没有影响。从式（7-88）可以看出，在计算中断概率时，关于 MTCG 至基站距离的变量 $d_{l,\mathrm{BS}}$ 在运算过程中相互抵消，只留下了小尺度衰落的相关变量。因此 MTCG 至基站的距离对 LET UE 中断概率基本没有影响。

（3）MTCG 服务的 MTCD 数目越多，则突发类场景下收集到的分组越多，成功接收所有分组的时间越长，则突发类场景中满足“应急响应机制”所剩余的传输时间越短，因此 MTCG 的传输功率越大，对 LTE UE 来说，MTCG 的功率作为干扰信号，即 LTE UE 所受到来自 MTCG 的干扰越大，LTE UE 的中断概率越大。因此，从图 7-45 中可以看到，服务 15000 个 MTCD 的曲线均在服务 10000 个 MTCD 曲线的上方。

突发类业务 MTCG 中断概率影响因素如图 7-46 所示，给出了 MTCG 干扰阈值为−10dB、−5dB 以及 0dB 时，MTCG 的中断概率与 LTE UE 至基站距离的关系。需要说明的是，因为这里的 MTCG 是应对突发类场景的，对可靠性有着一定的要求，因此认为应对这一场景的 MTCG 抗干扰能力相比于传统 LTE UE 要更强一些，又因为用户的抗干扰能力越强，其干扰阈值越小，所以这里 MTCG 的干扰阈值要比 LTE UE 的干扰阈值设置得小很多。从图 7-46 中可以看出，MTCG 的中断概率随着 MTCG 干扰阈值的增加而增加，因为干扰阈值越大，则说明 MTCG 的抗干扰能力越差，越容易发生中断，因此中断概率越高。例如，突发类 MTCG 所服务的 MTCD 数目为 15000 个且距离基站 300m，对其产生干扰的 LTE UE 距离基站 150m。可以看出干扰阈值为-10dB（抗干扰能力强）的 LTE UE 的中断概率只有 0.1 左右，而干扰阈值为 0dB（抗干扰能力弱）的 LTE UE 的中断概率则接近 0.3。

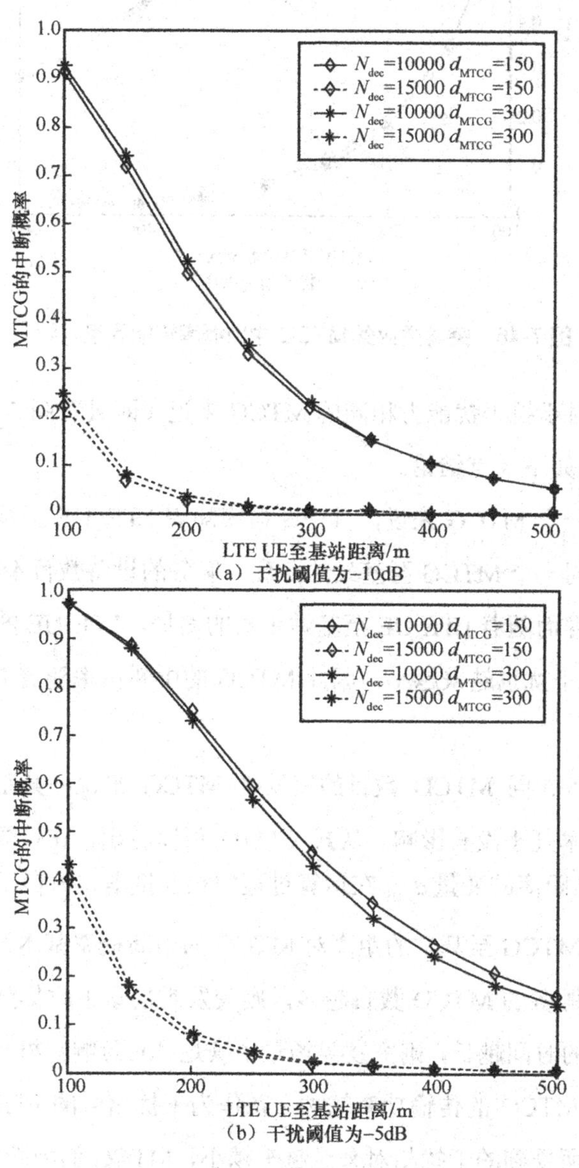

图 7-46　突发类业务 MTCG 中断概率影响因素

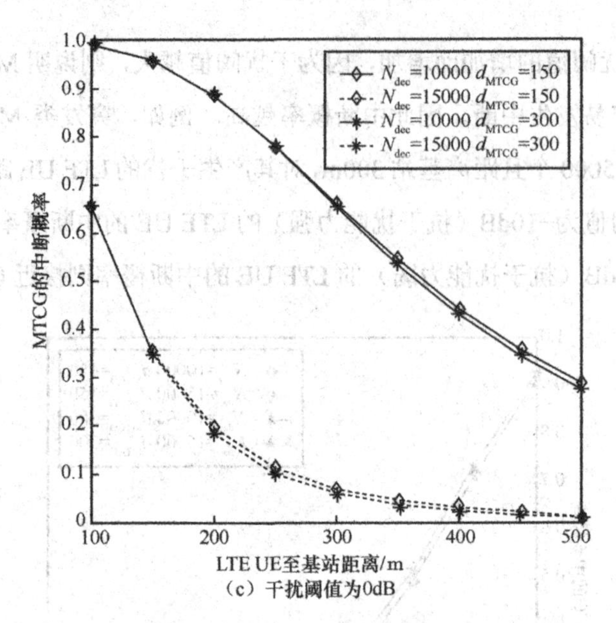

（c）干扰阈值为0dB

图 7-46 突发类业务 MTCG 中断概率影响因素（续）

除此之外，对于抗干扰能力相同的 MTCG 来说（即只看图 7-46 三幅图中的某一幅），可以得出如下 3 点结论。

（1）对于同一个 MTCG 来说，其中断概率随着 LTE UE 至基站距离的增加而增加。这是因为同一个 MTCG 至基站的距离、服务的设备数目不变，则 MTCG 的接收功率不变，继而随着 LTE UE 至基站距离的增加，LTE UE 的接收功率越来越小，对 MTCG 的干扰也越来越小，因此 MTCG 的中断概率随着 LTE UE 至基站距离的增加而增加。

（2）对于服务相同 MTCD 数目的突发类 MTCG 来说，其距离基站的距离对 MTCG 的中断概率几乎没有影响。从式（7-90）可以看出，在计算中断概率时，关于 MTCG 至基站距离的变量 $d_{l,\mathrm{BS}}$ 在运算过程中相互抵消，只留下了小尺度衰落的相关变量。因此 MTCG 至基站的距离对 MTCG 的中断概率基本没有影响。

（3）MTCG 服务的 MTCD 数目越多，则突发类场景下收集到的分组越多，成功接收所有分组的时间越长，则突发类场景中满足“应急响应机制”所剩余的传输时间越短，因此 MTCG 的传输功率越大，在作为干扰信号的 LTE UE 功率不变的情况下，MTCG 所受到的干扰相对来说越来越小，MTCG 的中断概率越小。因此，从图 7-46 可以看到，服务 15000 个 MTCD 的曲线均在服务 10000 个 MTCD 曲线的下方。

7.6.4　本节小结

本节基于干扰模型分析了物联网边缘无线环境中保障电磁兼容性的大规模终端接入问题，介绍了 SCMA 系统下的干扰模型。首先介绍了以 SCMA 为主的非正交多址兼容性接入技术，包括 SCMA 系统的通信模型、发射端和接收端模型等。其次对 SCMA 的干扰模型及干扰协调下的 SCMA 系统接入性能进行了分析。

7.7　本章小结

本章面向物联网边缘无线环境中存在大规模密集异构无线终端间干扰问题，系统地研究介绍了物联网边缘无线环境电磁兼容原理与方法、物联网边缘无线环境干扰分析技术方法、采用陷波宽带天线硬件实现的频域抗干扰方法、采用零向频扫天线硬件实现的空域抗干扰方法、采用干扰协调软件实现的抗干扰方法，以及基于干扰模型的物联网多终端频谱兼容接入技术，为物联网大规模终端边缘无线环境的电磁兼容基础理论研究和技术保障措施提供了研究思路与技术方法。

参考文献

[1] 朱洪波，吴志忠，付海阳，等. 无线接入网[M]. 北京：人民邮电出版社，1999.

[2] MIDDLETON D. Statistical-physical models of electromagnetic interference[J]. IEEE Transactions on Electromagnetic Compatibility, 1977, EMC-19(3): 106-127.

[3] GUNEY N, DELIC H, KOCA M. Robust detection of ultra-wideband signals in non-Gaussian noise[J]. IEEE Transactions on Microwave Theory and Techniques, 2006, 54(4): 1724-1730.

[4] ALHUSSEIN O, AHMED I, LIANG J, et al. Unified analysis of diversity reception in the presence of impulsive noise[J]. IEEE Transactions on Vehicular Technology, 2017, 66(2): 1408-1417.

[5] WEBER S and ANDREWS J G. Transmission capacity of wireless networks (Foundation and Trends® in Networking)[M]. Norwell: Now Publishers, 2012.

[6] HAENGGI M, GANTI R K. Interference in large wireless networks[J]. Foundations and Trends®

in Networking, 2009, 3(2): 127-248.

[7] WIN M Z, PINTO P C, SHEPP L A. A mathematical theory of network interference and its applications[J]. Proceedings of the IEEE, 2009, 97(2): 205-230.

[8] SCHANTZ H G, WOLENEC G, MYSZKA E M. Frequency notched UWB antennas[C]//Proceedings of IEEE Conference on Ultra Wideband Systems and Technologies. Piscataway: IEEE Press, 2004: 214-218.

[9] KIM Y, KWON D H. CPW-fed planar ultra wideband antenna having a frequency band notch function[J]. Electronics Letters, 2004, 40(7): 403-405.

[10] YOON I J, KIM H, YOON H K, et al. Ultra-wideband tapered slot antenna with band cutoff characteristic[J]. Electronics Letters, 2005, 41(11): 629-630.

[11] LI J L, QU S W, XUE Q. Ultra-wideband planar elliptical slot antenna with finite-ground coplanar waveguide-fed[J]. Microwave and Optical Technology Letters, 2007, 49(3): 662-664.

[12] LUI W J, CHENG C H, ZHU H B. Frequency notched printed slot antenna with parasitic open-circuit stub[J]. Electronics Letters, 2005, 41(20): 1094-1095.

[13] FALLAHI R, KALTEH A A, ROOZBAHANI M G. A novel UWB elliptical slot antenna with band-notched characteristics[J]. Progress in Electromagnetics Research, 2008(82): 127-136.

[14] JUNG J, LEE H, LIM Y. Band notched ultra wideband internal antenna for USB dongle application[J]. Microwave and Optical Technology Letters, 2008, 50(7): 1789-1793.

[15] HONG C Y, LING C W, TARN I Y, et al. Design of a planar ultrawideb and antenna with a new band-notch structure[J]. IEEE Transactions on Antennas and Propagation, 2007, 55(12): 3391-3397.

[16] JIE S, YANG X X, SUN J T, et al. Double-printed circular disc antenna having a frequency band notch function[J]. Microwave and Optical Technology Letters, 2007, 49(11): 2675-2677.

[17] ABBOSH A M. Planar ultra wideband antennas with rejected sub-bands[C]//Proceedings of 2007 Asia-Pacific Microwave Conference. Piscataway: IEEE Press, 2008: 1-4.

[18] CUI Z, JIAO Y C, ZHANG L, et al. The band-notch function for a printed ultra-wideband monopole antenna with E-shaped slot[J]. Microwave and Optical Technology Letters, 2008, 50(8): 2048-2052.

[19] LEE W S, LIM W G, YU J W. Multiple band-notched planar monopole antenna for multiband wireless systems[J]. IEEE Microwave and Wireless Components Letters, 2005, 15(9): 576-578.

[20] CHEN W S, KU K Y. Band-rejected design of the printed open slot antenna for WLAN/WiMAX operation[J]. IEEE Transactions on Antennas and Propagation, 2008, 56(4): 1163-1169.

[21] LATIF S I, SHAFAI L, SHARMA S K. Bandwidth enhancement and size reduction of microstrip slot antennas[J]. IEEE Transactions on Antennas and Propagation, 2005, 53(3): 994-1003.

[22] LUI W J, CHENG C H, ZHU H B. Experimental investigation on novel tapered microstrip slot antenna for ultra-wideband applications[J]. IET Microwaves, Antennas & Propagation, 2007, 1(2): 480-487.

[23] ANAGNOSTOU D E, NIKOLAOU S, KIM H, et al. Dual band-notched ultra-wideband antenna for 802.11a WLAN environments[C]//Proceedings of 2007 IEEE Antennas and Propagation Society International Symposium. Piscataway: IEEE Press, 2007: 4621-4624.
[24] CHEN W S, LIN C H, CHEN H T. A study on the UWB cross monopole antenna with dual-band rejected operation[C]//Proceedings of 2008 International Workshop on Antenna Technology: Small Antennas and Novel Metamaterials. Piscataway: IEEE Press, 2008: 494-497.
[25] 程勇，吕文俊，程崇虎，等. 多用途陷波小型超宽带天线[J]. 通信学报, 2006, 27(4): 131-135.
[26] SU S W, WONG K L, CHANG F S. Compact printed ultra-wideband slot antenna with a band-notched operation[J]. Microwave and Optical Technology Letters, 2005, 45(2): 128-130.
[27] LUV W J, ZHU H B. Frequency notched wide slot antenna for UWB/2.4 GHz WLAN applications[J]. The Journal of China Universities of Posts and Telecommunications, 2007, 14(4): 122-125.
[28] YEO J. Wideband circular slot antenna with tri-band rejection characteristics at 2.45/5.45/8 GHz[J]. Microwave and Optical Technology Letters, 2008, 50(7): 1910-1914.
[29] DING J C, LIN Z L, YING Z N, et al. A compact ultra-wideband slot antenna with multiple notch frequency bands[J]. Microwave and Optical Technology Letters, 2007, 49(12): 3056-3060.
[30] LUI W J, CHENG C H, ZHU H B. Improved frequency notched ultrawideband slot antenna using square ring resonator[J]. IEEE Transactions on Antennas and Propagation, 2007, 55(9): 2445-2450.
[31] YIN K, XU J P. Compact ultra-wideband antenna with dual bandstop characteristic[J]. Electronics Letters, 2008, 44(7): 453-454.
[32] HONG W, ZHANG Y, YU C, et al. Compact ultra-wideband antenna with multiple stop bands[C]//Proceedings of 2008 International Workshop on Antenna Technology: Small Antennas and Novel Metamaterials. Piscataway: IEEE Press, 2008: 32-34.
[33] LUI W J, CHENG C H, CHENG Y, et al. Frequency notched ultra-wideband microstrip slot antenna with fractal tuning stub[J]. Electronics Letters, 2005, 41(6): 294-296.
[34] LUI W J, CHENG C H, ZHU H B. Compact frequency notched ultra-wideband fractal printed slot antenna[J]. IEEE Microwave and Wireless Components Letters, 2006, 16(4): 224-226.
[35] PARK J K, AN H S, LEE J N. Design of the tree-shaped UWB antenna using fractal concept[J]. Microwave and Optical Technology Letters, 2008, 50(1): 144-150.
[36] ANTONINO-DAVIU E, CABEDO-FABRÉS M, FERRANDO-BATALLER M, et al. Active UWB antenna with tunable band-notched behavior[J]. Electronics Letters, 2007, 43(18): 959-960.
[37] 吕文俊. 简明天线[M]. 北京：人民邮电出版社, 2020.
[38] DUAN W, ZHANG X Y, PAN Y M, et al. Dual-polarized filtering antenna with high selectivity and low cross polarization[J]. IEEE Transactions on Antennas and Propagation, 2016, 64(10): 4188-4196.
[39] YANG S J, PAN Y M, ZHANG Y, et al. Low-profile dual-polarized filtering magneto-electric

dipole antenna for 5G applications[J]. IEEE Transactions on Antennas and Propagation, 2019, 67(10): 6235-6243.

[40] HOU R X, REN J, ZUO M M, et al. Magnetoelectric dipole filtering antenna based on CSRR with third harmonic suppression[J]. IEEE Antennas and Wireless Propagation Letters, 2021, 20(7): 1337-1341.

[41] HU P F, PAN Y M, ZHANG X Y, et al. A compact filtering dielectric resonator antenna with wide bandwidth and high gain[J]. IEEE Transactions on Antennas and Propagation, 2016, 64(8): 3645-3651.

[42] DING Z H, JIN R H, GENG J P, et al. Varactor loaded pattern reconfigurable patch antenna with shorting pins[J]. IEEE Transactions on Antennas and Propagation, 2019, 67(10): 6267-6277.

[43] UTHANSAKUL M, BIALKOWSKI M E. Wideband beam and null steering using a rectangular array of planar monopoles[J]. IEEE Microwave and Wireless Components Letters, 2006, 16(3): 116-118.

[44] GUO C R, LU W J, ZHANG Z S, et al. Wideband non-traveling-wave triple-mode slotline antenna[J]. IET Microwaves, Antennas & Propagation, 2017, 11(6): 886-891.

[45] WANG S G, LU W J, GUO C R, et al. Wideband slotline antenna with frequency-spatial steerable notch-band in radiation gain[J]. Electronics Letters, 2017, 53(10): 650-652.

[46] LU W J, LI Q, WANG S G, et al. Design approach to a novel dual-mode wideband circular sector patch antenna[J]. IEEE Transactions on Antennas and Propagation, 2017, 65(10): 4980-4990.

[47] LU W J, LI X Q, LI Q, et al. Generalized design approach to compact wideband multi-resonant patch antennas[J]. International Journal of RF and Microwave Computer-Aided Engineering, 2018, 28(8): e21481.

[48] KOO H, NAM S. Mechanism and elimination of scan blindness in a T-printed dipole array[J]. IEEE Transactions on Antennas and Propagation, 2020, 68(1): 242-253.

[49] 吴志芳. 宽带三模零点频扫扇形贴片天线的研究[D]. 南京: 南京邮电大学, 2021.

[50] WU Z F, LU W J, YU J, et al. Wideband null frequency scanning circular sector patch antenna under triple resonance[J]. IEEE Transactions on Antennas and Propagation, 2020, 68(11): 7266-7274.

[51] WU Z F, YU J, LU W J. Investigations of multi-resonant wideband null frequency scanning microstrip patch antennas[C]//Proceedings of 2020 IEEE Asia-Pacific Microwave Conference (APMC). Piscataway: IEEE Press, 2021: 179-181.

[52] 沈毅, 齐丽娜. 基于盲源分离的云无线接入网接入策略[J]. 计算机技术与发展, 2017, 27(4): 25-28, 33.

[53] CHIEN J T, HSIEH H L. Convex divergence ICA for blind source separation[J]. IEEE Transactions on Audio, Speech, and Language Processing, 2012, 20(1): 302-313.

[54] VARGA R. On diagonal dominance arguments for bounding $\|A^{-1}\|_{\infty}$[J]. Linear Algebra and Its Applications, 1976, 14(3): 211-217.

[55] HYVÄRINEN A, OJA E. Independent component analysis: algorithms and applications[J]. Neural Networks, 2000, 13(4/5): 411-430.

[56] AUER G, GIANNINI V, DESSET C, et al. How much energy is needed to run a wireless network?[J]. IEEE Wireless Communications, 2011, 18(5): 40-49.

[57] BHARADWAJ V, BUEHRER R M. An interference suppression scheme for UWB signals using multiple receive antennas[J]. IEEE Communications Letters, 2005, 9(6): 529-531.

[58] 齐丽娜. 脉冲超宽带接收系统关键技术研究及其性能分析[D]. 南京: 南京邮电大学, 2008.

[59] WANG L C, LIU W C, SHIEH K J. On the performance of using multiple transmit and receive antennas in pulse-based ultrawideband systems[J]. IEEE Transactions on Wireless Communications, 2005, 4(6): 2738-2750.

[60] HAYKIN S S. Adaptive filter theory[M]. 4th ed. Upper Saddle River: Prentice Hall, 2002.

[61] FOERSTER J, LI Q. Channel modeling sub-committee report final[EB]. 2003.

[62] ITU-R. Future technology trends of terrestrial IMT systems[R]. 2014.

[63] NARDELLI P H J, DE CASTRO TOMÉ M, ALVES H, et al. Maximizing the link throughput between smart meters and aggregators as secondary users under power and outage constraints[J]. Ad Hoc Networks, 2016, 41(C): 57-68.

[64] DAWY Z, SAAD W, GHOSH A, et al. Toward massive machine type cellular communications[J]. IEEE Wireless Communications, 2017, 24(1): 120-128.

[65] LI X J, FANG J, CHENG W, et al. Intelligent power control for spectrum sharing in cognitive radios: a deep reinforcement learning approach[J]. IEEE Access, 2018(6): 25463-25473.

[66] SAITO Y, KISHIYAMA Y, BENJEBBOUR A, et al. Non-orthogonal multiple access (NOMA) for cellular future radio access[C]//Proceedings of 2013 IEEE 77th Vehicular Technology Conference (VTC Spring). Piscataway: IEEE Press, 2014: 1-5.

[67] HOSHYAR R, WATHAN F P, TAFAZOLLI R. Novel low-density signature for synchronous CDMA systems over AWGN channel[J]. IEEE Transactions on Signal Processing, 2008, 56(4): 1616-1626.

[68] REN B Y, HAN S, MENG W X, et al. Enhanced turbo detection for SCMA based on information reliability[C]//Proceedings of 2015 IEEE/CIC International Conference on Communications in China (ICCC). Piscataway: IEEE Press, 2016: 1-5.

[69] TAHERZADEH M, NIKOPOUR H, BAYESTEH A, et al. SCMA codebook design[C]//Proceedings of 2014 IEEE 80th Vehicular Technology Conference (VTC2014-Fall). Piscataway: IEEE Press, 2014: 1-5.

[70] FORNEY G D, WEI L F. Multidimensional constellations. I. Introduction, figures of merit, and generalized cross constellations[J]. IEEE Journal on Selected Areas in Communications, 1989. 7(6): 877-892.

[71] NIKOPOUR H, BALIGH M. Systems and methods for sparse code multiple access: U.S. Patent Application 13/730,355[P]. 2012.

[72] PROAKIS J G. Digital communications[M]. 3rd ed. New York: McGraw-Hill, 1995.

[73] GALLAGER R. Low-density parity-check codes[J]. IRE Transactions on Information Theory, 1962, 8(1): 21-28.

[74] TANG H, XU J, LIN S, et al. Codes on finite geometries[J]. IEEE Transactions on Information Theory, 2005, 51(2): 572-596.

[75] NIKOPOUR H, YI E, BAYESTEH A, et al. SCMA for downlink multiple access of 5G wireless networks[C]//Proceedings of 2014 IEEE Global Communications Conference. Piscataway: IEEE Press, 2015: 3940-3945.

[76] ZHU W F, QIU L, CHEN Z. Joint subcarrier assignment and power allocation in downlink SCMA systems[C]//Proceedings of 2017 IEEE 86th Vehicular Technology Conference (VTC-Fall). Piscataway: IEEE Press, 2018: 1-5.